More joy of Mathematics

수학의 또 다른 즐거움

Theoni Pappas 지음
강정흥 옮김

$y=f(x)$

More Joy of Mathematics

教友社
KyoWooSa

More Joy of Mathematics

by Theoni Pappas

수학자들은 단순히 유용하기 때문에 수학을 연구하는 것이 아니라,

수학을 즐기기 때문에 연구하며 수학이 아름답기 때문에

수학을 즐기는 것입니다.

앙리 포앙카레(Henri Poincare)

머리말

수학은 계산, 방정식의 해법, 정리의 증명, 대수, 기하 또는 미분적분학 등 생각할 수 있는 이상의 것이다. 수학은 눈꽃송이 디자인, 야자나무 잎의 곡선, 빌딩의 형태, 게임의 즐거움, 퍼즐에 대한 좌절, 파도의 물마루, 거미줄의 나선형 등을 다루기도 한다. 수학은 고대로부터 오래된 역사를 가지고 있지만 항상 새로운 것이다. 수학은 너무나 다양한 아이디어와 우주의 다양체들과 연결되어 있다.

수학 속에서 인간들은 수 체계, 추상적인 아이디어, 냉정하면서도 무의적으로 우리의 눈에 나타나는 개념을 발견하곤 한다. 그러나 수학을 추상미술의 콜라주처럼 본다면 그 내면에 숨어있는 수학의 창조성과 아름다움이 표출된다. 나는 여러분에게 열린 눈과 마음으로 수학을 고찰하고 주시하기를 권한다. 수학의 보물들 중 하나를 볼 때마다 수학의 아름다움을 느낄 것이다. 『수학의 또 다른 즐거움』과 함께 수학의 즐거움에 대한 신비한 영역, 한계 등을 경험하길 기대한다. 이 책과 『수학의 즐거움』에서의 주제들은 어떤 흥미로운 아이디어, 개념, 퍼즐, 역사적 노트, 게임 등을 간단하게 살펴보게 될 것이다. 이런 것들로부터 여러분들의 호기심을 자극하여 더 많은 정보를 탐험하길 기대한다.

특히, 나의 부모님과 할머님께 그 분들의 헌신적인 사랑, 격려와 지원에 대해 감사드리며, 나의 선생님들께는 그들의 주제들을 열정적으로 표현해 주신데 감사드린다.

특별히 감사드리는 분들은 다음과 같다.

- 고대에서 현대에 이르기까지 수학을 연구하신 분들
- 수년 간 내가 참고할 수 있었던 책들을 집필하거나 논문을 쓰셨던 분
- 샘 로이드(Sam Loyd), 헨리 더드니(Henry Dudeney)와 끊임없이 퍼즐과 좌절을 즐기며 연구하시는 퍼즐 전문가
- 마틴 가드너(Martin Gardner), 그리고 현재 어린이, 중고생, 수학에 열성을 갖고 공부하는 학생들에게 수학을 가르치는 선생님
- 수학을 쉽게 접할 수 있도록 가르쳐 준 엘비아 먼로(Elvia Monroe)
- 명민한 눈과 마음으로 이 책의 하나하나를 재편집하는데 수고해준 미아 먼로(Mia Monroe)

마지막으로

- 이 책을 쓰는데 격려와 찬사, 수정과 비평을 해준 모든 독자들에게 감사를 드린다.

옮긴이의 말

이 책은 수학교사이자 상담가인 Theoni Pappas의 『More Joy of Mathematics』를 번역한 것이다. 이 번역서의 제목은 『수학의 즐거움』(The Joy of Mathematics)과 같이 원저명을 최대한 살리려는 취지로 『수학의 또 다른 즐거움』으로 하였다.

역자가 미 일리노이대에서 학위 과정 중 잠깐 머리를 식힐 겸 심심풀이로 읽을 만한 수학 관련서적을 찾다가 우연히 이 두 권의 책을 접하게 되었는데 아주 흥미롭고 생각할 만한 사실들, 상식적이나 미처 알지 못했던 사실들, 쉽게 간과해 버렸던 사실들, 주어 듣기는 했지만 잘 몰랐던 새로운 사실들을 알게 되었다. 내용 또한 간단·명료하게 쓰여 있어 어렵지 않았고, 수학적 상식을 풍부하게 해주며, 일상생활에서 수학적 적용과 자연 속에서 나타나는 수학적 표현 등 너무 흔하여 그 가치를 모르지만 없으면 치명적인 소중한 공기처럼 수학은 우리들 일상생활과 밀접하게 관련되어 있다는 것을 느꼈고, 독자들에게 소개하기에 좋은 책이라는 생각이 들었다. 우리들 대부분은 초등학교 때부터 고등학교, 대학교에 이르기까지 수학을 공부해 왔다. 저자는 학생들로부터 이 골치 아픈 수학을 왜 공부하고 우리들 일상생활 어디에 쓰이냐고 막연하게 질문을 받아왔다. 그래서 평소에 느낀 것과 더불어 이 질문에 대한 구체적인 답이 될 수는 없지만 수학의 즐거움(The Joy of Mathematics)과 수학의 또 다른 즐거움(More Joy of Mathematics)이라는 책에서 일부는 설명해 줄 수 있을 것 같아 번역하게 되었다.

이 책이 추구하는 바는 『수학의 즐거움』에서 보는 것처럼 유명한 수학의 정리나 이론을 소개하여 수학사들에게 연구 대상을 부여하려는 것이 아니라, 다양한 독자들에게 어떤 이론이 나타나게 된 배경과 아이디어의 맥을 찾아보고, 위대한 수학자의 일생, 일상생활에서 수학의 응용, 자연 속에 나타나는 수학적 대상, 예술 속에서 피어나게 된 수학적 대상 등 다양한 주제별로 분류하여 수학의 맥과 본질을 어려움 없이 간단·명료하게 설명하고자 하는 것이다.

이 책은 일반 독자 누구나 읽을 수 있도록 구성하였으며 수학에 관심이 있는 학생부터 수학을 가르치는 교사, 수학에 대한 풍부한 상식을 쌓고자 하는 일반 독자, 특히 자녀들을 두고 있는 부모님들에게도 권한다. 수학의 쓰임새와 응용 등 수학적 아이디어에 관심이 많고 자신의 수학적 상식을 넓히고자 하는 중고등학생 및 이공계 학부생들도 보다 재미있게 읽을 수 있을 것이다.

끝으로, 어려운 여건에도 불구하고 이 책을 출판하기 위해 적극적인 후원을 아끼지 않으신 교우사 오판근 사장님께 감사드리며, 원고 내용 수정과 교정을 위해 노력해 준 교우사 편집부 여러분들께 고마운 마음을 전한다.

옮긴이

차 례

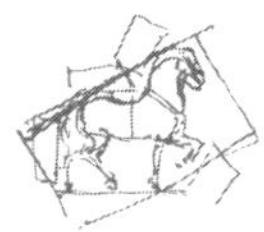

Upside Down

Upside Down

해양파에서의 수학
(the mathematics of ocean waves)

거대한 물마루 모양의 파도는 해안가에 몰아치고, 구르고, 부서지면서 바다의 생명체로서 살아있는 것처럼 보인다. 이것들을 묘사하기 위해 복잡 미묘한 수학 방정식과 성질들이 수세기에 걸쳐 연구되었다. 파도의 다양한 형태, 크기, 모양, 그리고 특이성들을 설명하기 위해 적용되는 수학적 이론과 사실을 이해하고 탐구하기 위해 파도의 일반적인 본질을 살펴볼 필요가 있다.

두 사람이 양쪽에서 줄을 잡고 흔들어 파도를 만드는 것을 생각해 보자. 그리고 파도가 줄을 따라 이동하는 것을 상상해 보아라. 줄은 둘 중 한 사람 가까이에서는 움직이지 않는다. 두 사람 사이에 전송되는 것이 에너지이다. 그러므로 파도는 매질을 통해 에너지를 전달하는 운동이다. 이 경우 매질은 줄이다. 매질은 파도에 대한 물, 지진의 S파에 대한 땅, 전자파에 대한 전자기장, 음파를 전달하는 공기 등을 들 수 있다. 파동은 매질이 여러 면에서 불안정한 상태가 되거나 혼돈 상태가 되었을 때 만들어진다.

대양의 파도는 바람, 지진, 보트가 움직일 때 생기는 것처럼 물체, 그리고 해와 달의 인력이 매질인 물에 작용하여 만들어진다. 대양의 파도는 물의 표면을 따라 이동한다. 이들 파동치는 형태는 각양각색의 소용돌이 속에서 다소 무작위적인 성질들을 내포한다.

1800년대에 파도에 대한 엄청난 수학적 연구가 촉발되었다. 바다를 관찰하고 실험실에서의 정교한 실험은 과학자들에게 대단히 흥미로운 결론을 유도하는 데 도움을 주었다. 1802년 체코슬로바키아의 프란즈 가트너(Franz Gartner)가 최초의 파동 이론을 공식화함으로써 시작되었다. 그의 연구 고찰에서 파동 속에서 물 입자가 어떻게 원형으로 선회하며 움직이는지 규명하였다. 파도의 물마루에서 물은 파도치는 방향으로 움직이고 파도의 가장 낮은 점인 골에서는 반대 방향으로 움직인다. 표면에서 각각의 물 입자들은 원래의 위치로 돌아오기 전까지 원형 궤도를 그리며 움직인다.

이 원의 지름은 파도의 높이와 같은 것으로 알려졌으며, 물의 수심에 따라 입자들에 의해 생성되는 원들이 있다. 그러나 수심이 깊을수록 입자는 그에 해당되는 원을 작게 만든다. 사실 파장의 1/9 깊이에서 원형 궤도의 지름은 표면 입자가 만든 원형 궤도 지름의 절반에 해당된다고 알려졌다.

파도는 원형으로 회전하는 입자들을 연결하며, 정현곡선(sinusoidal)과 사이클로이드(cycloid) 형태의 곡선은 원을 회전시켜 만들기 때문에 이들을 나타내는 수학적인 곡선과 방정식들이 대양의 파도를 표현하는 데 이용하는 것은 놀라운 일이 아니다. 그러나 대양의 파도는 정확히 정현곡선이 아니며, 어떤 형태의 단순한 수학적인 곡선과 일치하는 것도 아니다. 물의 깊이, 바람의 강도, 조류는 파도를 설명할 때 단지 고려해야 할 여러 가지 변수들이다. 오늘날 대양의 파도는 확률과 통계를 적용하여 연구되고 있다. 많은 수의 조그마한 파도를 연구하고, 예측과 추정은 수집된 데이터로부터 공식화되고 있다.

또 다른 몇 가지 재미있는 파도에 대한 수학적 성질들은 :

1) 파장은 주기에 의존
2) 진폭은 주기나 파장에 의존하지 않음(주기와 파장의 영향은 순간적이라는 예외가 있다.)
3) 파도는 물마루 각이 120˚를 초과할 때 부서지고, 이때 에너지의 대부분이 소모된다.
4) 파도가 부서지는 때를 결정하는 또 다른 방법은 진폭과 파장을 비교하는 것이다. 이들 비가 1/7보다 클 때 파도는 부서진다.

물마루와 골에 대한 정의

물마루 : 파의 가장 높은 점

골 : 파의 가장 낮은 점

진폭 : 골에서 물마루까지 수직거리

파장 : 연속된 두 물마루 사이의 수평거리

주기 : 물마루가 한 파장을 이동하는 데 걸린 초당 시간

정현곡선 : 삼각함수와 같이 주기를 갖는  형태의 곡선

사이클로이드 곡선 : 직선을 따라 굴러가는 원 위 한 점이 그리는 자취곡선

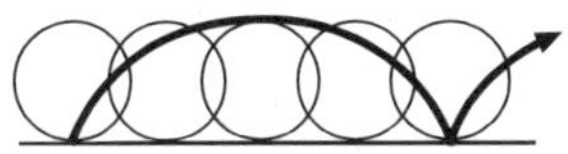

전개되지 않는 4차원 입방체

(the tesseract uncubed)

종이 위에 그린 정육면체를 3차원으로 인식할 수 있도록 스케치할 수 있다. 아래 그림은 정육면체의 한 전개도를 2차원 평면에 그려 놓은 것이다.

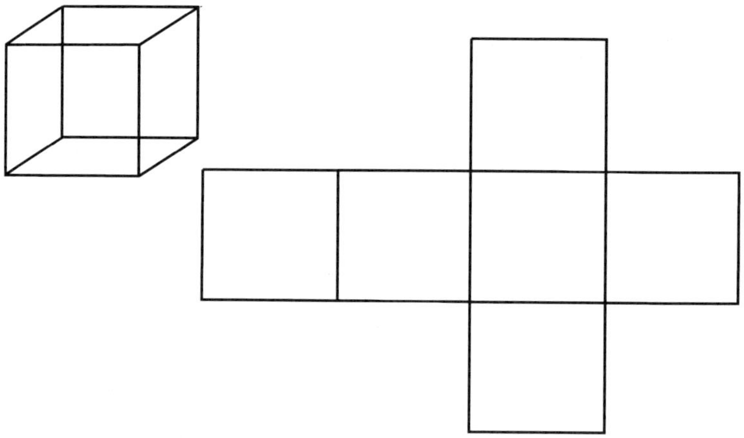

초월 입방체 또는 4차원 입방체는 4차원을 표현하는 정육면체이다. 유사한 방법으로 4차원 입방체의 전개도를 3차원 공간에 펼쳐보자. 아래 그림은 4차원 입방체 또는 초월 입방체는 8개의 정육면체, 16개의 꼭짓점, 24개의 정사각형, 32개의 모서리로 구성되어 있음을 보여준다.

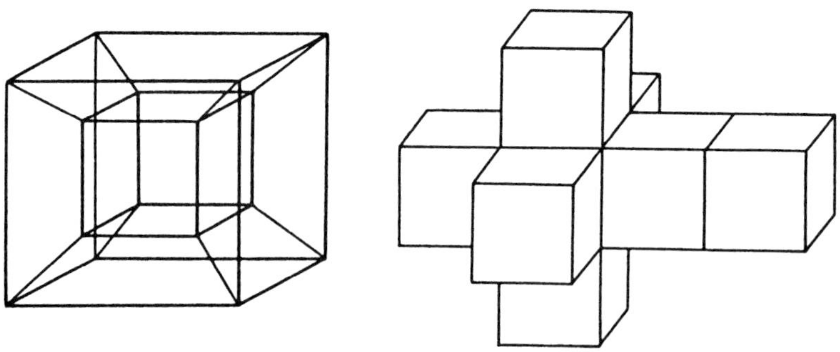

버들 칠교놀이

(the tangram)

19세기에 가장 유명했던 퍼즐 중의 하나가 버들 칠교놀이(tangram)라 불리는 중국의 퍼즐로서, 일곱 장의 판을 맞추어 다양한 모양을 만들며 노는 퍼즐판이었다. 이 퍼즐판의 유명세는 지시된 문제를 얼마나 쉽게 사용하고 이해하여 풀 수 있는지 여부에 따라 달라진다. 버들 칠교놀이는 주어진 난제의 형상을 자유롭게 고안할 수 있으며, 일곱 개의 조각으로 특정한 형상을 맞추어 가는 동안 도전할 만한 가치를 부여해 줄 것이다. 간단한 문제를 주면 해답에 쉽게 도달하여 실망감을 느낄 수도 있다. 1,600개가 넘는 밑그림들 중에서 풀기 쉬운 것도 있으나, 어떤 것은 매우 까다로우며, 또 어떤 것은 기묘하기도 하여 도전해 볼 만하다.

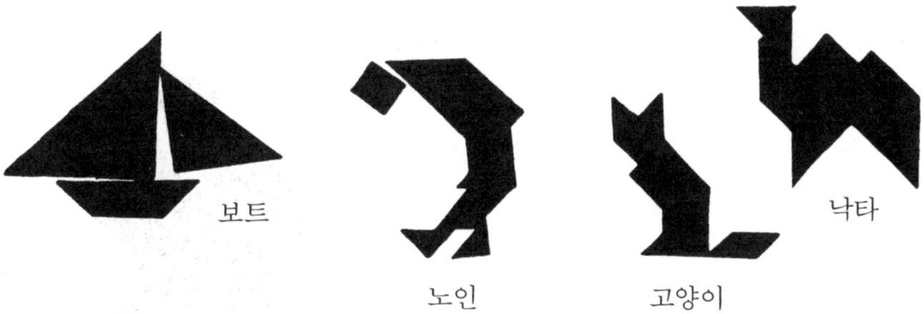

나폴레옹 보나파르트(Napoleon Bonaparte), 존 퀸시 애덤스(John Quincy Adams), 구스타프 도레(Gustave Dore), 에드가 앨런 포(Edgar Allen Poe), 루이스 캐럴(Lewis Carrel) 중에서 누가 버들 칠교놀이와 밀접한 관계가 있다고 생각되는가? 이들 모두 버들 칠교놀이의 마니아들로서 흠뻑 빠져 지냈다.

비록 버들 칠교놀이는 오랜 옛날부터 사람들이 즐겨왔지만, 이에 대한 최초의 문헌상 기록은 아마도 명나라 가정제(1796~1820) 통치기간인 1813년에 저술된 중국의 책으로 볼 수 있다. 버

들 칠교놀이라는 이름의 기원에 관해서는 많은 이론이 있다 :

(1) '퍼즐' 또는 '가벼운 장난감'이라는 뜻의 사라진 영어, "tangram"에서 유래되었다;
(2) 'Tan'(중국의 왕조)과 접미사 '-gram'(그리스어로 쓰는 것)의 조합에서 유래되었다;
(3) '음식과 연회를 제공하며 돈세탁하는 수출업자를 위해 정기 수송하는 가족들'을 뜻하는 "tanka"란 말에서 유래되었다. 어떤 종류의 오락은 일곱 개 조각으로 만들어진 중국인들의 퍼즐 형태로 되어 있는데, 아마도 tanka game이란 말에서 발전된 듯하다. 모든 이론들이 다 그럴싸하다.

아미도 버들 칠교놀이의 기원에 대한 가장 재미있고 흥미로운 설명은 미국의 유명한 퍼즐 전문가인 샘 로이드(Sam Loyd)의 책 『The Eighth Book of Tan』에 잘 서술되어 있다. 로이드는 놀라운 유머 감각으로 실생활에서 남을 즐겁게 잘 웃기는 재담을 갖고 있었다. 이 책은 그의 나이 61세인 1903년에 집필하였다.

특히 그의 어머니는 버들 칠교놀이 퍼즐을 푸는 법칙과 만들며 즐기는 방법을 그에게 가르쳐 주었고, 또한 버들 칠교놀이와 관련된 책을 두 권[1]이나 물려주었지만 그가 왜 그렇게 나이 들어 집필했는지 알려져 있지 않다. 그의 설명에 의하면 단(Tan)이란 신이 게임을 고안해 냈으며, 또한 "사전적 정의에 따르면 버들 칠교놀이는 매우 오래된 고대시대에 기원을 두고 있는데, 중국에서 4,000년 이상을 즐겨하는 놀이로 이어져 온 것으로 보아 전통적인 놀이인 듯하다. 단(Tan)

로이드의 인디언

1) 존 싱어(John Singer)는 소장했던 지혜의 판 형태의 두 권의 책을 그의 누이인 엘리자베스 싱어 로이드(Elizabeth Singer Loyd)에게 주었고, 다시 그의 아들인 샘 로이드(Sam Loyd)에게 물려주었다.

의 일곱 권의 책에서 천지창조를 설명하고 있으며, 다윈의 저서인 『종의 기원』에 의하면 인류의 진화 과정을 진지하게 고려하기에는 너무 논리 비약적인 불가사의한 초자연적인 상태에서 일곱 단계를 거쳤다고 서술하고 있다." 단(Tan)의 여덟 번째 책은 매우 설득력이 있다. 사실, 일부 학자들은 그들이 심층적인 연구가 진척되기 전까지는 그의 잘못된 변천 과정을 믿었었다. 그럼에도 불구하고 로이드의 유쾌하고 재미있는 훌륭한 퍼즐 책은 버들 칠교놀이의 모형을 도입하고 필요에 따라 생생하게 해설을 달아 놓았다.

오른쪽 그림에서 보는 바와 같이, 버들 칠교놀이의 일곱 개 조각들은 다섯 개의 닮은꼴 직각삼각형, 하나의 정사각형과 평행사변형으로 구성되어 있다. 일곱 개의 조각을 이용하여 어떻게 정사각형을 만들 수 있는지 도전해 보자. 또한 두 개의 정사각형 모양을 맞추어 보자. 직사각형, 그리고 평행사변형은 어떨까? '북아메리카의 원주민 여자'와 '인디언'은 로이드의 창작품이다. 여러분은 이것들을 만들 수 있겠는가? 또 다른 기묘한 도해들이 그의 작품에서 나타난다. 나아가 여러분 자신의 모양과 도식들을 만들어 보기 바란다.

일곱 개의 버들 칠교놀이 조각들

피타고라스 정리의 정교한 증명

(an elegant proof of the Pythagorean theorem)

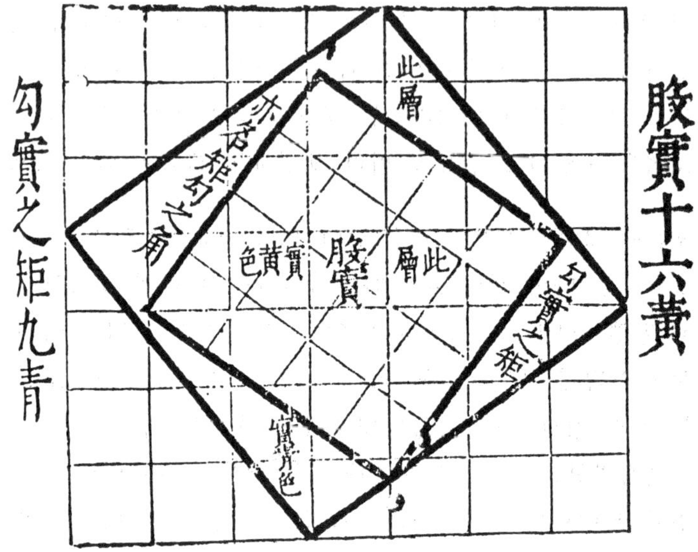

피타고라스 정리에 대한 이 도형은 중국인의 필사본인 『The Chou Pei』에서 참고하였다. 이 연구가 수행된 시기에 대해서는 여러 가지 상반된 견해가 있다. 어떤 사람들은 기원전 1200년 전에 연구되었다고 말하는 반면, 다른 사람들은 서기 100년경에 연구되었다고 한다. 원래 이 연구는 천체의 계산과 관련된 수학을 다루었다.

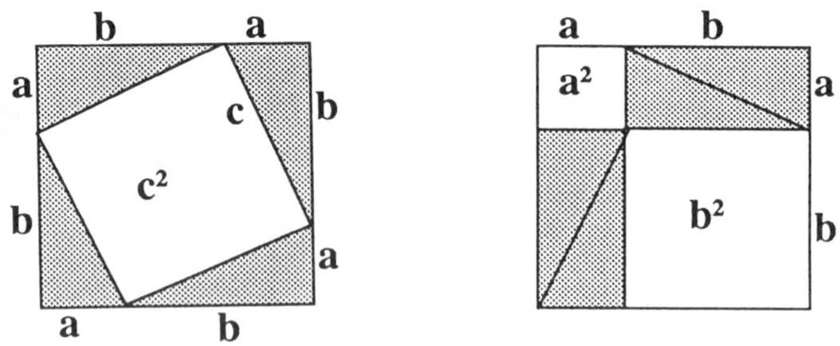

색칠되지 않은 정사각형의 면적 = 두 개의 색칠되지 않은 정사각형의 면적

※이 그림을 연구하여 재배열하면 피타고라스 정리의 증명을 도출할 수 있다.

난해한 무한대
(perplexing infinity)

무한대는 모호한 개념이다. 그것은 하나의 수, 하나의 양으로 끝없이 많은 총량을 표현하는 기호 ∞로 표시하며, 1655년 존 웰리스(John Wallis)에 의해 도입되었다. 무한대의 개념 없이는 많은 수학적 아이디어들이 소실될 것이다. 사실 미적분학의 발전과 극한의 개념은 무한대의 개념과 뗄레야 뗄 수 없는 불가분의 관계이다.

무한대가 나타날 수 있는 성질들과 영역들을 숙고하면 그 결과로 복잡하고 난해한 아이디어들을 많이 유추해 낼 수 있다. 예를 들면, 자연수 집합 $N=\{1, 2, 3, 4, \cdots\}$과 완전 제곱수의 집합 $S=\{1, 4, 9, 16, \cdots\}$를 일대일 대응시킬 수 있다. 둘 다 무한집합이다. 그러나 자연수 집합 N의 연속되는 원소들은 항상 한 단위씩 떨어져 있지만 집합 S의 연속되는 원소들 사이는 점점 더 많이 떨어진다. 비록 이들 집합은 같은 수의 원소를 갖고 있다고는 볼 수 없다. 왜냐하면 자연수 집합 N의 각기 원소를 k라 하면 k를 제곱하여 얻어진 k^2들의 집합인 S의 원소들과 대응된다. 그래서 S의 원소와 대응되지 않는 집합 N의 원소들이 존재한다. 이와 똑같이 세제곱 수의 집합 $C=\{1, 8, 27, 64, \cdots\}$도 마찬가지로 자연수의 집합과 일대일 대응된다.

사실, 표면적으로 무한대는 너무나 많은 역설적인 아이디어들을 양산한 주범이라 할 수 있다.

1) 무한대의 총계는 무한대의 공간을 차지할 필요는 없다.
   예를 들면, 선분 $\overline{AB}$ 상에는 무한개의 점들이 있으나,
   선분 $\overline{AB}$의 길이는 유한하다.

2) 어떤 수들의 무한 합이 무한대의 값을 가질 필요는 없다.

예를 들면,

$$\frac{1}{2}+\frac{1}{4}+\frac{1}{8}+\frac{1}{16}+\cdots+\left(\frac{1}{2}\right)^n+\cdots=1$$

증명

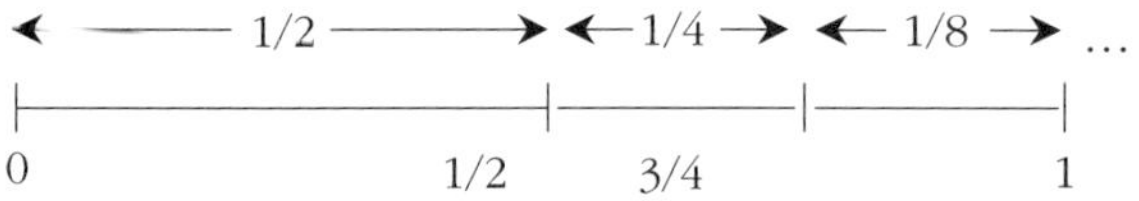

이 총합이 결코 1을 초과할 수 없다.

캘리포니아 Half Moon Bay에 있는 이 호박밭은 무한대의 분위기가 잘 드러난다.

3) 유한한 길이의 대상을 무한한 길이의 대상과 대응시킬 수 있다. 아래 그림과 같이 유한한 길이를 갖는 반원 상의 점들은 무한대 길이를 갖는 직선 상의 점들과 일대일 대응시킬 수 있다.

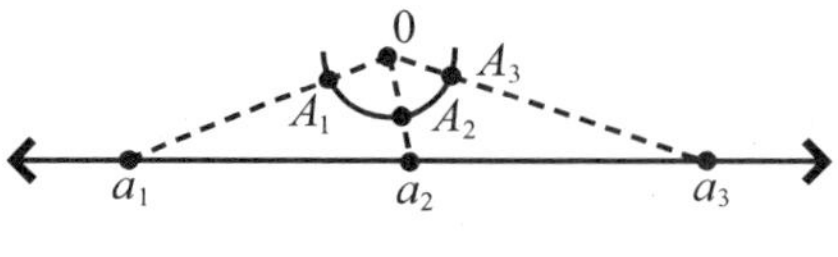

4) 수학이 무한집합의 크기를 비교하는 방법을 갖고 있다고 말하는 것은 어떤 면에서 역설적인 것처럼 보인다. 사람들은 어

떤 대상을 무한이라고 말하는 그 자체가 전부인 것처럼 생각한다. 그러나 어떤 무한집합은 다른 무한집합보다 더 많은 원소들을 포함하기도 한다. 예를 들면, 정수의 집합 $I = \{\cdots, -3, -2, -1, 0, 1, 2, 3, \cdots\}$와 직선상의 무한개의 점들의 집합을 생각해 보자. 직선상에 연속되는 임의의 두 정수 사이에는 아직도 무한개의 점들이 존재한다. 따라서 정수의 집합 I 보다 직선은 더 많은 점들을 포함하고 있다.

5) 자연계에는 무한대의 출현과 그에 대한 역설이 존재한다. 예를 들면, 눈송이 곡선은 놀라운 특성과 함께 형성되어 있는데, 그의 면적은 유한하나 둘레의 길이는 무한대이다.

수세기에 걸쳐 무한대는 많은 사람들에게 흥미를 일으키기도 하고, 좌절시키거나 깜짝 놀라게도 했으며 도전적인 마음을 갖게 했다. 제노의 역설은 기원전 5세기경으로 거슬러 올라간다. 네 가지 유명한 역설, 이른바 이분법(the Dichotomy), 아킬레스와 거북(Achilles and the Tortoise), 화살(the Arrow), 경기장(the Stadium) 등은 항상 흥미로운 토론과 생각할 대상을 제공해 주었다. 그리고 오늘날 공간 채우기 곡선의 무한 본질, 프랙탈의 생성, 시간의 무한성, 공간의 유한 또는 무한성, 계속적인 매우 큰 소수의 탐구, 무한집합을 묘사하는 기수 등 무한성은 무한대를 추구하는 요구와 연구 환경을 마련해 주고 있다.

정사각형화를 위한 원의 비틀림

(a twist to squaring the circle)

원의 정사각형화(자와 컴퍼스만 사용하여 주어진 원의 면적과 같은 정사각형을 작도하는 것)는 고대로부터 세 가지 작도와 관련된 유명한 문제 중의 하나이다. 이는 2000년 이상 수학적 사고를 촉진하는 자극제였으나, 1882년에 이르러 불가능하다[2]고 증명되었다. 1925년에 알프레드 타스크(Alfred Tarsk)는 자와 컴퍼스를 배제하고 원을 조각내어 같은 면적의 정사각형으로 재배열하는 것을 제안했다.

1989년 헝가리 부다페스트에 있는 에토보 로랜드 대학의 수학자 미클로스 라체코비치(Miklós Laczkovich)는 위에서 제안한 것을 증명할 수 있다고 발표하였다. 그동안 그의 증명에 대한 문제점이나 결점에 대해 세밀하게 검증하였으나 누구도 지금까지 오류를 찾지 못했다. 만들어진 정사각형에서 갭이나 중복된 조각이 없으며, 라체코비치는 최소한 10^{50}개의 조각이 필요하다고 판단하고 있다.

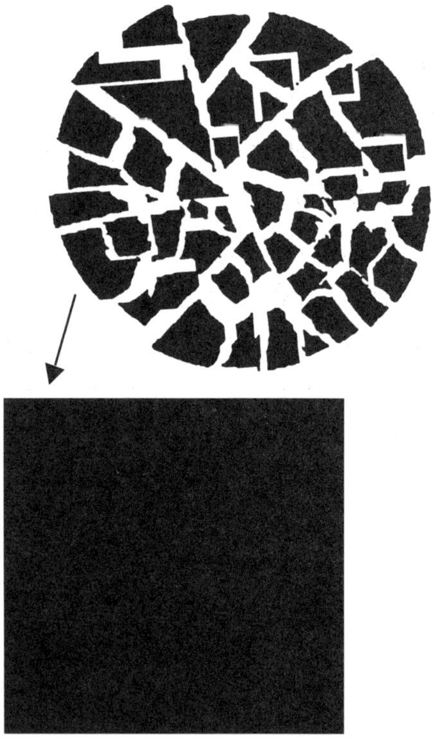

2) 증명에 있어 자는 선분을 작도하는 데 사용되는데 이 방정식은 1차원 선형이다. 반면 컴퍼스는 2차원인 원과 호를 작도할 수 있다. 이러한 방정식의 유형들은 기껏해야 1차원, 2차원 방정식들의 1차 결합을 이용하여 동시에 풀 수 있다. 그러나 대수적으로 고대로부터 내려온 세 가지 작도 문제를 해결함에 있어 유추된 방정식들은 초월수와 3차 방정식을 포함하고 있다. 그러므로 자와 컴퍼스만을 사용하여 이러한 유형의 방정식을 유도할 수 없다.

관심을 끌게 하는 몇 가지 퍼즐
(some tantalizing puzzles)

책벌레 퍼즐

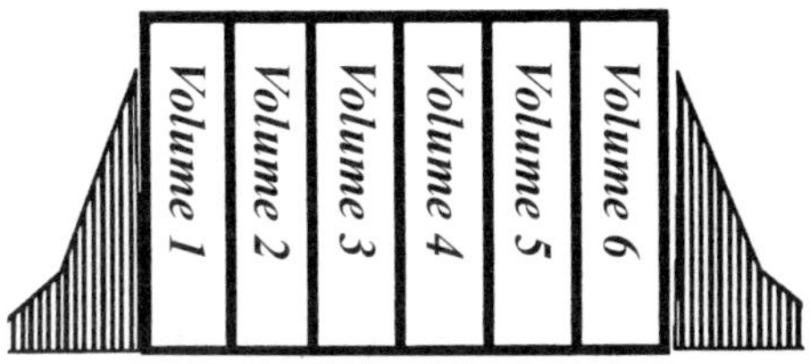

각각의 책 한 권은 2.5인치 두께와 0.25인치의 두꺼운 표지로 만들어졌다고 가정하자. 책벌레의 길이는 1인치이다. 책벌레는 첫 번째 책의 표지부터 갉아먹기 시작하여 가로선을 따라 6권의 뒤표지까지 먹었다. 이 책벌레는 몇 인치를 이동하였는가?

대나무 더미

6개의 대나무를 하나씩 다른 대나무와 연결하여 더미를 쌓아보아라. 깨뜨리거나 붙이는 것은 허용하지 않는다.

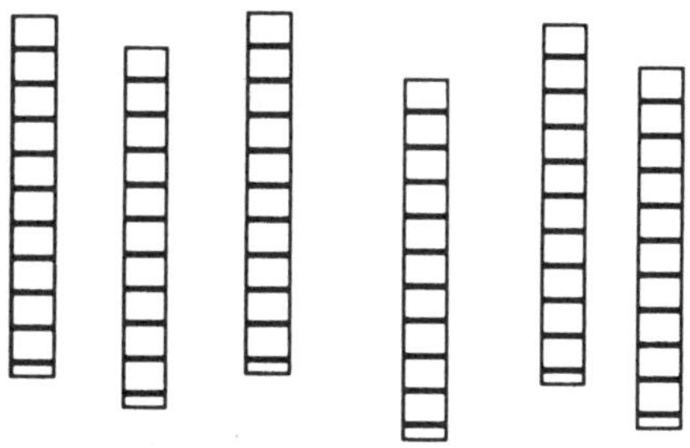

뮤지컬 주화 퍼즐

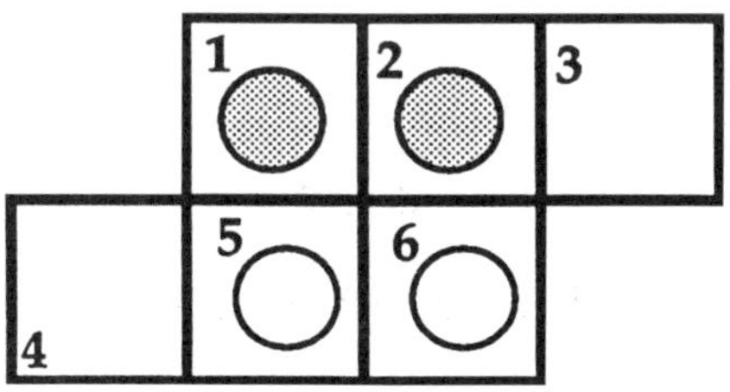

은화는 금화와 교환한다. 주화는 한 번에 수직, 수평, 대각선으로 한 칸씩 움직인다.

단지 하나의 주화만이 한 칸을 채울 수 있다. 움직임을 최소화하는 수를 찾아보아라.

→ 해답은 부록을 참조하기 바랍니다.

놀라운 수의 성질
(an amazing number property)

여러분이 원하는 대로 어떤 수 전체의 자릿수를 재배열해 보기 바란다. 새로 만들어진 수와 최초의 수의 차는 항상 9로 나누어 진다.

선택된 임의의 수	재배열된 수	두 수의 차
12563	23651	11088
		9로 나누면 = 1232
87	78	9
		9로 나누면 = 1
33333	33333	0
		9로 나누면 = 0
672636	666372	6264
		9로 나누면 = 696

피보나치 마니아
(Fibonacci mania)

1, 1, 2, 3, 5, 8,
13, 21, 34, ···

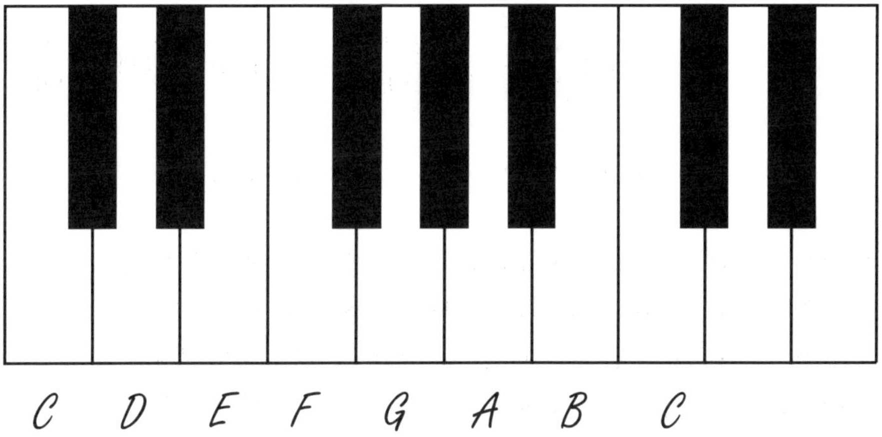

사람들은 솔방울, 파인애플, 나뭇잎의 배열, 특정한 꽃의 꽃잎 수, 준 황금직사각형, 황금 평균, 등각나선을 포함하여 피보나치수열의 수들이 나타나는 영역을 너무나 많이 발견하였다. 때때로 사람들은 특별한 대상에서 피보나치 수 몇 개가 나올 때 과도하게 반응하며 놀라워 한다. 피아노 건반의 하얀 키는 8이고, 검은 키의 수는 5로 우연히 일치하는가? 아니면 피보나치 수가 우연히 나타나는 또 다른 영역인가?

π에 대한 불가사의한 공식

(A mysterious formula for π)

이 공식은 π의 값을 빠르게 계산해 준다. 컴퓨터 과학자들은 이 공식을 준용하여 π의 값을 17억 자릿수까지 계산한다.

$$\frac{1}{\pi} = 2\sqrt{2}\sum_{n=0}^{\infty}\frac{(\frac{1}{4})_n(\frac{1}{2})_n(\frac{3}{4})_n}{(1)_n(1)_n n!}(1,103+26,390n)(\frac{1}{99})^{4n+2}$$

여기서 $(a)_n = a\cdot(a+1)\cdots(a+n-1)$이다.

스리니바사 라마루잔(Srinivasa Ramanujan)은 수에 혼신을 다했던 수학자였다. 1888년 남인도의 쿰바코남시에서 태어났으며, 그의 수학적 기반은 독학으로 체득했다. 이런 사실은 그가 문제를 연구함에 있어 정통적인 방법이 아닌 독창적인 접근 방법을 통해 증명하는 데서 잘 드러난다. 그의 일생은 다수의 저서와 연구 논문에서 볼 수 있듯이 수학적 아이디어를 탐구하는 데 전념했다. 아이디어를 테스트하기 위해 컴퓨터를 이용하지 않고 직접 손으로 계산을 수행했다. 그의 연구 논문들은 그와 공동 연구를 수행했던 영국 수학자의 열정이 없었다면 모두 소실되었을 것이다. 그의 천재성을 알게 된 영국의 수학자 고데프리 하디(Godfrey J. Hardy)는 그를 캠브리지 대학으로 초빙하였다. 25세에 그는 고국 인도와 아내를 떠나 수학적 탐구를 추구했다. 그 당시 그는 유럽 수학에 대해서는 전혀 알지 못했다. 따라서 어떤 분야에서는 지식의 차별성과 어려움에 직면하게 되었다. 이후 7년간 그는 오늘날 세상에 널리 알려진 것처럼 많은 연구 논문과 학문적 성과들을 발표하였다. 그는 알 수 없는 질병에 의해 건강 상태가 극도로 허약해짐에도 불구하고 열정적으로 연구에 전념하였다. 계속해서 악화되는 건강 때문에 결국 1919년에 다시 인도에 돌아왔다. 그는 1920

년 4월에 32세의 젊은 나이로 세상을 떠났다. 1976년에 그의 잃어버린 노트(Lost Notebook)가 발견되었다. 그것은 펜실베이니아 주립대학의 수학자 조지 앤드루(George Andrews)에 의해 캠브리지 대학의 트리니티 단과대 도서관에서 편지와 영수증들이 함께 보관된 상자 속에서 발견되었다. 라마루잔의 연구 스타일은 칠판과 지우개를 사용하는 것 같이 연구하는 과정에서 지웠다 다시 쓰는 것을 반복한다. 그는 어떤 특정한 공식을 찾아내면 그 결과만을 노트에다 기록해 놓았다. 그래서 마지막 결과만이 기록된 노트에는 중간 과정이 모두 생략되어 있는데, 사실 그의 노트에는 4,000개가 넘는 공식들과 다른 연구 내용들이 수록되어 있다.

수학자들은 그의 공식들을 연구하고, 이용하며 증명하려고 노력하고 있다. 스코틀랜드의 하리팍스 노바에 있는 댈하우지에 대학(Dalhousie University)의 수학자 조나단 보웨인(Jonathan Borwein)은 다음과 같이 소견을 피력하였다. "그는 특이한 대상을 이끌어 낼 때 그들이 호기심을 자아내는 것보다는 올바른 것인지 생각한다. 그들을 그는 결코 명확하게 설명하지 않았지만 그 어디엔가 숨어있어 파악하기 어려운 증거들이다."

라마루잔의 1914년 공식

$$\frac{1}{\pi} = \frac{\sqrt{8}}{9,801} \sum_{n=0}^{\infty} \frac{(4n)!\,[1,103 + 26,390n]}{(n!)^4\, 396^{4n}}$$

여기서 $n! = n(n-1)(n-2)\cdots 1$ 그리고 $0! = 1$

초월 공간-수학의 소멸하는 것
(hyperspace-a disappearing act of mathematics)

초월 공간, 4차원 입방체의 세계 또는 초월 입방체, 초월 구면체, 그리고 모든 4차원 대상과 실체들은 수학자들의 상상을 자극하여 연구하게끔 했다. 3차원 창조물들은 단지 우리들 마음속을 통해 만날 수 있다. 차원에 대한 지식과 그들이 어떠한 논리로 진행되는가는 그런 공간이 반드시 존재한다는 것을 의미한다. 초월 공간에 대한 우리들의 이해 정도는 3차원 세계와 2차원 세계 사이에서 유사성을 이끌어 낼 수 있는 능력 여부에 달려있다.

초월 공간에서는 이떤 현상이 일어날까? 초자연적 존재는 무엇을 할 수 있고, 왜 그들의 행동은 근본적으로 우리들에게는 낯설어 보일까? 초자연적 존재는 바로 우리의 눈앞에서 손쉽게 사물을 제거하고, 이 물체를 간단히 사라지게 하는 느낌을 갖게 한다. 결과적으로, 초자연적 존재는 모든 3차원 물체 또는 생명의 본질 내부를 볼 수 있고, 필요하다면 내부의 모든 것을 제거하기도 한다. 3차원 매듭들은 초자연적인 존재의 손에서 쉽게 풀려 버린다. 장갑한 켤레는 두 개의 왼쪽 장갑 또는 오른쪽 장갑으로 쉽게 변환시킬 수 있다.

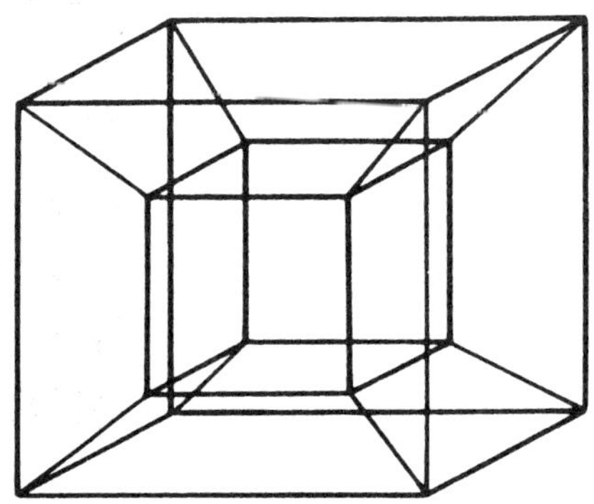

4차원 입방체는 정육면체를 4차원으로 표현한 것이다. 종이 위에 그린 정육면체는 그 3차원 특성을 암시하기 위하여 원근화법으로 스케치한 것이다. 종이 위의 4차원 입방체는 원근화법으로 그린 투시도이다.

초자연적 존재는 마치 구면체가 평면과 교차하면서 2차원 세계에 들어오는 것처럼 공간을 가로지르면서 우리들 세계로 들어온다. 우리가 초자연적 존재를 바라보는 것은 초자연적 존재에 대한 느낌(일면일지라도)이다. 구에 대한 느낌은 평면을 통과할 때 일련의 원들처럼 우리에게 남아 있다. 구가 2차원 세계의 창조물로 보이지 않는 그 자체에 또 다른 깊이를 가진 것처럼 초자연 존재와 3차원 세계에 대해서도 이와 같다.

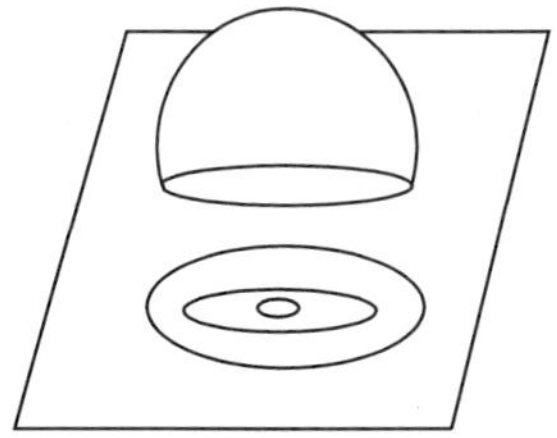

구가 평면을 통과하면, 평면에 원에 대한 영감이 남아 있다.

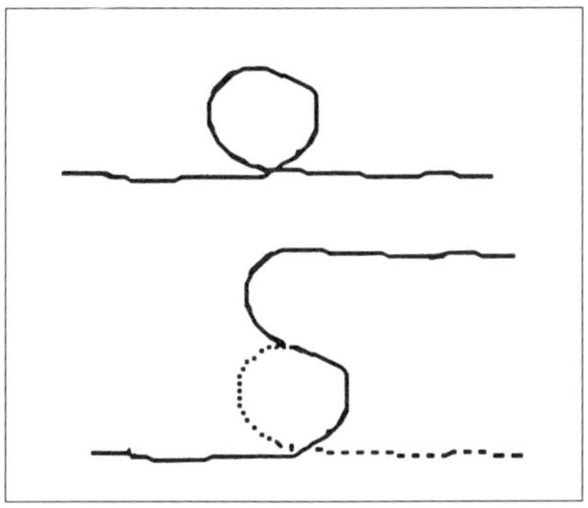

2차원 세계의 매듭은 평면 고리 모양이다. 위의 그림은 어떻게 2차원 창조물들이 2차원 매듭으로 풀리는지 설명해 준다. 3차원 창조물은 3차원으로 단순히 올림으로 인해 2차원 매듭으로 쉽게 분리할 수 있다.

우리는 3차원 창조물들을 2차원 세계에 들여보낼 수 있고, 또한 어떤 물체를 단순히 3차원 세계로 밀어내므로 인해 제거할 수도 있다. 그러므로 그것은 모든 2차원 창조물로 표현되어 사라지는 것처럼 보인다.

2차원 창조물인 매듭은 3차원 대상으로 쉽게 풀린다. 왜냐하면 2차원 세계의 매듭은 더 이상 고리로 볼 수 없기 때문이다. 그리고 고리의 끝을 3차원으로 들어 올리면, 2차원 매듭은 쉽게 풀려 버린다. 이는 초자연적 존재가 그것을 제어했다면 3차원 매듭에서도 일어날 수 있다.

장갑 한 짝이 2차원 세계에서 사용되었다면, 3차원 창조물은 마치 팬케이크를 뒤집는 것처럼 3차원 공간에서 오른쪽 장갑을 단순히 뒤집어서 왼쪽 장갑으로 만들 수 있다.

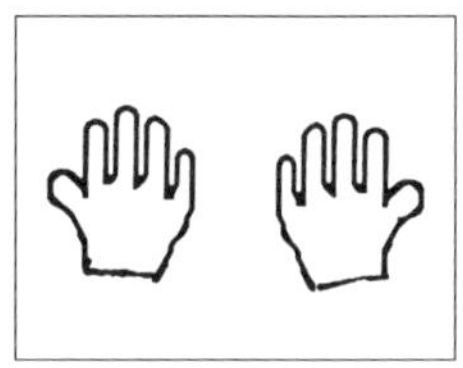

2차원 세계의 오른쪽 장갑은 3차원 세계에서 그것을 뒤집어 접어서 쉽게 왼쪽 장갑으로 변형할 수 있다.

초자연적 존재라는 친구와 같이 여행하면 3차원 세계를 쉽게 다닐 수 있다. 공간상의 두 점을 서로 마주보게 구부려서 2차원 공간을 3차원 공간으로 만드는 것과 같이 초자연적 존재는 3차원 공간을 4차원으로 확장시킬 수도 있다.

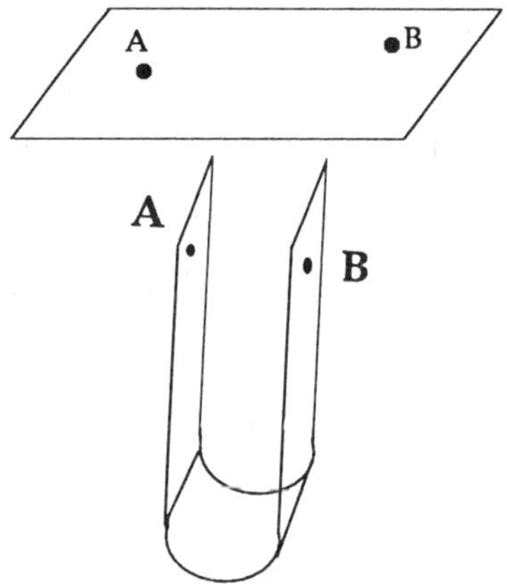

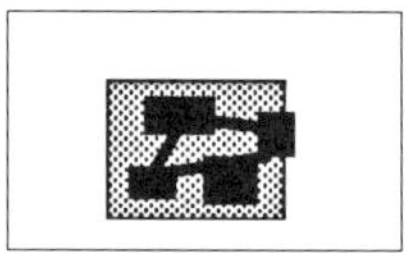

위 그림처럼 3차원 창조물은 2차원 집의 어떤 방이나 데스크, 옷장에도 들어갈 수 있다. 또한 어떤 물체를 홀이나 문을 통해 걸어 나오는 것보다 3차원을 통해 제거할 수 있다.

초자연적 존재는 분명히 3차원 세계의 경이로운 일꾼처럼 보인다. 이들 초자연적 존재들이 얼마나 훌륭한 외과 의사들을 만드는가? 그들은 3차원 세계로 들어갈 수 있고 칼로 절개하지 않고서도 의학적 문제를 제거하거나 봉합할 수 있다. 같은 방법으로 우리는 2차원 세계의 어느 곳으로도 들어갈 수 있다.

고차원 세계에 대해 여러분이 믿든 믿지 않든 그 배경에 수학이 자리하고 있다는 것을 확신한다.

자기생성 황금삼각형
(the self-generating golden triangle)

황금삼각형은 밑각이 72°이고 꼭지각이 36°인 이등변 삼각형이다. 이 밑각 두 개를 이등분하여 만들어진 두 개의 새로운 삼각형이 바로 황금삼각형이다. 이 과정은 원래 황금삼각형의 변을 따라서 무한히 계속할 수 있다. 그들을 펼친다면 무한개의 황금삼각형이 나타난다.

이 그림에서 보는 것처럼, 황금삼각형은 등각나선과 황금비 $\phi = |AB| / |BC| \approx 1.618 \cdots$이다.

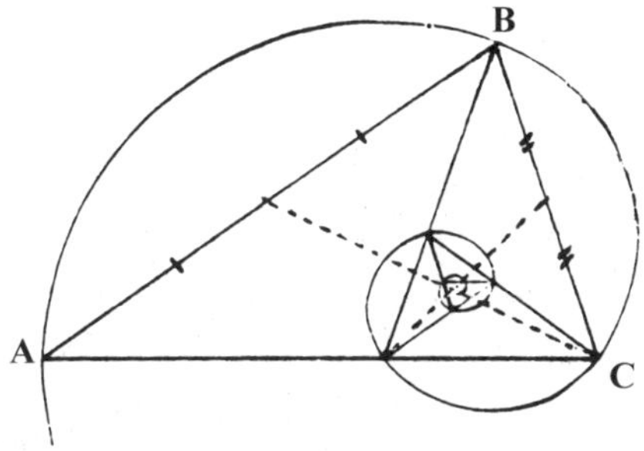

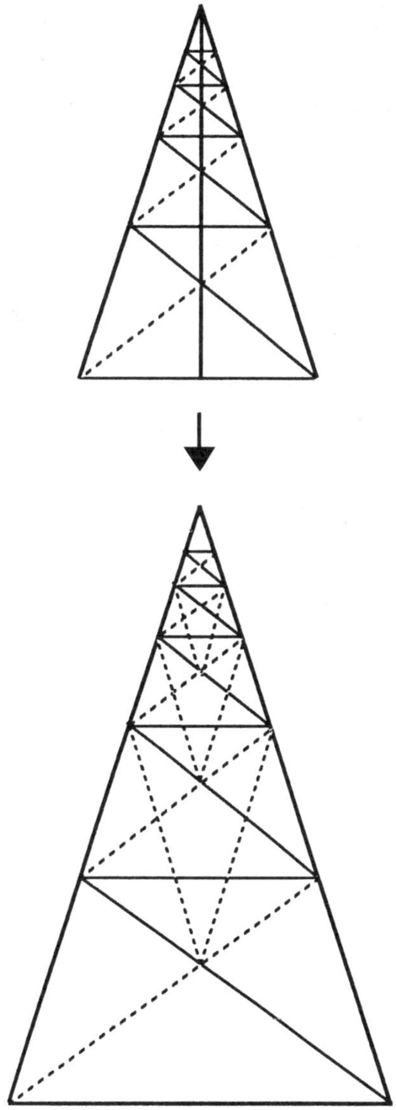

이들 무한개의 기어오르는 황금삼각형들로부터 우리는 그들 내부에 무한개의 상승하는 별표들을 작도할 수 있다. 별표의 다섯 개의 점들은 역시 황금삼각형들을 만들고 있음을 명심하라.

타원 접기

(folding an ellipse)

많은 수학적 대상과 아이디어들은 종이접기에 의해 증명될 수 있다. 원뿔 곡선도 예외가 아니다. 어떤 방법으로 종이접기를 하여 타원을 형성하는지 살펴볼 수 있다.

- 종이로 만든 원을 갖고 시작한다.
- 중심이 아닌 원의 내부의 한 점을 선택한다. 작은 점을 찍어 그 위치를 마크한다.
- 원을 접어 금을 그어서 경계선 상의 한 점을 작은 점에 내려놓는다.
- 원의 경계선을 따라 여러분이 수행하는 지금의 작업을 계속해서 진행한다.

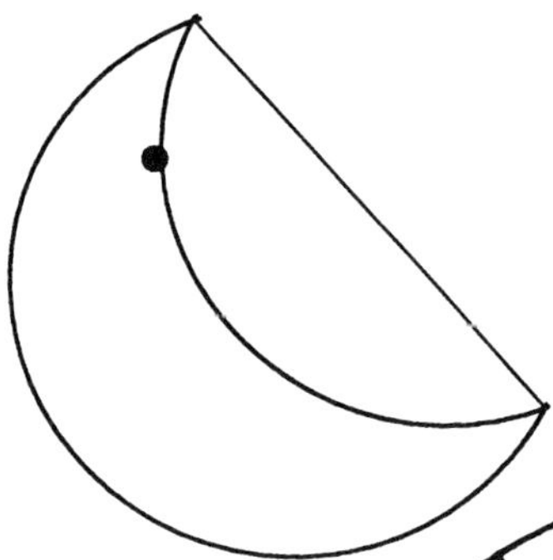

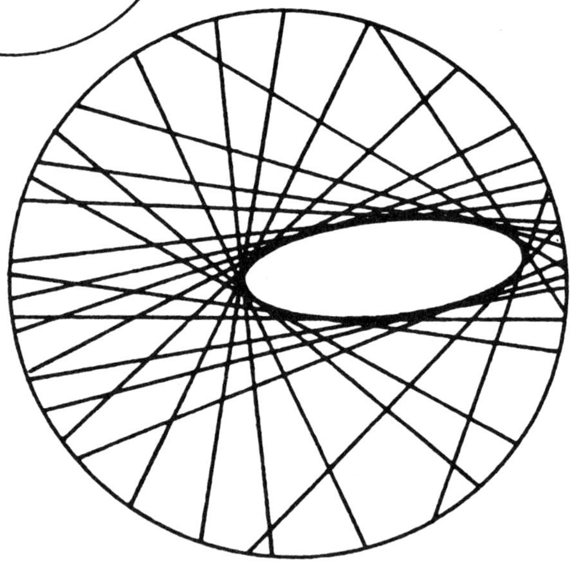

그러면 마침내 타원 형태가 만들어진다.

쌍곡선 접기

(folding a hyperbola)

다음은 어떻게 쌍곡선을 접는지 보여준다.

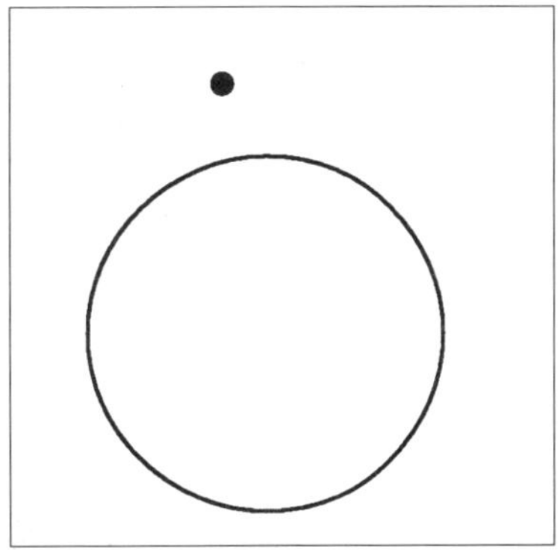

- 한 장의 종이 위에 그려진 원으로부터 시작한다.
- 원 외부의 한 점을 선택하고 작은 점으로 그 위치를 마크한다.
- 보는 바와 같이 원의 경계선 상의 한 점을 작은 점으로 접고 종이에 금을 긋는다.

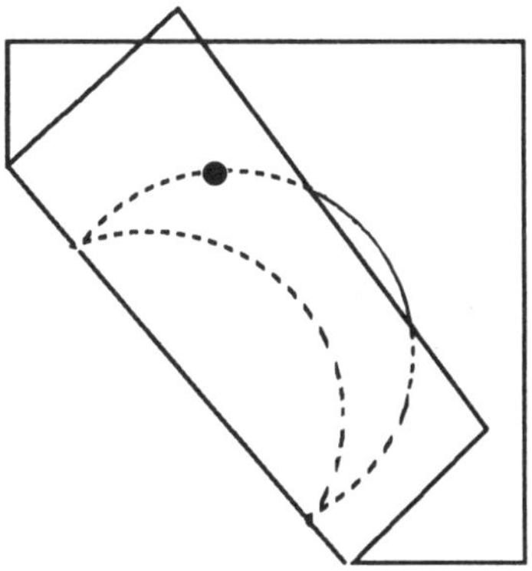

- 원의 경계선 전체를 따라 이러한 접기와 금을 긋는 과정을 계속하라.

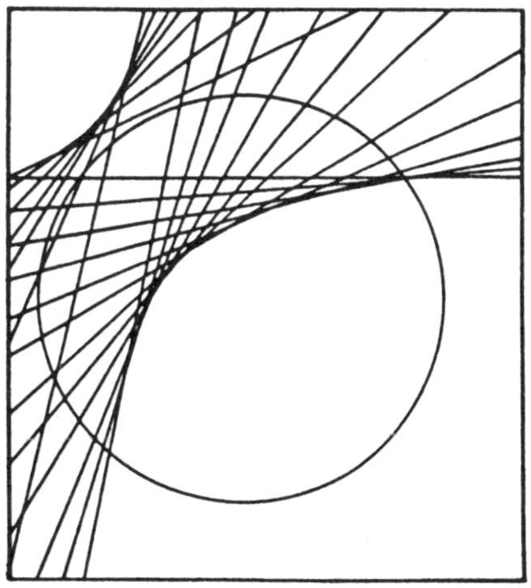

마침내 쌍곡선이 만들어질 것이다.

마법의 2진 카드

(magic binary cards)

이진수 체계는 "마법" 카드 한 질을 만들 수 있다.

Card E

16	17	18	19
20	21	22	23
24	25	26	27
28	29	30	31

16의 위치

Card D

8	9	10	11
12	13	14	15
24	25	26	27
28	29	30	31

8의 위치

Card C

4	5	6	7
12	13	14	15
20	21	22	23
28	29	30	31

4의 위치

Card B

2	3	6	7
10	11	14	15
18	19	22	23
26	27	30	31

2의 위치

Card A

1	3	5	7
9	11	13	15
17	19	21	23
25	27	29	31

1의 위치

이들 5개의 카드는 1부터 31까지 숫자를 유일하게 나타낸다. 예를 들면, 2진 표현으로 21은 10101이므로 21은 단지 E, C와 A 카드에서만 나타난다. 2진수로 동일하게 표현되는 두 수가 존재하지 않기 때문에 어느 두 수도 동일 카드로 나타나지 않는다. 그러므로 누군가 E, C와 A 카드 상에 나타난 수를 생각하고 있다는 것을 말하는 순간 머릿속으로 16+4+1을 계산하여 21[3)]을 말할 수 있다.

3) 2진수 체계에서 1과 0은 단지 어떤 수를 쓰는 데 사용되는 한 자리 숫자이다. 각 카드는 2진수 체계에서 자릿값을 나타낸다. 예를 들면, 카드 E는 16의 자리 또는 2^4이다. 수의 2진 표현은 어느 카드가 그 수의 위치에 오는가를 지시해 준다. 어느 자리에도 0이 나타나며 그 수는 카드 위에 위치하지 않는다.

중국의 전통 보드 게임

(Pong hau k'i)

중국에서는 이 게임을 퐁 하우 키(Pong hau k'i)라 하고, 우리나라에서는 우물고누라고 한다. 놀이판이 매우 작고 단지 네 개의 놀잇말이 필요하기 때문에 매우 간단한 게임처럼 보인다. 그렇다고 우습게 여겨 무시하지 말라!

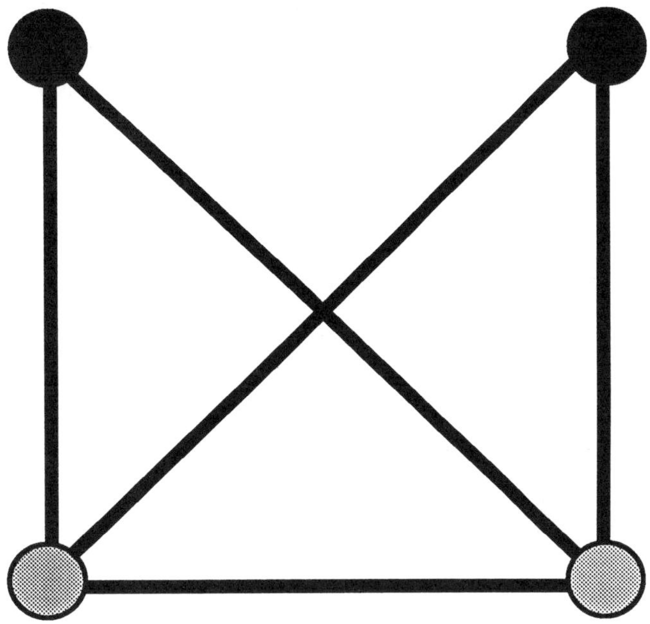

게임 절차 :

각 게임 참여자는 두 개의 놀잇말 또는 특별한 돌을 갖는다. 처음 시작할 때 번갈아가며 그들을 사용한다. 일단 각자 네 개의 말들이 놓아지면 각 경기자는 번갈아가며 한 번에 한 말씩 어떤 라인을 따라 다음 빈자리로 이동한다. 게임의 목적은 상대 경기자가 움직일 수 없도록 상대방의 돌을 막는 것이다.

이집트인의 완척, 집게뼘과 손가락폭

(Egyptian cubits, palm & digits)

이집트인들의 초창기 측정 도구는 신체의 일부분이었다. 완척[4]은 팔꿈치부터 가운뎃손가락 끝까지의 길이로 정의되었다. 각각의 완척은 손바닥의 폭, 즉 집게뼘이라는 일곱 개의 작은 단위로 나누어진다. 각 집게뼘은 엄지손가락을 제외한 나머지 네 손가락의 폭으로 세분된다. 당연히 누구도 이 도구를 사용하는 데 불편함이 없었는데, 측정하는 사람의 신체 구조에 따라 길이가 달랐다. 그래서 이집트인들은 두 개의 표준 완척을 개발했는데, 로열 완척은 대략 20.59인치이고 짧은 완척은 17.72인치였다.

이집트인들은 집게뼘과 손가락폭을 세분화하여 표시한 로열 완척과 짧은 완척을 금속으로 제작한 막대를 사용하였다. 이 막대들이 오늘날 측정 도구인 자의 전신이라 생각할 수 있다.

집게뼘과 손가락 폭을 세분화하여 표시한 이집트인들의 완척 막대

4) '완척'이란 용어는 측정단위로 그리스와 로마에서도 사용되었다. 그리스의 완척의 길이는 대략 18.22인치였고, 로마의 완척의 길이는 약 17.47인치였다.

상당히 큰 수-숨겨진 해답

(large numbers-the hidden solutions)

1769년 네오나드 오일러(Leonard Euler)는 페르마[5]의 마지막 정리(Fermat's Last Theorem)의 파생정리로 $a^4 + b^4 + c^4 = d^4$는 양의 정수를 해로 갖지 않는다는 가설을 세웠다. 그러나 200년이 지난 오늘날 수학자들은 컴퓨터를 이용하여 위 방정식을 만족하는 정수를 찾았고, 그 결과 오일러의 추측은 오류가 있는 것으로 밝혀졌다.

하버드 대학의 노암 엘킨스(Noam D. Elkins)는 첫 번째 예제로 $a = 2{,}682{,}440$; $b = 15{,}365{,}639$; $c = 18{,}796{,}760$, 그리고 $d = 20{,}516{,}673$을 찾아냈고, 매사추세츠 캠브리지의 생각하는 기계 협회(Thinking Machines Corp)의 로저 프리에(Roger Frye)는 이 방정식을 만족하는 더 작은 양의 정수를 찾아냈다.[6]

2,682,440
15,365,639
18,796,760
20,516,673

컴퓨터를 이용하여 수학자들은 오일러의 가설을 부정하다.

5) 페르마의 마지막 정리에 대한 더 자세한 사항은 161쪽 참조.
6) Science news, The Curious Power of Large Numbers, vol.133, Jan. 30, 1988 참조.

컴퓨터 모델링
(computer modeling)

오늘날 수학자들은 모형들을 보거나 창작을 위하여 또는 한번에 형언할 수 없는 세계를 탐구하기 위해 컴퓨터를 사용한다. 옛말에 "눈앞에서 변화되는 것"은 컴퓨터그래픽의 영상 속에서 일어나는 혁신적인 것을 볼 때처럼 그렇게 마음을 사로잡지는 못한다고 하였다. 지난 10년의 변화는 사람들을 어리둥절하게 했다. '스타트랙의 다음 세대(The Next generation)'에 나오는 홀로데크(Holodeck)의 개념은 결코 먼 훗날의 일이 아니다. 수많은 분야에서 전문가들이 컴퓨터 영상을 발견하고 사용한다. 외과의사는 외과 수술 분야를 연구하는 데 컴퓨터 영상을 사용할 수 있고, 건축가는 완성된 형태의 디자인을 조망하고 임의의 각도에서 서로 다른 조명을 비춰볼 수 있다. 환경문제 전문가들은 자연현상 극복을 예견할 수 있다. 비행기 조종사들은 지상에서 일어날 수 있는 모든 상황을 경험할 수 있고, 음악가들은 악기로서 컴퓨터를 사용하여 뮤지컬 악보를 창작할 수 있다. 보건 공무원들은 전염병의 퍼지는 경로를 추적하고 예측할 수 있다. 영화 촬영기사와 예술가들은 붓을 들지 않고도 진짜 환상적인 장면을 창안할 수 있다. 이뿐만 아니라 여러 분야에서 다양하게 사용되고 있다. 수학자들은 고도의 신기술적 시각화 방법을 구현하기 위해 그래픽 전문가나 컴퓨터 과학자들과 함께 연구한다. 수학자들의 마음 밖에서는 볼 수 없었던 수학적 아이디어를 탐구하기 위해 여러 색을 칠한 사실적 모델을 만드는 복잡한 방법들이 세련된 컴퓨터 프로그램과 더불어 고안되고 있다. 이들 모델들은 매듭 이론, 비누 거품, 초월 공간, 모자이크 세공 공간, 비유클리드 모델들 같은 분야의 문제들을 해결하고 추측들을 유추해 낸다. 인간의 상상력에 의해 공식화된 거의 모든 문제나 아이디어는 컴퓨터 모델링을 통해 다른 사람들과 더욱 쉽게 공유할 수 있다.

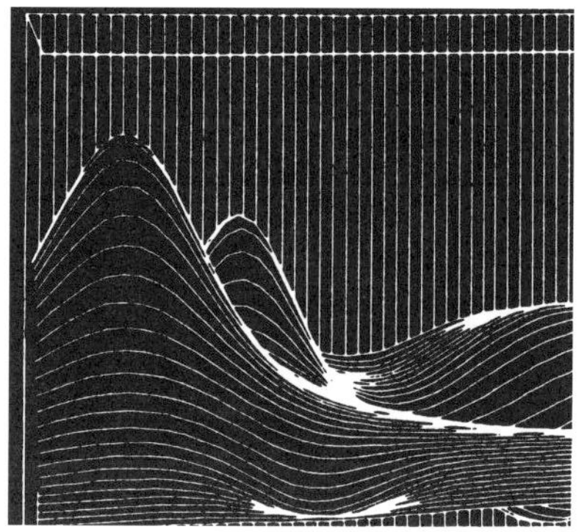

멜빈 프루에일이 재편집한 컴퓨터그래픽. 도버 출판사의 삽화

솔리테르 체커 퍼즐
(solitaire checkers puzzle)

이 퍼즐은 '보트 위의 8인'과 '모두들 하나의 선에'라는 이름 외에도 다양한 이름으로 불리고 있다.

하얀 말은 아래와 같은 규칙으로 검은 말과 위치를 바꿔야 한다.

1) 같은 색의 말은 다른 말을 뛰어넘을 수 없다.
2) 한 위치에 하나의 말을 이동하거나 한 번 점프한다.

최소의 이동 횟수를 찾아보자.

게임을 보다 도전적으로 하려면, 말의 수를 증가시켜 보아라.

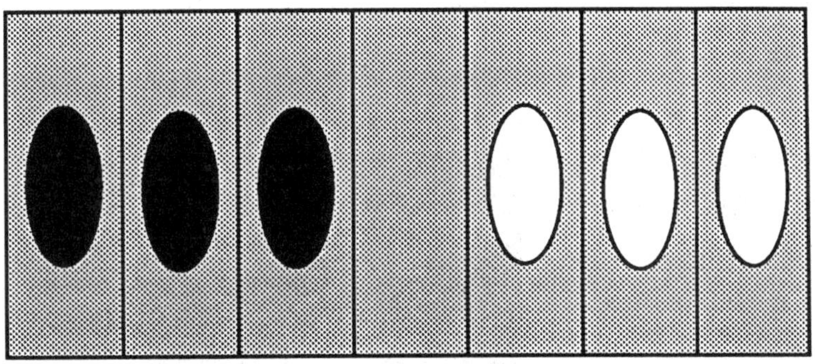

→ 최소 이동 횟수에 대해서는 부록을 참조하기 바랍니다.

상자의 파괴-프랭크 로이드의 건축양식과 공간의 해방

(the destruction of the box-architecture of Frank Lloyd Wright & the liberation of space)

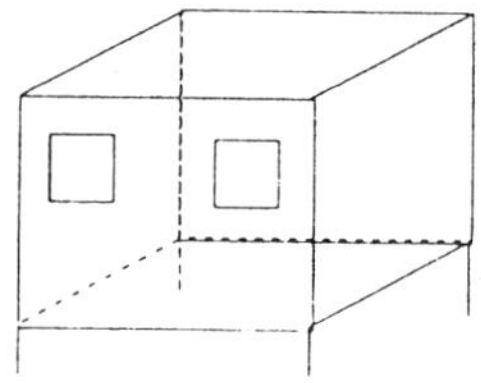

상자 건축양식

프랭크 로이드 라이트(Frank Lloyd Wright)의 작품은 정확한 스타일을 갖추고 있으나 그의 건축물들은 너무 다양하다. 스타일은 그의 부속 건축물들의 유사성보다는 건축물을 설계하는 철학 속에서 찾을 수 있다. 그는 "건축은 아이디어가 표출된 구조물을 만드는 과학적 예술이다."라고 말한다. 그의 건축양식은 경관, 재료, 방식, 목적과 특별한 방법에 있어 구상력을 포괄하는 유기적 건축양식(organic architecture)이라 불린다.

내외적 공간에서 구조물에 대한 라이트의 디자인은 사람들에게 건축에 대한 심오한 영향을 주었다. 그는 외부가 내부가 되도록 건물을 설계했다. 그는 이것을 상자의 파괴(destruction of box)라고 불렀다. 그것들이 사적이든 상업적이든 간에 프랭크 로이드 라이트는 집을 상자나 정육면체의 혼합물로 보았다. 유클리드 기하에서 공간은 모든 점들의 집합으로 정의된다. 비록 입방체는 공간을 나타내기 위해 종종 유클리드 기하에서 사용되나, 공간은 경계나 한계가 없다고 알려져 있다. 라이트는 그의 작품에서 내부에서 외부로 점들이 흐르는 공간에 대한 느낌을 주고자 했다. 이들 선을 따라 생각하며 그는 설계도에서 전통적인 상자를 제거하는 방법을 발견하였다. 그는 틀에 박힌 느낌과 외부 세계에서 볼 때 상자 건축양식으로 특징지어지는 것을 분리하는 변화를 찾았다.

라이트가 설계한 마린 카운티의 시민회관은 그의 걸작 중의 하나이다.

라이트는 어떤 건축물을 구성하는 재료들의 잠재적 특성을 유용하지 않았다는 것을 깨달았다. 철과 유리 같은 새로운 재료들은 상자에 대한 느낌을 없애기 위한 방법으로 설비하게 되고, 따라서 내부와 외부 공간이 나타나게 된다.

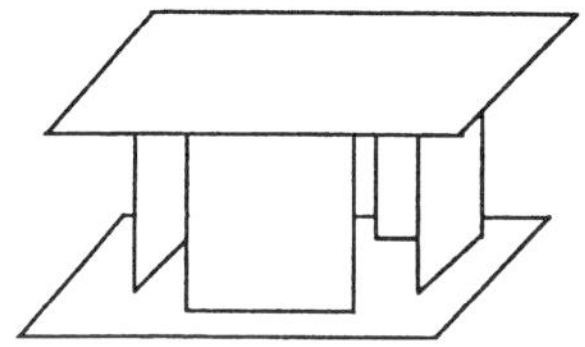

라이트의 설계도는 모퉁이로부터 지지대를 제거하고 외팔보를 사용하여 벽을 따라 재배치하고 상자의 모퉁이를 없애고자 했다. 그러므로 거주자들은 모퉁이를 볼 수 없거나 인식하지 못했다. 또한 공간은 펼쳐지도록 하였다. 비교적 독립적이고 붙어 있지 않는 외팔보 형식으로 지지하는 기둥과 대들보 구조로 대치함으로써 더 이상 둘러싸인 벽으로 보이지 않게 하였다. 이들 벽들 중의 어느 하나는 축소, 확장 또는 재분할하여 변경할 수 있다.

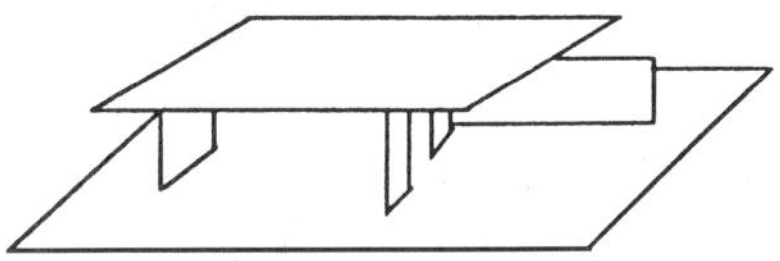

라이트는 가로와 세로를 설계하는데 있어 그대로 놔두지 않았다. 그는 벽 윗부분에 장식으로 두른 돌출부인 배내기 형식을 없애고 꼭대기에서 하늘까지 열어 놓았다. 그의 설계도에서는 상자들을 쌓거나 복제하는 것을 지양했다. 그 대신 기둥을 사용했고, 그것들을 천장의 한 부분으로 사용하여 모양의 연속성을 창안하도록 하였다. 그리하여 구조물의 내부와 외부의 공간은 모든 방향으로 움직일 수 있다. 구조물의 내외부를 자유롭게 움직일 수 있게 하는 것이 유기적 건축양식의 근본이다. "그러므로 유기적 건축양식은 3차원 세계에서 일어날 수 있는 모든 것을 느끼고 볼 수 있는 건축양식이다. … 공간은 3차원에서 생생하게 살아있다."[7]

7) Frank Lloyd Wright, *An American Architecture*, ed. Edgar Kaufman. New York: Bramhall House, 1955.

π는 무한소수
(And the π goes on)

대부분의 사람들은 일상생활에서 π의 값을 4자리 정도 알면 충분하다고 생각한다. 영국의 수학자 윌리엄 생크(William Shanks)는 20년간 손으로 계신하여 707자리의 π의 값을 계산했는데, 불행히도 1945년에 528자리에서 그의 계산에 실수가 있었음이 드러났다.

$$\pi=3.14159265358979323846\ldots$$

오늘날 왜 사람들은 슈퍼컴퓨터를 이용하여 π의 값을 백만 자리까지 계산하려고 할까? 왜 π의 소수 표현에 매혹되는 것일까?

- 이는 슈퍼컴퓨터의 소프트웨어와 하드웨어의 용량을 테스트한다.
- 계산 방법과 아이디어는 새로운 아이디어와 이론을 유발시킨다.
- 진정 π는 일정한 패턴을 갖지 않는가, 그리고 패턴이 끝없이 다양한가?[8)]
- π의 수 중 몇몇은 다른 수보다 자주 나타나서 완전한 무작위 수라 할 수 없는가?

등산가들이 산 정상에 오르려 하는 것처럼 아마도 수세기에 걸친 수학자들은 π에 대한 매력을 계속 탐구하고 싶어서인지도 모른다.

8) π의 소수자리 표현에서 발견된 몇 가지 이상한 주기는 — *e의 처음 6자리에 8번 나타나고,* $\sqrt{2}$ *의 첫 8자리에 52,638번째 소수자리에서 나타나며,* π *(3.14159) 첫 6번째 자리가* π *의 처음 천만 번째 소수표현에서 최소 6번 나타난다.*

지진의 수학적 추적

(tracking earthquakes mathematically)

지진은 지진파를 연구함으로써 추적할 수 있다. 세 가지 유형의 지진파는 서로 다른 시간 간격으로 지진계에 도달하며 발생한다. P파(초당 5마일-음파와 유사하며 압축되는 종파)는 움직이는 방향에 있는 암반을 진동하게 한다. S파(초당 3마일-횡파)는 경로상의 암반을 직각으로 진동한다. L파(초당 2.5마일)는 해양의 파도처럼 지표면을 따라 진동하는 표면파이다. 이들 세 가지 파는 서로 다른 속도로 이동하기 때문에 형태도 다르고 시간차도 다르게 지진계에 나타난다. 처음에 P파가 나타나고, P파가 사라지면 다음에 S파가 도달한다. 만약 지진계가 지진의 진앙에 위치한다면 S파가 더 빨리 도달한다.

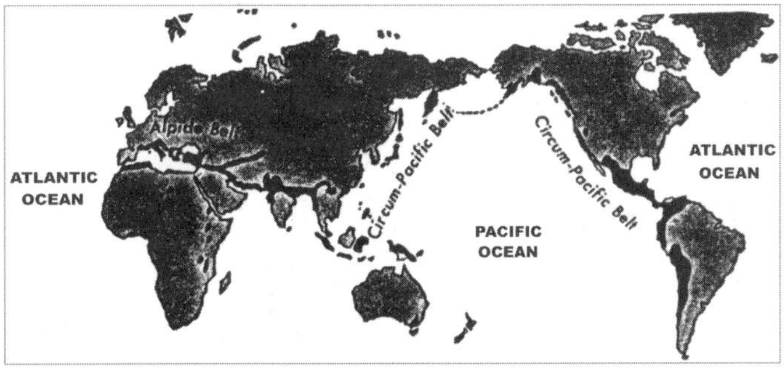

검은색으로 진하게 표시된 지역들은 세계의 지진지대를 보여주고 있다

P파와 S파의 속도 차는 지진의 이동거리와 시간을 결정할 수 있게 해준다. 각 파는 서로 다른 매질에 의해 반사되기 때문에 이 정보는 지구의 구조에 대한 정보를 제공해 준다. 대부분의 지진은 지각의 외부에서 발생하며, L파가 나타나지 않는 경우는 진앙이 매우 깊음을 알려준다.

지진이 발생할 때 여러 곳에서 지진학자들은 그들에게 도달하는 서로 다른 파들의 시간차를 연구한다. 다양한 위치에서 지진이 발생한 거리를 지도상에 원으로 표시한다. 이 원들이 교차하는 것을 연구함으로써 지진의 진앙을 알 수 있다.

마야의 수학

(Maya mathematics)

이교도에 대한 광신적인 탄압과 스페인 정복자들의 탐욕으로 마야 문명에 대한 대부분의 기록과 서류들이 소실되었다.

『유카타 반도의 사물들에 관하여(Relacion de las cosas de Yucatan)』란 책은 마드리드에 있는 스페인 왕립 아카데미의 도서관에서 수년 동안 묵혀져 왔었고, 1869년 프랑스의 선교자 찰리 에티앤느 브라소(Charles Etienne Brasseur)에 의해 발견되면서 세상에 알려졌다. 다행히 마야의 상형문자로 저술된 원서들을 태우고 파괴했던 이 책의 저자인 프라이어 디에고 네란나(Friar Diego De Landa)는 문명이 존재했음을 밝혀주고 있다. 천주교를 전파하고자 갈망했던 데란다는 마야의 표기법을 파괴하고 원주민들에게 스페인어를 배우게 함으로 인해 천주교를 전파할 수 있다고 믿었다. 그의 책에서 전통 문화와 함께 파괴된 상형문자를 일부 묘사하고 있다. 결과적으로, 마야의 숫자 표기법에 대한 몇 가지의 예는 천문계산과 마야 달력에 나타난 시간의 계산에서 드러나 있다. 그들의 수학과 건축양식의 결과물과 연결되어 기록된 것은 없다. 그래서 모든 결론은 단지 가설에 불과하다.

드러커(D. Drucker), 쿠블러(G. Kubler), 할레스톤(H. Harleston)은 멕시코인들의 피라미드를 건축하는 측정법에 피타고라스 수, π, e, 황금비와 연결되는 이론이 있다고 발표하였다.

우리가 문서화하는 수학에는 수 체계, 자릿값, 영(0), 그리고 시간의 흐름을 엿볼 수 있는 인상적인 창작품이 포함된다.

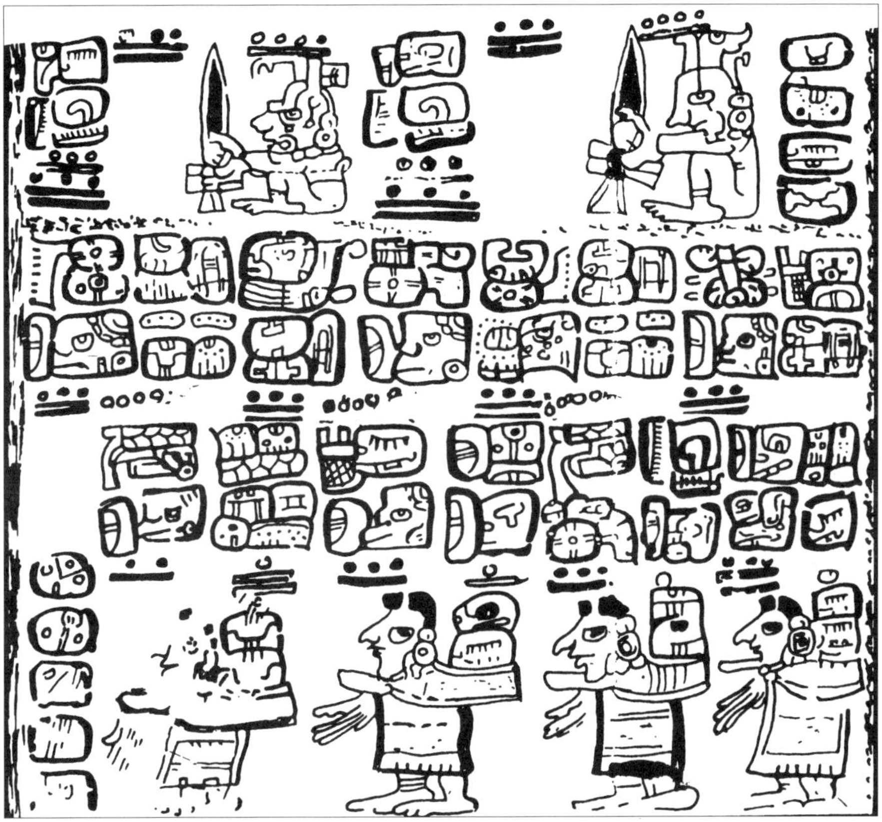

마야 달력 한 쪽의 일부분에 대한 도해

불행히도 마야의 기록 대부분은 해독되지 않은 채 남아있다. 우리는 마야인들이 20단위로 셈했다는 것을 알고 있다. 그러나 그들이 일상생활에서 실제로 사용했고 기록했던 모든 것들이 파괴되었기 때문에 사용했던 수 체계에 대한 증거는 없다. 다만 우리는 그들의 천문과 달력에 대한 기록에서 추정할 뿐이다. 그들은 (사실 그들이 원하는 만큼) 큰 수를 표현하는 자릿값 체계를 개발했었다. 또한 그들은 단위값의 부재를 나타내는 심벌을 사용했으며 영(0)에 대한 개념을 갖고 있었다. 종교와 의식들이 그들의 삶과 생활을 통제하는 역할을 주로 했기 때문에 천문과 달력에 대한 기록은 해박했음을 알 수 있다.

마야인이 개발했던 달력은 오늘날 그레고리력이나 다른 어느 문명에서 사용했던 달력보다 정확하다. 그들은 260일 주기를 바탕으로 하는 의식행사 달력, 365일+주기에 기반을 둔 태양력, 584일에 기반을 둔 금성력의 세 종류의 달력을 개발했다.

그레고리력의 오차는 하루 3.02/10,000인 데 비하여, 마야의 태양력은 하루 1.98/10,000을 고려하여 만들어졌다.

태양력과 의식행사 달력은 52년마다
달력 순환이라 불리며 수렴된다.

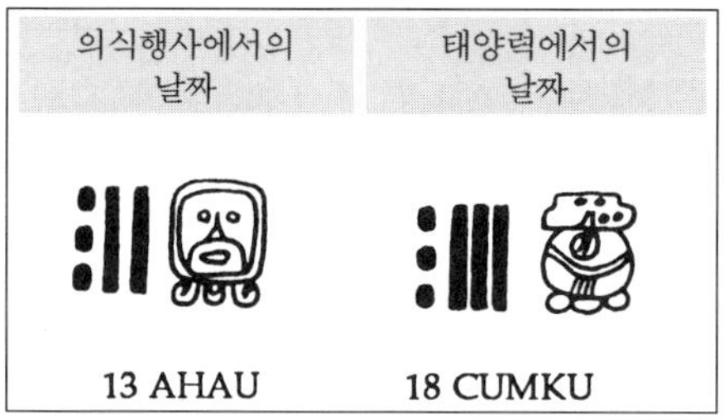

의식행사 달력과 태양력에서 표기했던
날짜에 대한 기호

팔렌크 시에서 천문학자들은 두 번의 연속되는 보름달의 평균 주기는 2392일이며 음력 81달이 되며, 29.5308642로 계산했는 데 반해, 오늘날 천문학적 계산으로는 29.53059일이 된다.

마야 달력은 시간에 대한 개념을 엄격하게 측정하지는 않았다. 그들은 신들의 이름을 날짜와 연결하여 의인화하였다. 각 날짜는 신(상서로운 것이든 아니든)에 의해 짐을 운반하는 것으로 여겼고 주기적으로 지나는 것이었다. 일, 월, 연의 반복 순환은 무한히 발생하는 순환 주기와 연결하였다.

의식행사 달력(쫄킨, tzolkin)은 260일로 구성되어 있다. 그것은 20일 주기로 되어 있으며, 각각은 하나의 신 이름으로 명명되었다. 각 신에 대한 상형과 관련하여 1에서 13까지 숫자화 되었다. 따라서 주기적으로 반복되기 전에 달력의 260일 각 날짜는 신에 대한 상형의 독특한 라벨과 260일을 나타내는 수들로 구성되었다. 결론적으로 신의 상형과 1에서 13에 대한 반복 수열 간에는 일대일 대응되었다.

신의 상형	*A*	*B*	*C*	*D*	*E*	*F*	*G*	*H*	*I*	*J*	*K*	*L*	*M*	*N*	*O*	*P*	*Q*	*R*	*S*	*T*	*A*	*B*	*C*	*D*	*E*	*F*	*G*…
숫자	1	2	3	4	5	6	7	8	9	10	11	12	13	1	2	3	4	5	6	7	8	9	10	11	12	13	1 …

다소 점성술과 유사하지만, 마야인들은 기호에 따라 좋아하거나 싫어하는 날을 고려했던 특징을 260일 각각과 관련지었다. 그들이 태어난 날이 그와 그 자신의 일생을 특징지워 준다는 날짜의 본질을 믿었다. 하아프(haap)란 태양력은 각각 20일로 된 18개월로 구성되었다. 마야인의 양력 365일의 나머지 5일은 악의 징후를 나타내는 우아예브(uayeb)라 불렀다. 개개인은 이 5일 동안 거의 아무 일도 하지 않았고, 이 기간에 그들의 행동은 종교적 믿음에 의해 제한되었다.

마야인의 양력과 의식행사 달력이 동시에 사용되었기 때문에 하루의 날짜를 둘 다 고려하여 생활했었다. 날짜를 기입하기 위한 단순한 방법으로 두 체계를 고려한다면 전체 시스템은 52년마다 반복된다. 달력의 조합을 달력 순환(Calender Round)이라 한다.

$365 \times 260/5 = 18,980$일 $= 52$년 또는 의식행사 달력으로 73년(즉 18,980은 260과 365의 최소 공배수)이다. 이는 52년의 기간을 의미하고 각각의 날들은 독특한 라벨을 가졌다.

금성이 지구보다 태양의 반대쪽에 보이는 날짜의 수에 기반을 둔 마야의 금성력(venus calender)에 이것을 적용해 보자. 그러면 세 달력에서 수천 년 동안 각각의 날들은 독특한 이름 또는 이름으로 사용되는 것을 묘사하는 라벨을 갖고 있다. 금성의 회합 공전주기는 5회 공전주기의 범위 580일에서 588일 사이에 걸쳐 다양하다. 이는 평균 583.92일에 해당되나 마야인들은 584일로 사용했다. 그들은 6000년에 단지 하루의 오차가 발생하는 301회의 공전주기 동안 24일에 해당하는 불일치를 수정하여 계산하였다.

당연히 독자들에게 탐구하기를 바라는 것처럼 모든 마야의 달력과 날짜의 이름을 마야인의 학문이나 종교와 결부시키는 것은 매우 색다른 흥미를 자아낸다. 마야의 달력에 따르면 우리의 현재 주기는 B.C. 123,113년 8월에 시작되어 A.D. 242,011년 12월에 세상의 파괴와 함께 끝나게 된다.

마야의 수 체계는 그들의 달력에 영향을 받은 것 같다. 그들은 20자릿값에 기반을 두어 사용하였기 때문에 단지 세 가지 즉, 1에 대해 •, 5에 대해 ▬, 0에 대해 ◉ 기호를 수직으로 표기하였다. 그러나 그들의 자릿값은 엄격히 20진수를 따르지는 않았다. 즉, $1 = 20^0$, $20 = 20^1$, $400 = 20^2$, $8,000 = 20^3$, $160,000 = 20^4 \cdots$ 그러나 셋째 자리 이상에서 $1 = 20^0$, $20 = 20^1$, $360 = 18 \times 20^1$, $7,200 = 18 \times 20^2$, $144,000 = 18 \times 20^3 \cdots$ 처럼 벗어나서 사용하였다. 여기서 마야인의 태양력과 의식행사 달력에 나타나는 18과 20 숫자를 사용하였음을 알 수 있다. 그들은 자릿값과 양을 나타내는 것으로 0에 대한 기호를 사용했다. 여기 어떻게 4,326을 표기했는지 예를 보여준다.

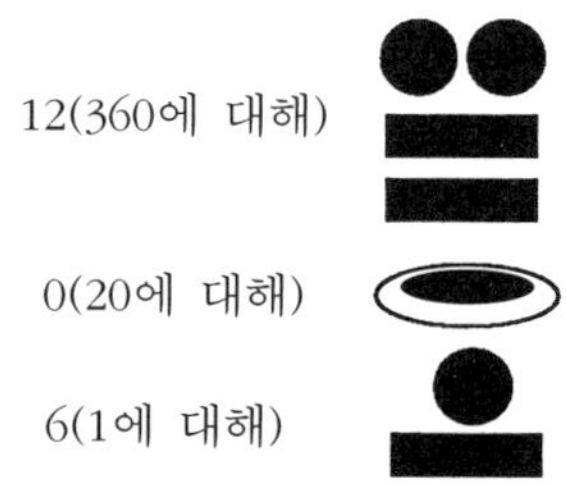

키랄리티-손대칭성
(chirality-handedness)

우주는 오른쪽, 왼쪽, 또는 양쪽 편향인가? 아무도 모른다. 그러나 우주의 물체는 키랄리티-손대칭성을 보여준다. 거울에 비친 상이 동일한 물체를 아키랄(achiral)이라 한다. 예를 들면, 구 또는 직사각형은 아키랄이다. 키랄(chiral) 물체는 거울상에 겹쳐 놓을 수 없는 물체들을 말한다. 키랄 물체들의 예로는 나사, 나무, 한쪽 손 등을 들 수 있는데, 이는 왼쪽이거나 오른쪽 중의 하나이다. 분자들은 오른쪽과 더불어 왼쪽에서 그 형태가 발견되었다. 어떤 분자가 사람의 양손처럼 모양은 같으나 겹쳐지지 않는 것으로 서로 거울에 비춰진 거울상과 같은 모양을 나타낼 때 그 분자는 키랄성(chirality)을 가지고 있다고 말한다. 우리는 식물, 조개, 박테리아, 탯줄, 사슴의 가지 진 뿔, 골형성(bone formation), 나무껍질 등에서 오른 나선과 왼 나선을 찾을 수 있다.

등나무의 오른 나선과
인동덩굴의 왼 나선

어떤 분야에서는 다른 것보다 하나의 키랄이 우위를 점하는 경우가 있다. 예를 들면, 인간은 왼손잡이보다 오른손잡이가 많고, 마찬가지로 오른쪽 나선형의 바다조개, 나무와 박테리아들이 많다. 반면, 아미노산은 주로 왼쪽 편향이며, 나선형의 뉴트리노(중성미자)는 모두 왼쪽이다. 몇몇의 원소들은 존재하는 조건 또는 발생하는 변종에 따라 양방향의 형태를 갖기도 한다. 과학자들은 극소와 극대의 수준에서 키랄리티를 연구한다. 그들은 심지어 우주를 지배하는 4개의 힘, 중력, 전자기력(electromagnetic force), 약한 핵력(weak nuclear force), 강한 핵력(strong nuclear force)의 키랄리티를 분석한다. 그들은 자연에서 거울상 대칭 형태의 균형을 창조해 낼 수 있을까? 키랄리티는 우주의 더 많은 비밀을 풀어줄까?

알래스카 야생양의 오른쪽과
왼쪽 나선형의 가지 진 뿔

카오스 이론-혼돈 속에 질서가 존재하는가?
(the chaos theory-is there order in chaos?)

고대시대에 하느님의 사자나 예언자로부터 또는 오늘날 인기가 급상승하는 타로 카드, 점성술, 점쟁이와 점쟁이의 수정 구슬에서 보듯이 인간의 본성은 비래를 내나보고자 원했다. 뿐만 아니라, 우리는 다음과 같은 다양한 분야에서 예견을 추구한다.

- 날씨(weather)
- 지진(earthquakes)
- 가격(prices)
- 주식시장(stock markets)
- 이자율(interest rates)
- 경제(economics)

우리는 삶을 통제하기 위하여 예측에 대한 보다 정교하고 값비싼 장비와 방법을 추구한다. 그러나 다양한 현상에 대해 넓은 범위에 대한 우리들의 능력을 믿을 수 있을까? 자연현상은 예측되는 패턴을 따르는가? 주기적인 방식에서 성과가 반복적으로 나오는가? 여러 해 동안 다양한 과학 분야에서 이론을 정립하거나 일반 법칙을 만드는 패턴이 존재한다고 믿었다. 그러나 카오스 이론(theory of chaos)은 과학의 세계를 뒤흔들어 놓았다. 물리학자와 일반적인 연구 중심 대학의 과학자들은 카오스 이론에 대해 한층 심각하게 관심을 갖기 시작했다. 인간 세계의 단순한 사건들로부터 우주의 복잡하고 매우 중요한 사건들에 이르기까지 수세기에 걸쳐 발전시켰던 공식이나 법칙들이 앞으로 무엇이 일어날 것인가를 항상 설명할 수 없다는 것을 인정하기 매우 곤란할 것이다. 모든 학문 분야의 과학자들은 그들의 특정한 분야에서 카오스 그 자체가 나타날 때 이를 이해하고 인식할 수 있는 날카로운 수학적 능력과 지식을 소유하고 있다.

카오스에 대한 이야기는 1960년대 초반에 기상학자이며 수학적 재능이 뛰어난 에드워드 로렌츠(Edward Lorenz)가 컴퓨터를 사용하여 뜨거운 공기가 상승하는 다양한 변화들을 프로그램하는 매우 단순한 실험을 구현하는 연구에서부터 시작되었다. 그가 근본적으로 찾아낸 것은 초기 데이터에서 아주 미소한 차이가 종국에는 엄청나게 큰 차이를 야기한다는, 즉 혼돈된 상태가 발생한다는 것이었다. 기상예보에서 이를 나비효과(Butterfly Effect)라 부르며, 지구상의 한 부분에서 나비가 날개를 퍼덕거리는 미묘한 변화와 같이 작은 대기의 난류로 시작되어 점점 배가 되어 지구상의 다른 지역에서 엄청나게 규모가 큰 허리케인을 만들어낸다. 이는 기술적으로 초기조건에 매우 민감하게 의존한다고 설명할 수 있다. 일기예보의 일반적인 기상도에서 조그만 변화의 발생은 계속적으로 일어나고, 그것이 얼마나 단순한지 또는 작은 것인지 관계없이 모든 가능한 변화들을 기록할 수 없기 때문에 장기간에 걸친 총체적인 효과는 예측할 수 없다. 이러한 것들은 점점 배가 되어 정보를 입력하는 과정에서 작은 오차로 생각될 수 있지만 결국 무질서한 사건이 만들어진다.

로렌츠 끌개(Lorenz attractor)에 대한 한 예술가의 이미지

로렌츠는 3차원 공간에서 그의 실험 결과를 그래프로 나타내면서 카오스 과학의 첫 번째 그림을 도안하였다. 그려진 곡선은 결코 교차하지 않으며 곡선 자체가 반복되지도 않는 3차원 상의 나선 같은 곡선이었다. 이것이 로렌츠 끌개(Lorenz attractor)로 알려졌다. 기묘한 끌개(strange attractor)라는 말은 카오스 이론에서 생기는 이러한 형상을 설명하는 일반적인 용어이다. 이것은 다차원 공간에서 그래프로 나타낼 수 있다. 기묘한 끌개는 꾸준히 변하고, 끝없이 호를 그리듯이 움직이나 결코 그 자체가 정확하게 반복되지도 않는다. 로렌츠의 연구 결과는 1963년 대기학 저널(The Journal of Atmospheric Science)에 발표되었다. 불행히도 그 당시 다른 분야의 과학자들은 이를 알지 못했고 무시하기도 했었다.

1970년대 접어들어 다른 수학자들과 과학자들이 정보를 모델링하는 과정에서 컴퓨터를 사용함에 따라 유사한 결과[9)]들을 발견하기 시작했다. 연구들은 전혀 상관이 없는 광범위한 분야에서 시작되었으나, 기묘한 끌개가 반복적으로 표면화되어 나타나며 놀라울 정도로 그 결과는 유사했다. 다음은 카오스 이론이 발견된 연구 분야들 중의 일부분이다.

1) 나일강 홍수에 대한 기록
2) 지진
3) 목화 가격의 오르내림
4) 안정된 유체의 흐름과 난류 사이 점들이 전이
5) 통계 경제학
6) 전화선에서 전류의 분산에 따른 잡음

9) 수학자 베노잇 맨델브롯(Benoit Mandelbrot)은 서로 관련이 없는 것처럼 보이는 다양한 분야에서 기묘한 끌개가 표면화되어 나타난다는 것을 처음 알게 된 학자 중의 한 분이다. 또한, 카오스 이론은 맨델브롯의 연구 프랙탈과 더불어 발전되었다. 프랙탈은 기하학적이든 무작위이든 무한개의 변수를 가진 시스템을 컴퓨터로 생성한 그림이고 확장될 때도 전체적으로 세부적인 내용이 손실되지 않는다. 이들 기하학적 대상은 축소된 상태에서 끝없이 그 자체에서 반복되고, 각 재생물은 눈송이 곡선처럼 원래의 축소판이다. 프랙탈은 자연의 기하학이라 명명되었고, 과거 유클리드 기하에서 설명할 수 없었던 자연현상에 관해 오늘날 컴퓨터의 사용과 더불어 프랙탈 기하는 구름, 생강뿌리, 해안선 등 자연의 여러 분야를 설명하는 데 사용된다.

7) 천체 궤도의 변화

- 토성의 작은 달 하이페리온(Hyperion)의 궤도
- 명황성의 궤도
- 화성과 목성의 여러 위성들의 궤도

8) 목성 표면의 거대한 가스 소용돌이의 변화량

9) 유체역학에서 변화량

- 똑똑 떨어지는 수돗물의 흐름에서 변화량
- 수차에서 물의 흐름에 따른 변화량

10) 비선형 삼각함수의 변분

11) 생태학

- 소노란 사막(Sonoran desert) 고지대 개미들의 개체수 변동
- 초등학교 아동들 사이에 발생한 홍역의 변동 추이
- 오스트레일리아에서 곤충들의 출몰
- 캐나다 시라소니 개체수 변동

얼마나 단순하고 복잡한지에 관계없이 카오스 이론에서 발생하는 현상은 그것이 일어나는 순서를 예측할 수는 없지만 무질서 속에서도 질서가 존재함을 알 수 있다. 비록 변수는 기묘한 끌개의 패턴을 따르지만, 기묘한 끌개의 본성은 미래[10] 결과들을 예측할 수 없게 한다. 이중 나선형 곡선의 중요한 것 하나는 자기 자신을 절대로 두 번 다시 교차하지 않는다는 것이다. 그 경로는 반복하거나 교차하지 않는 질서정연한 심미적인 곡선을 생성하는 무한개의 변수들로 이루어졌다. 카오스 이론을 연구하는 과정에서 완전히 새로운 형태의 과학적 실험[11]을 고안하였다. 이 실험실에서 카오스 이론을 탐구하는 주요 수단은 컴퓨터 내부에 탑재된 수학이었다. 카오스 이론은 세련된 수학적 기량을 개발하기 위한 모든 분야 과학자들이 필요하다. 그래서 그들은 산출된 결과들의 의미를 보다 잘 해석할 수 있을 것이다. 수학은 형태가 없고, 비대칭적이고, 무작위적인 자연 환경을 묘사하고 설명하기 위해 프랙탈 분야까지 확장되었다. 최근에 발견된 카오스 이론과 더불어 수학자들은 무질서 밖의 질서를 발견하는 실마리를 잡고 있다는 것을 알고 있다.

10) 지구는 수백 년 동안 예측 가능한 궤도를 따라 공전하고 갑자기 혼돈 상태로 진입한다. 우주의 생명을 고려할 때 수백 년은 극히 작은 수임을 기억하라.

11) 1991년 1월 26일 발간된 과학 뉴스(science news)에 따르면, 미 해군 수상전 센터(Naval Surface Warfare Center)의 과학자들은 안정된 자기장에 미세한 조절을 통하여 자성을 지닌 탄성체 리본의 무질서한 운동을 정렬하는 실험을 시행하였다. 즉, 그들은 무질서한 상태를 유발하는 것을 조절하는 미세한 변수들을 사용했다.

육변-육변형 플렉사곤
(the hexa-hexa flexagon)

넓은 의미에서 플랙사곤은 위상학적 모델의 한 형태로 생각될 수 있다. 그것은 종이를 접어서 만든 다변체이고 다시 접기에 따라 여러 면이 생긴다. 이들은 1890년대 장난감과 마술의 소재로 처음 나타났다. 1934년 아더 스톤(Arthur H. Stone)에 의해 도안된 육변형 플랙사곤은 이들의 기묘하고 창의적인 모형에 대해 실제로 수학적 관심을 불러일으켰다. 그 당시 스톤은 프린스턴 대학에 유학중인 23살의 대학원생이었다. 미국인들이 사용하는 종이를 그가 즐겨 사용하는 영국인 스타일의 노트로 만들기 위하여 각 장의 종이를 다듬이 정돈하려 했다. 그는 조붓한 종이 한 상을 만지작거리며 다양한 방법으로 접기 시작했고 결국은 육변-육변형 플랙사곤을 만들기에 이르렀다. 결국 그와 그의 친구 세 명, 브라이앤 터커맨(Bryant Tuckerman), 리처드 페이흐먼(Richard Feyhman), 그리고 존 투키(John Tukey)는 육변-육변형 플랙사곤의 성질들을 연구했고 이에 대한 수학적 이론을 완성하였다. 이후 플랙사곤[12]에 대한 일련의 과학적 논문들이 발표되었다.

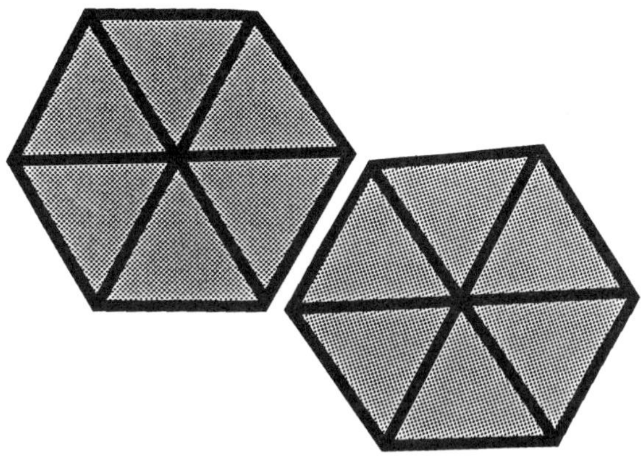

12) 1956년 Scientific American에 실린 마틴 가드너(Martin Gardner)의 기사와 1957년 3월 The American mathematical Monthly에 실린 오클리(O. C. Oakley)와 위즈너(R. T. Wisner)의 기사.

전면

1

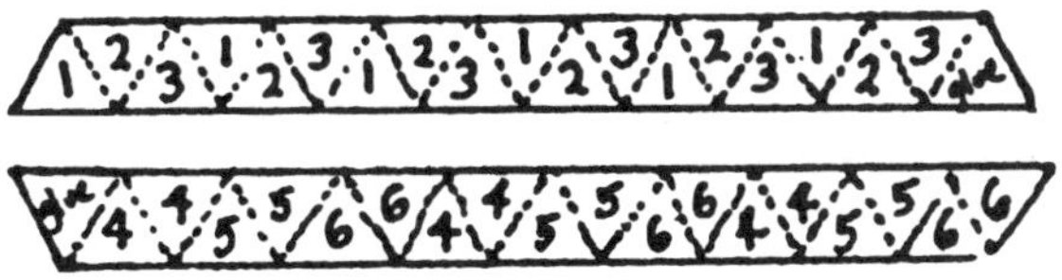

후면

2

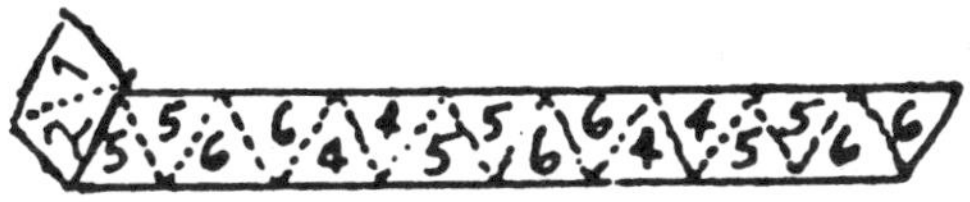

3

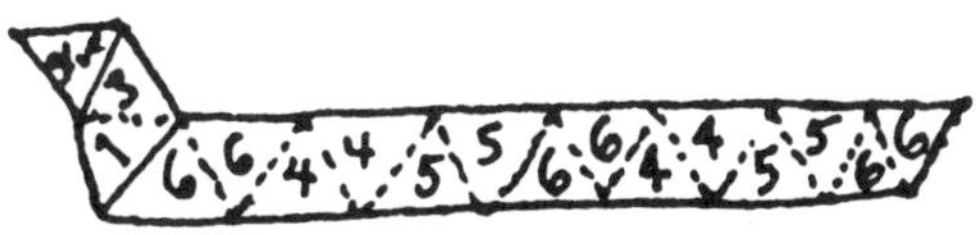

4

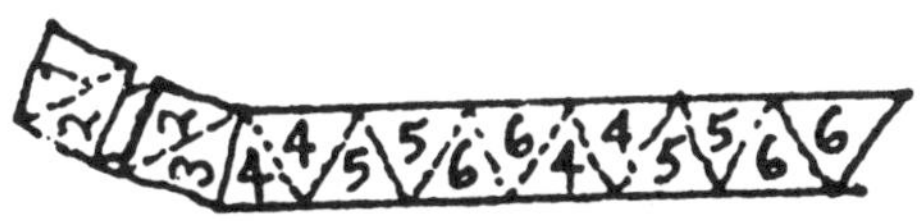

2는 2 위로 접어라.

5

6

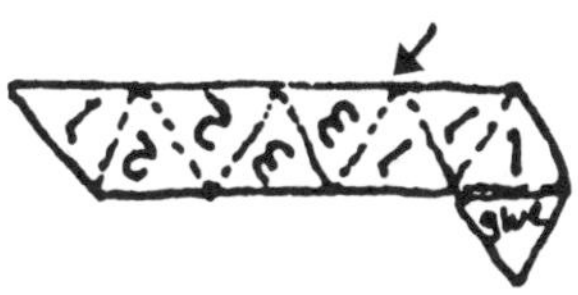

2가 반대쪽의 2 위로 접힐 수 있도록
3을 아래로 접어라.

7

8

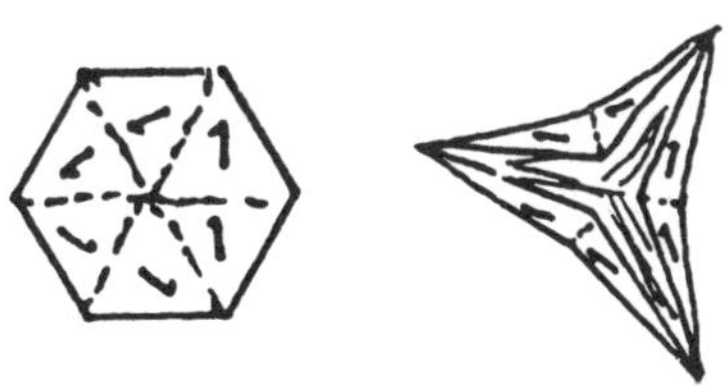

구부려 접기 위하여

1) 다음과 같은 모양을 만들기 위하여 플랙사곤을 두 손가락으로 집는다. 마치 꽃이 개화하는 것처럼 중심을 열어라. 만약 플랙사곤이 열리지 않으면 사용하지 않는 또 다른 접은 선을 집고 같은 모양을 만들어라.
2) 손쉽게 접을 수 있도록 연습하여라.
3) 계속 접어 여섯 면이 모두 나타나는지 보아라.

대칭성-수학의 균형 잡기
(symmetry-mathematics' balancing act)

여러분의 두 손을 테이블 위에 놓아 보자. 두 엄지손가락 사이를 지나는 수직선을 상상해보면 이 선이 바로 대칭선이 된다. 만약 거울을 그 선 위에 놓고 왼쪽 손을 향해 기울이면 오른쪽 손에 해당하는 상이 반사되어 나타나게 된다.

우리가 보고 느낄 수 있는 완전한 균형으로 나비의 몸, 나뭇잎의 형태, 인체의 형상, 이상적인 상태의 원, 벌집의 구조 속에서 그들의 대칭성을 추정할 수 있다.

대칭의 개념은 예술, 자연, 과학, 시, 건축에서 나타난다. 사실 대칭은 우리 일상생활의 거의 모든 측면에서 나타난다. 종종 너무 당연하기 때문에 그냥 지나쳐버리는 경우가 허다하다. 가끔 비대칭적인 형상은 무언가 호소하고자 하는 의미를 담은 작품으로 생각되기도 한다. 어쨌든 어떤 디자인이나 조각품을 보자마자 보는 사람의 감정에 영향을 주는 작품의 대칭성과 비대칭성, 그리고 좋아하고 싫어하는 느낌을 갖는다.

수학적 대칭성

수학적인 관점에서, 만약 물체를 두 개의 동일한 부분으로 나눌 수 있는 선이 존재하여 이 선을 중심으로 나누어진 두 부분을 포개어 다른 하나에 완전히 접힌다면 물체는 선대칭(line symmetry) 또는 점대칭(point symmetry)을 갖고 있다고 생각할 수 있다.

여러 가지 물체에 대한 다음과 같은 예제가 있다:

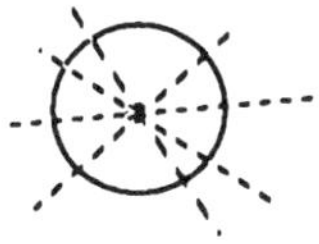

점대칭

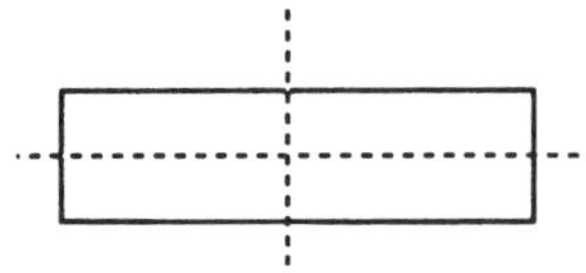

두 개의 대칭선

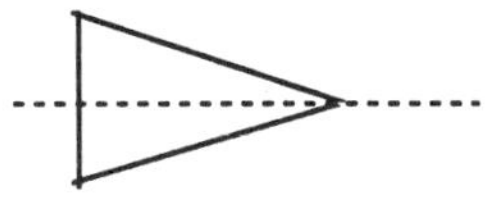

한 개의 대칭선

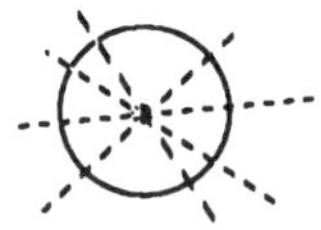

무한개의 대칭선

이태리 티볼리 정원의 작은 못에 비친 모습

대수학을 이용하여 함수의 역(대칭 이미지)은 x와 y의 좌표를 바꾸면 찾을 수 있다. 이 방정식들로부터 함수의 그래프와 그의 역이 만들어지고 함수 $y=x$에 대해 대칭이 된다.

대칭과 운동

대칭성이란 말은 또한 수학적 관계에서도 적용된다. 예를 들면, "=" 관계는 $a=b$이고 $b=a$ 둘 다 성립하기 때문에 대칭성을 갖는다. 그러나 "<" 관계는 $a<b$이거나 $b<a$로 둘 다 성립하지 않기 때문에 대칭이 아니다.

대칭성과 관계가 드문 영역이 운동이다. 그러나 물체가 지나간 경로를 생각해 보자. 만약 두 물체의 대칭성이 성립하였다면 한 물체의 운동 경로에 의해 다른 물체의 운동 경로를 예측할 수 있다. 한 발짝 더 나가 네발가진 동물의 실제 운동을 생각해 보자. 달리는 그 동물의 다리의 위치는 그림처럼 시작된다. 최대 속도에 도달하면 아래 그림에서 보는 것처럼 뒷다리와 마찬가지로 앞다리도 평행하다. 이 점에서 그 동물의 운동은 선대칭이다.

이에 앞서 이 동물의 운동은 180°로 다르게 움직이고 있다.

연구에 의하면 달리는 사람과 동물은 가끔 단순한 형태의 대칭성을 자연스럽게 사용한다고 보고되고 있다. 이러한 연구는 다리를 가진 로봇 고안에 적용되고 있다.

소수와 나눗셈 검정
(prime numbers & divisibility tests)

소수의 발견은 고대시대까지 거슬러 올라간다. 에라토스테네스(Eratosthenes, B.C. 275~194)는 주어진 수보다 작은 수에 대해 소수를 찾는 체(sieve)를 창안해 냈다. 유클리드는 B.C. 300년경에 가장 큰 소수는 존재하지 않는다, 즉 소수는 무한하다는 것을 증명하였다. 오늘날 수학자와 전산학자들은 컴퓨터를 사용하여 특정한 수가 소수인지 찾으려고 노력하고 있다. 찾아낸 가장 큰 소수에 대한 기록은 계속해서 바뀌고 있다. 현재 기록으로는 1993년에 데이비드 크랜달(David Crandall)이 발견한 $2^{859433}-1$이란 소수로 데이비드 슬로윈스키(David Slowinski)에 의해 증명되었다. 소수를 결정하기 위해 사용된 알고리즘은 일기예보 같은 광범위한 데이터 컴퓨터 모델링을 적용하는 다른 분야에 이용되고 있다.

5661은 60에 의해 나누어지는가?

나눗셈 검정은 소인수에 대한 간단한 문제에 답을 주는 빠른 도구이다. 여기 기억해야 하는 쉬운 검정 방법이 있다.

~ 만약 한 수가 나누어지면 어떻게 말할 수 있는가 ~

2 – 만약 짝수이면, 즉 끝 자릿수는 2, 4, 6, 8 또는 0이면
3 – 만약 자릿수의 합이 3에 의해 나누어진다면
4 – 만약 마지막 두 자릿수가 4로 나누어진다면
6 – 만약 2와 3에 의해 나누어지면
8 – 만약 마지막 세 자릿수가 8로 나누어진다면
9 – 만약 자릿수의 합이 9로 나누어진다면

5 – 마지막 자릿수가 0 또는 5이면

10 – 마지막 자릿수가 0이면

11 – 10의 멱승에 있는 짝수[13] 자릿값의 합을 찾아라. 10의 멱승에 있는 홀수 자릿값의 합을 찾아라. 만약 이 두 합의 차가 11로 나누어진다면 이 수는 11로 나누어진다.

12 – 3과 4에 의해 나누어진다면

13) … 10^5, 10^4, 10^3, 10^2, 10^1, 10^0에서 멱승의 짝수와 홀수 자릿값은 0, 1, 2, 3, 4, 5 … 등이다.

아인슈타인의 "낙서"
(Einstein's "doodles")

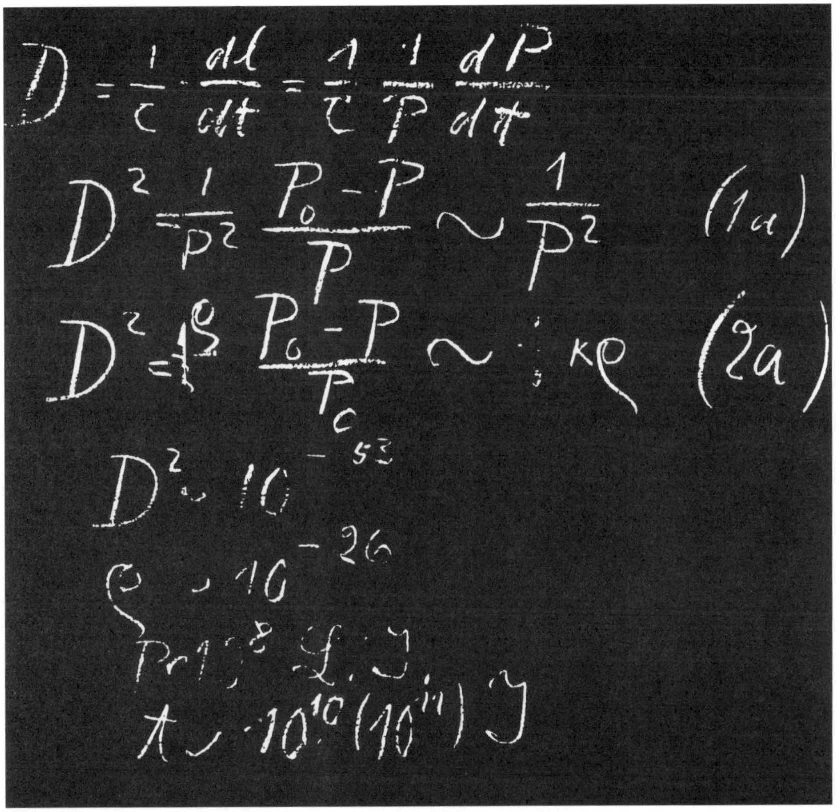

한 천재가 연구 중에 실제로 쓰고 생각했던 과정을 살펴보는 것도 매우 특별한 것이다. 아인슈타인의 평생 연구 대상은 빛, 시간, 에너지, 물질, 공간과 인력, 그리고 그들 상호관계에 대한 개념들을 다루는 것이었다. 위의 내용은 아인슈타인의 연구 결과를 칠판에 써 놓은 복사본으로 1931년 옥스퍼드에서 상대성 이론에 대한 강의 내용 중의 한 부분이다.

파스칼 삼각형의 몇 가지 패턴
(some patterns of Pascal's triangle)

임의의 대각선에서 아래로 어느 특정한 수까지 모두 합한 수는 다음 행의 바로 밑 한자리 왼쪽에 있는 수와 같다는 것을 알 수 있을 것이다. 예를 들면, 삼각수에서 1부터 36까지 합을 구하기 위해 우리가 필요한 것은 삼각형의 대각선 아래로 36까지 내려와서 36 아래 바로 다음 행의 왼쪽 수를 찾으면 된다. 이 예제에서 합은 120이다.

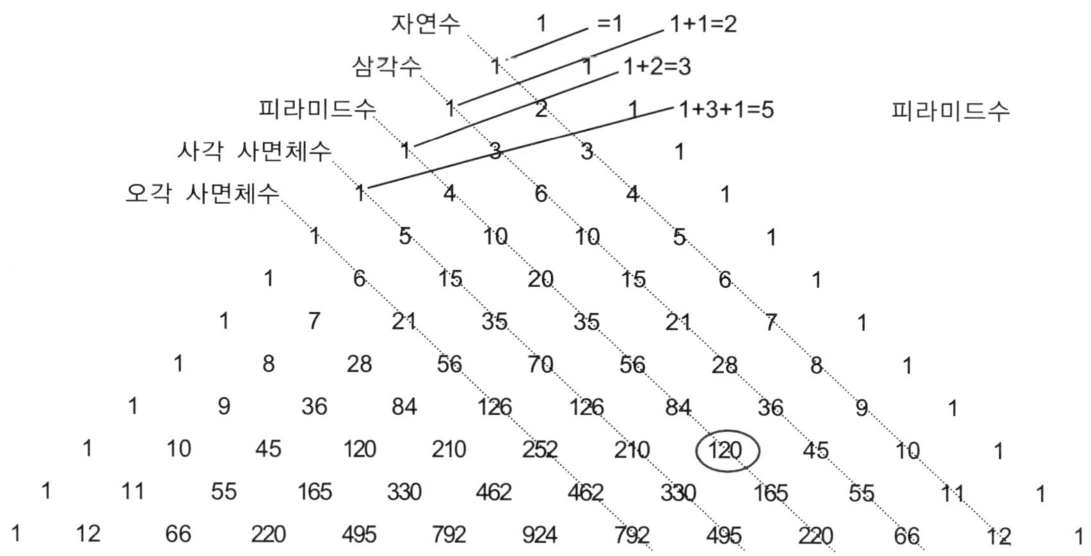

이 방법은 자연수 대각선, 삼각수 대각선, 피라미드수 대각선, 사각 사면체수 대각선, 오각 사면체수 대각선 등 모든 대각선에 대해 성립한다.

또한 설명된 것처럼 피보나치수도 파스칼[14]의 삼각형에서 나타난다. 분명히 파스칼은 이러한 사실들을 알지 못했을 것이다. 사실 이 성질은 대체로 19세기 후반에 알려졌다.

14) 부가적인 정보는 267~268쪽을 참조하기 바란다.

진자

(the pendulum)

에드가 앨런 포(Edgar Allen Poe)의 이야기, 함정과 진자(The Pit and the Pendulum), 움베르토 에코(Umberto Eco)의 푸코의 진자(Foucault's pendulum), 집안의 대형 할아버지 시계, 또는 지구의 운동을 보여주는 자연사 박물관의 거대한 진자 등 이 모두 거의 일정하고 최면 상태의 운동을 약간 출렁이게 인간의 상상 속에서 만들어졌다.

진자에 대한 이야기는 16세기 후반 대성당의 둥근 천장에 매달려 있는 커다란 구리 램프의 진동에 대해 어린 갈릴레오(Galileo)가 관심을 가지면서 시작되었다. 그의 심장 박동수와 램프가 앞뒤로 진동하는 수를 세면서, 그는 진폭과 상관없이 앞뒤로 움직이는 시간은 똑같다는 것을 알게 되었다. 그의 어릴 적 이러한 관찰은 후에 진자의 성질을 연구하는 데 영향을 주었다. 후에 그는 다음과 같은 것들을 발견하였다.

1) 진자의 주기(앞뒤로 진동하기)는 진폭과 관계 없이 독립적이다.

2) 진자의 주기는 진자의 추의 무게와 관계 없다. 그러므로 추는 나무 또는 납으로 만들어질 수 있고 주기에 영향을 주지 않는다.

3) 진자의 주기는 줄의 길이를 알면 결정되고 측정단위는 시간이다.

4) 주기는 줄의 길이를 고정하고 적절한 길이에 의해 결정된다.

1600년대 중반에 네덜란드의 과학자 크리스천 호이겐스(Christian Huygens)는 진자 운동을 연구하였다. 그는 진자의 주기는 진폭의 크기와 명확히 독립적이지 않다는 것을 알아냈다. 그는 미세한 변수가 존재한다는 것을 찾아냈다.

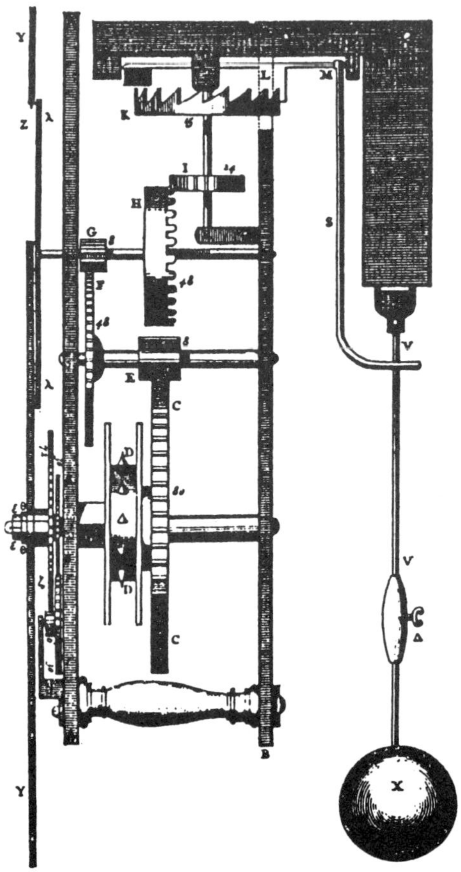

이 진자에 대한 그림은 1673년 호이겐스의 제작품이다.

아래 그림은 호이겐스가 원형의 호에서 진자의 진동을 만들기 위하여 개발한 원형 집게의 집는 부분을 보여준다.

그는 단순하고 일정한 주기를 갖도록 진자의 운동을 세분화하여 시계의 개발에 활용하였다. 그는 문제에 대한 해답은 그 당시 광범위하게 연구된 곡선인 사이클로이드에 달려 있다는 것을 발견하였다(사이클로이드는 직선 위를 부드럽게 굴러가는 원 위의 한 점의 자취에 의해 만들어진 곡선이다.). 그가 그 사실을 찾아내기

전까지는 진자 운동은 원형의 호와 관계있는 것으로 알았다. 그의 수학적 연구를 통하여, 그는 진자의 진동 경로가 사이클로이드 곡선을 따르도록 진자의 줄 길이를 결정하였다. 이런 정보를 종합하여 그는 최초로 정확한 진자시계를 만들 수 있었다.

또한 그의 연구는 다른 형태의 진자들이 다양하게 사용된다는 것을 지적하였다. 이들 중이 몇 개를 아래에서 소개한다.

- 회전형 진자(rotary pendulum)는 실제로 메커니즘 장치나 회전 운동 같은 매우 미세한 진동을 한다.
- 비틀림 진자(torsion pendulum)는 수직 줄이 철사로 만들어져서 감길 때 스프링이 된다. 태엽 시계로 약 400일 사용할 수 있다.
- 2실 진자(bifilar pendulum)는 지진 탐지가인 로드 켈빈(Lord Kelvin)에 의해 개발되었다. 2실 진자는 특히 지구 중심을 향하는 경계의 변화를 측정하는 데 매우 유용하다. 그래서 2실 진자는 지축을 중심으로 지구의 자전이 항상 일정하지는 않고 때에 따라 약간 증가하거나 감소한다는 것을 증명하였다. 이 변화는 태양과 달에 의한 지구 중력 때문이다.
- 푸코 진자(Foucault pendulum)는 1851년에 프랑스의 과학자 장 푸코(Jean Foucault)에 의해 개발되었다. 이들은 샌프란시스코의 금문공원 같은 자연사 박물관에서 종종 볼 수 있는 거대한 진자들이다. 이 진자는 지구의 자전을 증명하고, 지구가 지구의 궤도를 따라 움직이며 방향을 바꾸면 지구 자전 방향과 동일하게 진자의 진동 방향이 변한다.

진자 진동실험 :

1) 진동폭을 다양하게 하여 주기의 변화를 알아보아라.
2) 진자의 줄의 길이를 다양하게 하고 어떻게 주기가 변하는지 보아라.
3) 서로 다른 줄의 길이를 테스트하여 같은 주기 진자를 만들 수 있는지 살펴보아라.
4) 추의 질량이 주기에 영향을 미치지 않음을 증명하여라.

3중 뫼비우스 띠

(The triple Möbius strip)

오거스터스 뫼비우스(Augustus Möbius)가 1848년에 한쪽 테두리와 한쪽 면만 존재하는 대상(즉, 안쪽과 바깥쪽이 없는 대상)을 제시한 이래 수학자들과 수학에 열정적인 사람들이 뫼비우스 띠 연구에 몰두했다. 그들의 발견은 원래 띠처럼 매력적이었다. 아래 주어진 두 모양은 같은 결과를 보여준다.

이 모양은 같은 폭을 가진 종이 3장으로 만들어진다. 가운데 띠는 뚜렷한 차이를 보이는 색깔이다. 이 모양을 만들기 위해서는 동시에 절반이 꼬인 세 개의 띠를 함께 양끝을 테이프로 붙인다. 이 모양을 이동하여 아래 모양과 결과를 비교해 보아라.

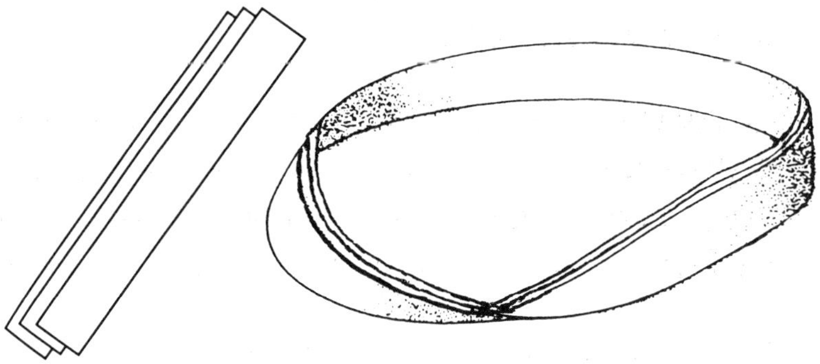

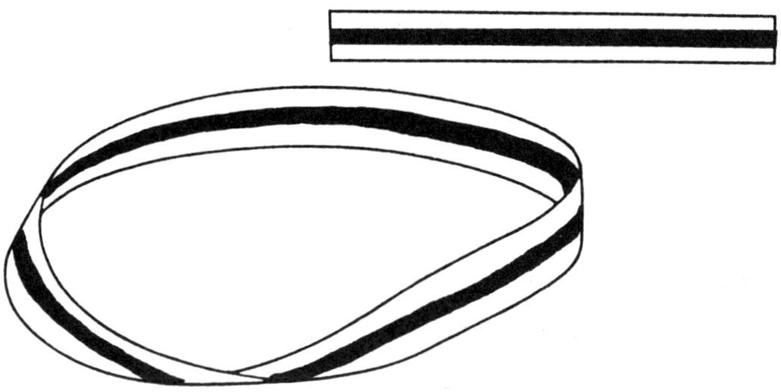

이 모양은 종이의 양쪽 중앙에 두껍게 색칠하여 줄무늬를 그은 종이의 넓은 띠로부터 형성된다. 줄무늬는 종이 띠의 폭을 3등분한 크기이다. 이제 뫼비우스 띠를 만들기 위해 절반만 꼬고 양쪽 끝을 이으면 된다. 만든 것을 다른 것들과 비교해 보아라.

바다에서 찾을 수 있는 수학 보물

(mathematical treasures from the sea)

바다는 생명의 근원이라고 말한다. 마치 땅 위에서 볼 수 있는 것같이 바다 속의 생명체들은 수학적 아이디어들의 보고임을 설명해준다. 각양각색의 다양한 형태의 나선형들을 조개껍데기에서 찾아볼 수 있다. 다음에서 보는 다실앵두조개와 암모나이트는 등각 나선형임을 보여준다.

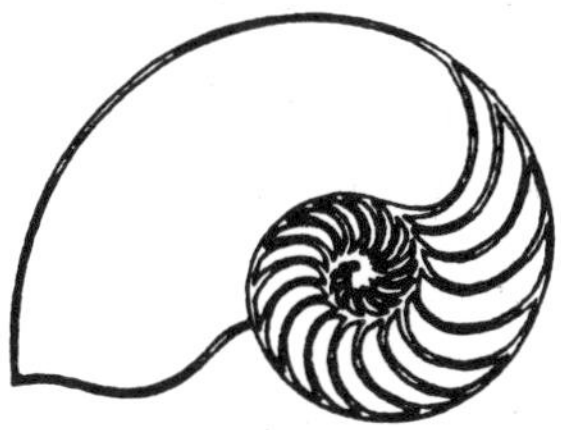

다실앵두조개

암모나이트

실꾸리고둥

실꾸리고둥과 청자고둥은 3차원 나선형이라는 것을 보여준다.

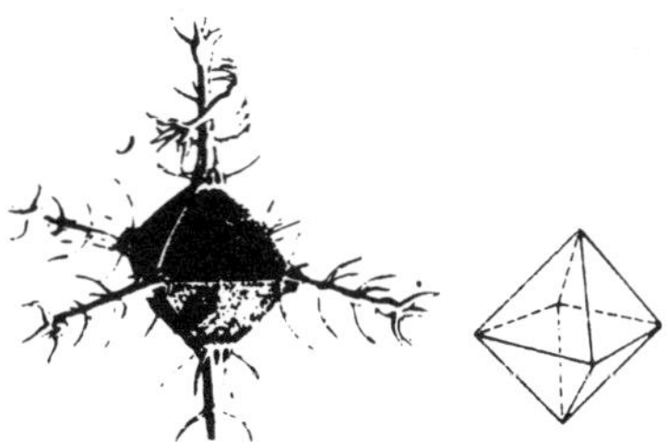

방산충과 8면체

바다에서 많이 볼 수 있는 대칭은 선대칭(line symmetry)으로 이는 대합조개, 고생대 삼엽충의 몸체, 가재, 물고기 등에서 볼 수 있고, 점대칭은 방산충과 성개에서 찾아볼 수 있다.

기하학적 모형들도 마찬가지로 엄청나게 많다. 우리는 구멍연잎성게에서 5각형을 볼 수 있고, 불가사리의 끝에서 다양한 변을 가진 정다각형의 윤곽을 볼 수 있다. 구형은 성개에서 윤곽이 그려진다. 원주의 신개선은 새조개의 조가비 모양과 유사한 곡선 형태이다. 다면체의 모양은 다양한 방산충에서 뚜렷하게 볼 수 있다. 바다에서 파도가 해안으로 밀려들며 구르고 깎여서 바위는 타원형이나 원형이 된다. 그냥 정처없이 생긴 꼬부랑길이나 프랙탈 모양의 곡선들은 산호와 해파리의 자유로운 형태의 모양과 흡사하다.

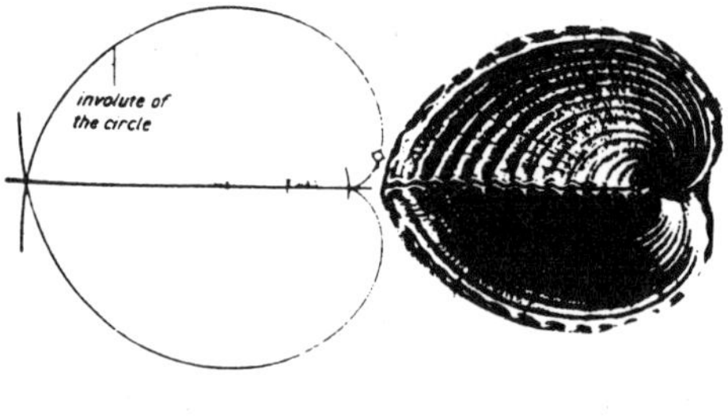

원주의 신개선과 새조개의 조가비

심지어는 황금직사각형과 황금비가 바다생명체에서도 나타난다. 정5각형이 있으면 구멍연잎성개의 얽히고 섣킨 5각형 무늬에서처럼 항상 황금비를 찾을 수 있다. 그리고 황금직사각형은 다실앵무조개와 다른 조개류에서 쉽게 찾아 볼 수 있다.

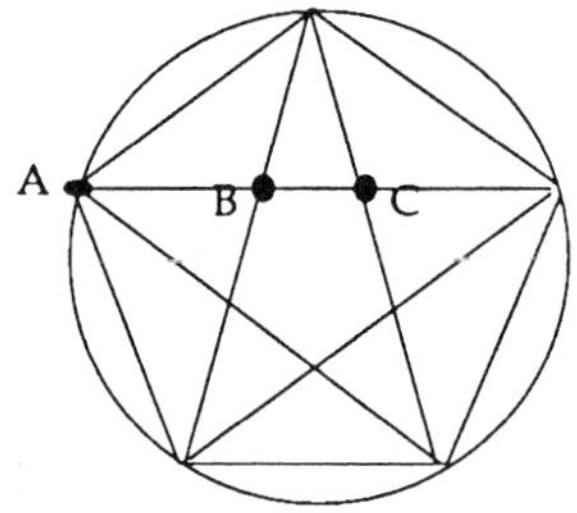

정5각형 내부에 별표를 그리면 황금비를 만들 수 있다. 점들을 모으면(즉, A, B, C) 황금비를 만들 수 있다. $(|AC|/|AB|) = (|AB|/|BC|)$

구멍연잎성게와 5각형

바닷물 속을 헤엄치는 동안 우리는 3차원에 대한 기분을 진짜로 느낀다. 3차원 공간에서 우리는 힘들이지 않고 수영할 수 있다.

우리는 바다에서 쪽매붙임세공(tessellation)도 찾을 수 있다. 엄청나게 다양한 패턴의 물고기 비늘들은 완벽한 형태의 쪽매붙임세공의 일례라고 볼 수 있다.

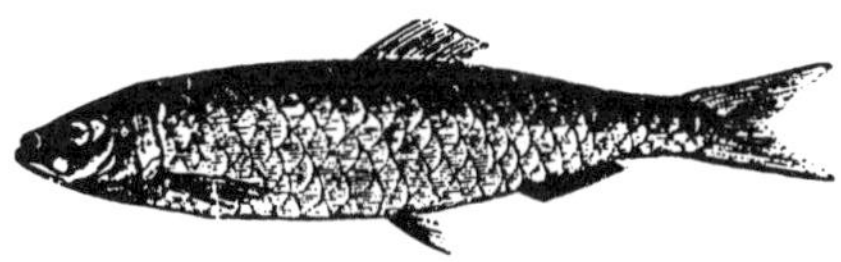
물고기 비늘의 쪽매붙임세공

바다의 파도 그 자체가 사이클로이드(cycloid)와 사인꼴 곡선(sinusoidal curves)을 만든다. 파랑작용은 영구운동(perpetual motion)과 유사하다. 다양한 모양과 규모의 크기에 따라 파도는 때때로 강력하게 몰아치기도 하고 고요하기도 하나 그 자체는 항상 아름답다. 그러나 이 파도는 수학적 원리-사이클로이드, 사인꼴 곡선, 통계 등에 의해 좌우된다. 그리고 아주 오랜 옛날부터 무한대에 대한 아이디어를 공식화하기 위해 자극했던 것이 아마도 바다의 모래가 아닐까? 그 자체 속에서 이런 수학적 아이디어들 하나하나는 복잡 다양하고, 깊이 공부할수록 더욱 복잡하지만 사실을 발견할 때 각각은 새로운 의미와 관련성을 얻는다.

수학적 매듭
(mathematical knots)

멀핏 보기에 사람들은 매듭을 신발이나 배를 단단하게 묶어 안전하게 유지하는 것 외에 특별한 기능이 없다고 생각한다. 그러나 수학 세계에는 매듭이론(knot theory)이라는 영역이 있고, 몇 가지 새로운 발견들은 이 이론을 직접적으로 물리적 세계와 연결시켜 준다.

수세기에 걸쳐 예술가와 삽화가들은 매듭을 사용하였다.
오른쪽 그림은 레오나르도 다 빈치가 도안한 난해한 매듭의 일부분이다.

매듭이론은 최근에 발견된 위상수학의 한 분야이다. 아마도 그 기원은 19세기라고 생각되며 원자들은 공간을 꽉 채우는 보이지 않는 유체라고 믿었으며, 어느 한 쪽에 존재하는 소용돌이들이 매듭져 있다는 로드 켈빈(Lord Kelvin)의 아이디어와도 연결될 수 있다. 그는 이들 매듭을 분류할 수 있고 화학원소의 주기율표를 나열할 수 있다는 것을 알았다. 비록 그의 이론이 사실이라는 것을 증명할 수는 없었지만 매듭에 대한 수학적 연구는 오늘날 뜨거운 주제이다.

수학적 매듭이 일상생활에서 만들 수 있는 매듭과 뚜렷한 차이를 나타내는 것은 끝이 없다는 것이다. 그것은 원을 만들 수 없는 닫힌 모양의 고리이다. 수학자들이 연구하려던 것은 매듭을 분류하고 서로 다른 종류의 매듭을 구별하는 것이다. 지금까지 공식화해 놓은 중요한 아이디어의 몇 가지는 다음과 같다.

- 매듭은 3차원 이상에서 존재할 수 없다.
- 가장 간단한 매듭은 3엽 매듭으로 3번 교차한다. 다른 하나의 거울 이미지는 왼쪽 상이 오른쪽 상이 된다.

3엽 매듭

- 4번 교차하는 매듭은 단 하나 존재한다.

왼쪽부터 오른쪽으로 첫 번째 매듭은 4번 교차하고, 두 번째는 5번, 3번째는 6번, 네 번째와 다섯 번째는 7번 교차한 매듭이다.

- 5번 교차하는 매듭은 두 가지 종류만 존재한다.
- 거울상을 세지는 않았지만 지금까지 12,000개 이상의 매듭들이 13번 또는 그 이하로 교차하는 것으로 확인되었다.
- 다음 그림을 생각해 보자. 이들 매듭은 서로 각각 거울의 역상이다. 이들이 서로 반대이기 때문에 함께 갖다 놓고 풀 수 있을 것이라 생각한다. 시도해 보자! (그들은 다른 하나를 쉽게 지나갈 수 있지만 바뀌지 않고 그냥 남아 있다.)

· 다음 체팔로(Chefalo) 매듭 또는 거짓 매듭을 보자.

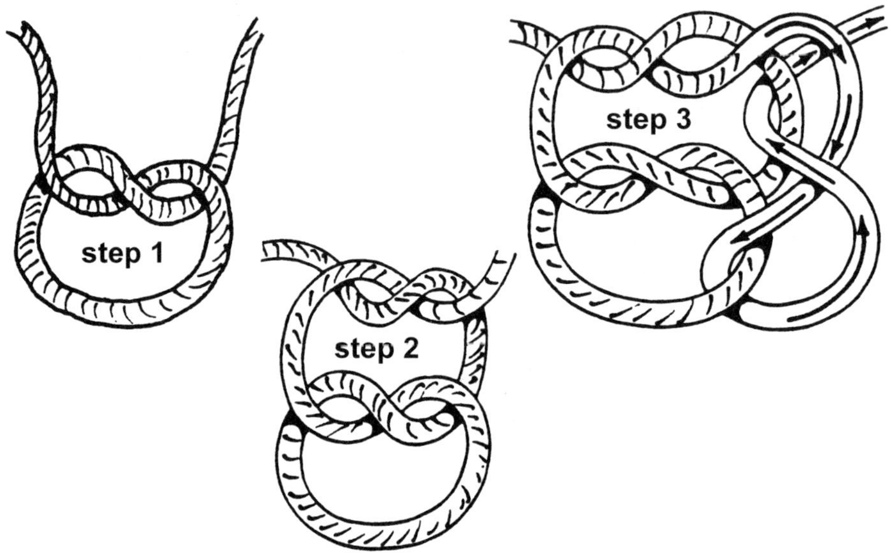

끝을 밀어내면 어떤 일이 일어날까? (매듭이 분리된다.)

본래, 매듭의 실제 모양들은 그들을 연구하기 위해 만들어졌다. 두 매듭이 동일하다는 것을 테스트하기 위해 한 모형을 직접 손으로 조작하여 다른 형태로 변형시켜 보자. 만약 변형된다면 동일성을 확인할 수 있고, 그렇지 않다면 결론을 내릴 수 없다.

위상수학 분야에서 매듭에 대한 연구는 이들의 다양한 성질들을 설명하고자 한다. 심지어 그림을 그리기 위하여 컴퓨터가 도입되기도 한다. 기하 슈퍼컴퓨터 프로젝트[15](Geometry Supercomputer

15) 기하에 대한 난제들을 풀기 위하여 순수수학과 텔레커뮤니케이션 네트워크를 통하여 동일한 슈퍼컴퓨터를 이용하여 연구하는 수학자들과 과학자들의 국제적 단체이다. Science News, vol.133, p.12, January 2, 1988 issue.

Project)는 토러스 매듭과 프랙탈 같은 수학적 형상과 방정식들의 시각적인 3차원 영상 표현을 연구하고 구현하기 위하여 진보된 컴퓨터 기술을 사용한다.

수학자들은 매듭[16)]을 분류하고 테스트하는 다른 방법들을 개발했다. 그들은 지금 2차원 상에 매듭을 투영하여 그림자를 조사하고 그것[17)]을 묘사할 수 있는 방정식을 기록한다. 현재 많은 연구들이 진행되었고 분자생물학과 물리학을 연구하기 위하여 매듭이론과 연결되어 몇 가지 흥분할 만한 연관성을 발견하였다. 이 분야의 과학자들은 수학자들의 연구 결과들을 사용했고, 또한 DNA의 구조를 규명하기 위하여 매듭이론의 새로운 기술들을 응용하였다. 연구가들은 한 가닥의 DNA 모양은 때때로 매듭지어진 고리로 되어 있다는 것을 발견하였다. 현재 과학자들은 관찰하고 있는 한 가닥의 DNA가 또 다른 매듭 모양으로 나타나는가를 규명하기 위하여 매듭이론의 연구 결과들을 이용할 수 있다. 그들은 한 가닥의 DNA가 특정한 배열구조를 생성하기 위하여 변형되는 단계와 관찰하지 않은 DNA 구조를 예측하기 위한 각 단계의 전후관계를 결정할 수 있다. 이 모든 연구 결과들은 유전공학에서 매우 유용하다고 입증될 수 있을 것이다. 마찬가지로, 물리학에서도 매듭이론은 매듭과 유사한 소립자들의 상호작용을 연구할 때 매우 유용하다고 증명된다. 매듭 배열구조는 일어날 수 있는 상이한 상호작용을 묘사하기 위하여 사용될 수 있다. 이것들은 매듭이론이란 수학 분야의 발견과 응용의 시작에 불과하다.

16) 꼬거나 교차시키지 않고 고리로 전환할 수 있는 매듭(knot)을 원 또는 풀린 매듭이라고 한다.

17) 첫 번째 그런 방정식은 1928년 존 알렉산더(John Alexander)에 의해 시행되었다. 1980년에 보그함 존스(Vaughan Jones)는 매듭에 대한 또 다른 방정식을 만들었다. Science News, vol.133, p.329, May 21, 1988 issue.

플렉사튜브

(the flexatube)

수많은 수학적 아이디어들이 퍼즐을 연구하거나, 종이쪽지를 가지고 게임이나 만지작거리는 놀이를 하다가 우연히 발견되기도 하였고, 전혀 다른 문제의 해를 구하는 과정에서 얻어지는 경우도 허다했다. 그런 예를 아더 스톤(Arthur Stone)이 도안한 육변-육변형 다면체(hexa-hexa flexagon)에서 찾아볼 수 있다. 다면체를 연구하는 과정에서 스톤은 몇 가지 매력적인 대상을 고안하였고, 그 중의 하나가 테트라 플렉사튜브(tetra flexatube)이다. 튜브를 열면 편평한 모양을 가진 다면체로 뚜렷하게 나타난다. 점선은 주름을 표시한다. 그는 주름선을 따라 접으면 안쪽 면을 바깥쪽 면으로 바꿀 수 있다는 것을 발견하였다.

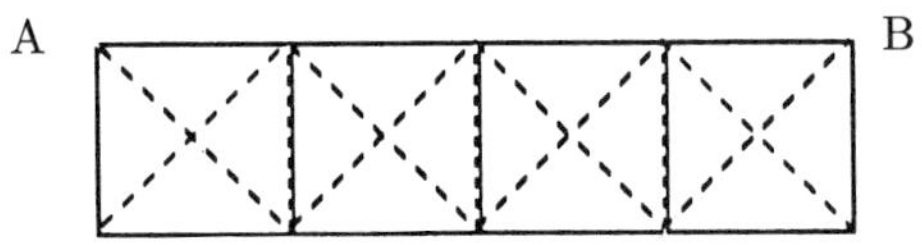

위에서 표시하는 것처럼 점선을 따라 직사각형 모양의 기다란 종이를 미리 주름잡아라.
플렉사튜브를 만들기 위하여 오른쪽 그림에서 보는 것처럼 A와 B의 끝을 테이프로 붙여라.
문제는 주름 잡힌 선을 따라 접어서 내부를 바깥으로 바꾸는 것이다.

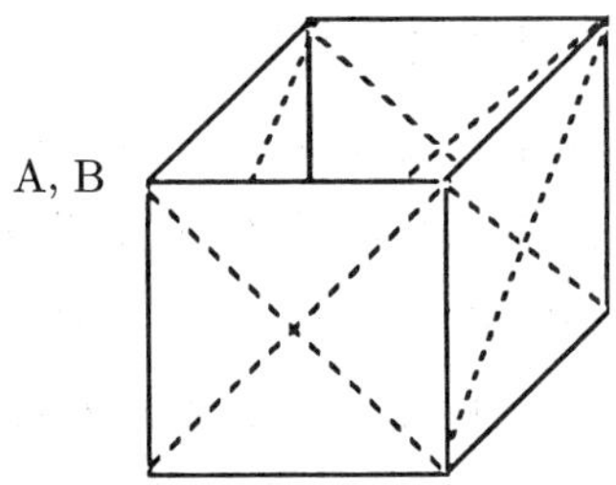

찾아낸 것 중 몇 개의 다른 형태의 다면체들로는 3-4면체(3면과 4면을 가진 접각형), 4-4면체, 6-4면체가 있다.

다면체들은 오락을 위해 색다른 것을 만드는 과정에서 시작되었다. 그러나 그들의 매력적인 성질들은 곧바로 수학자들에게 새로운 다면체, 플렉사튜브, 새로운 특징과 성질들을 찾아내도록 많은 시간과 엄청난 에너지를 쏟아붓게 했다. 비록 아직까지 모든 면에서 그들의 응용과 이용하는 측면을 찾아내거나 발명하지는 못했지만 여전히 즐겁고 호기심을 이끌어내는 속임수로서 혹은 정신 수련을 위해 도움을 주고 있다.

밴저민 프랭클린의 매직 라인
(Benjamin Franklin's magic line)

"어렸을 적, 어느 한가한 시간(내 생각에 보다 획기적으로 재미있는 것에 계속 시간을 보내는 중이었다고 생각되는데)에 나는 내 자신을 의심케 하는 놀라운 매직 정사각형을 만들었다."

-밴저민 프랭클린

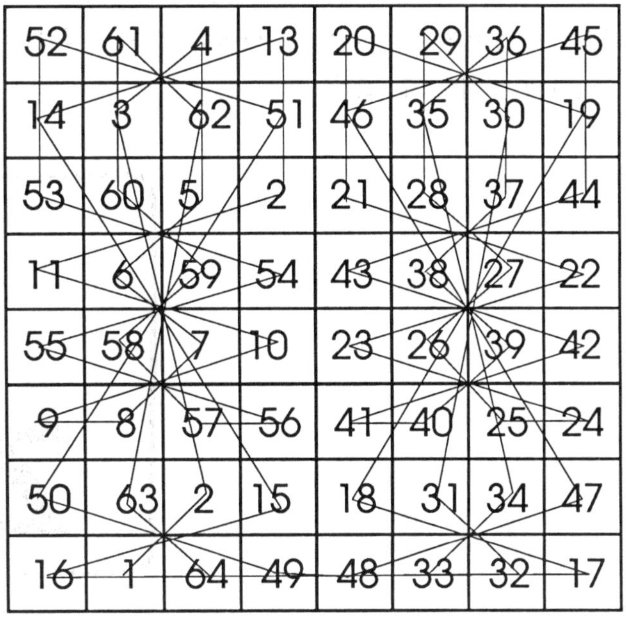

20세기 초반에 건축가 클라우드 브래그돈(Claude F. Bragdon)은 어떻게 매직 정사각형이 예술적이며 즐거움을 주는 패턴으로 만들어져 이용될 수 있는지 찾아냈다. 매직 정사각형 속의 수들을 연속적으로 연결하면 매직 라인(magic line)[18]이라 불리는 대칭적인 그림이 그려진다. 위 다이어그램은 밴저민 프랭클린의 매직 정사각형으로 만들어진 매직 라인이다.

18) 매직 라인은 정의에 의한 선이 아니라, 매직 정사각형 내부의 수들의 끝점을 순차적으로 연결하여 생성된 선분의 시리즈로 대칭적인 그림이 된다.

'0'과 '영'은 어디에서 시작되는가

(where '0' and 'zero' originated)

우리는 종종 모두가 인정하는 것에 대해 기호나 단어를 부여한다. 수학은 수백 년에 걸쳐 발전을 거듭하여 우리 모두에게 익숙해진 형태로, 거듭난 용어와 기호들을 엄청나게 많이 사용한다. 영(zero)이란 단어와 그 기호 0은 이런 발전의 산물로 좋은 예제이다. 영이란 개념의 실질적 발전 과정은 그 자체로 또 다른 이야기일지도 모르지만, 우리는 그 단어와 기호의 역사적 발전과정을 간단하게 논의할 수 있다.

기호 0은 서기 870년경에 힌두 문자에서 처음 나타난다. 0에 대한 해석으로 숫자 영, 수직선 상의 원점, 10진수 체계에서 자리 지정숫자, 덧셈에 대한 항등원 등 너무 많다. 원래 힌두어로 공(sunya)이란 빈, 공허함을 의미하고, 9세기경에 10진수 체계에서 자리 지정숫자로 사용되었다. 아랍인들은 아라비아 말로 as-sifr로 번역하였다. 13세기에 아라비아어 sifr가 네모라리우스(Nemorarius)에 의해 독일에 cifra로 전파되었다. 후에 라틴어로 zephirum으로 되고, 이탈리아어로 zeuero로 되었으며, 드디어 영(zero)이 되었다.

천체 관측기구
(the astrolabe)

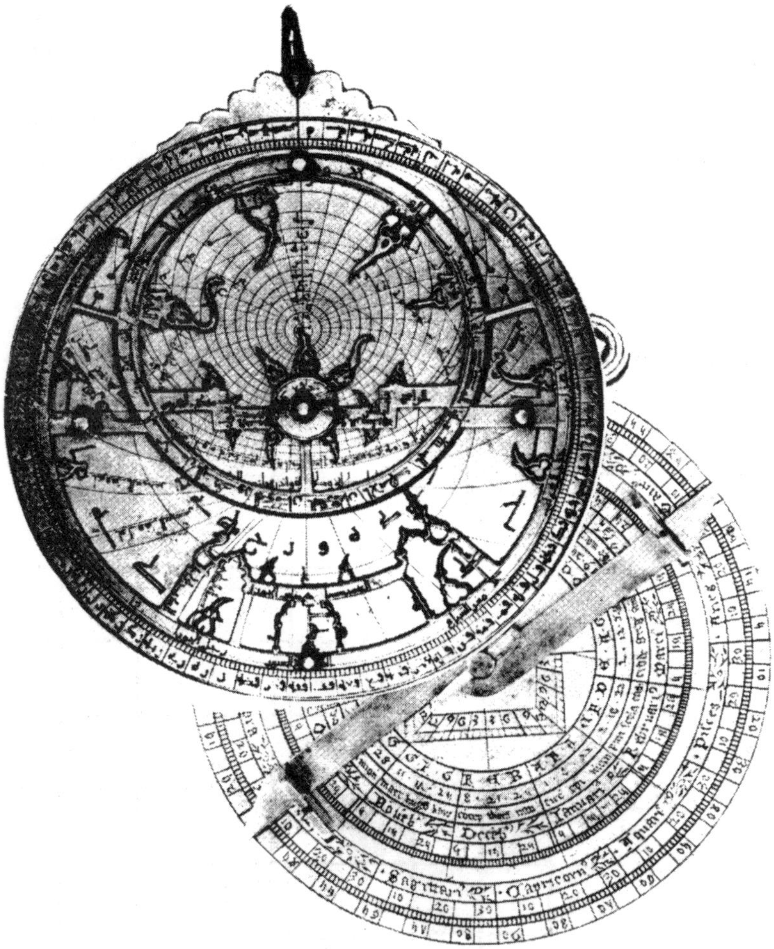

천체 관측기구 — 소형 천체 관측 계산자

천체 관측기구는 본래 그리스인들의 발명품이지만 이슬람교도들에 의해 개량되었다. 이것으로 태양 또는 다른 별들의 고도를 측정했다. 그들은 별자리 지도와 관련하여 이 정보를 사용하거나 일출, 일몰, 위도, 예배 시간과 이슬람교도들이 찾는 메카 방향에 대한 정보를 계산하기 위하여 만들었다.

여덟 개의 체커 퍼즐
(the eight checkers puzzle)

이 오래된 퍼즐은 상업적 퍼즐 제작자들에 의해 매년 개작되었다. 여덟 개의 말을 64칸으로 된 정방형 체커판에 놓는 방법은 4백만 가지가 넘는다.

여덟 개의 체커 퍼즐

어느 두 말을 같은 행, 같은 열, 또는 대각선 상에 위치하지 않도록 여덟 개의 말을 놓아 보자.

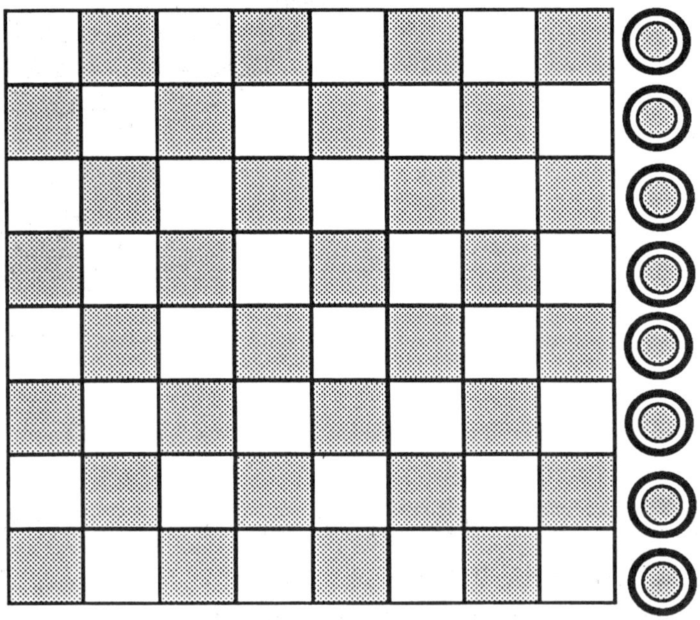

→ 해답은 부록을 참조하기 바랍니다.

스퀠리 게임

(the game of squayles)

스틱게임의 놀라운 점은 어느 곳에서나 놀이를 할 수 있다는 것이다. 우리는 이 놀이를 하는 데 특별한 보드나 특별한 말들이 필요하지 않다. 그러나 스퀠리(squayles) 게임에서는 예리한 관찰력이 요구된다. 스퀠리를 시작하기 위해 31개의 스틱이 아래 그림에서 보는 것처럼 나열된다.

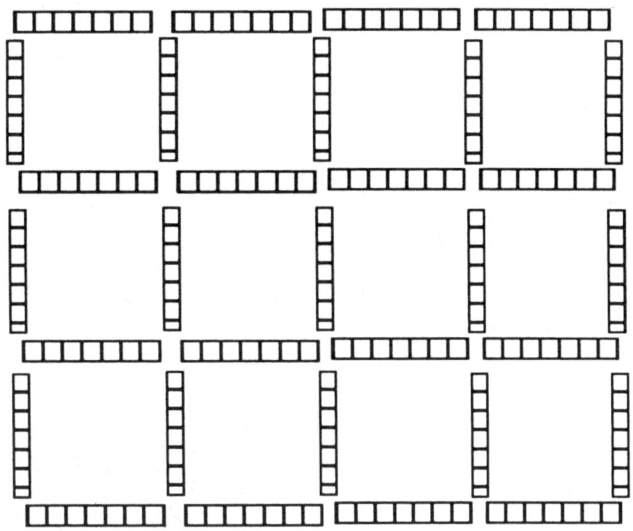

번갈아 가면서 두 경기자는 다른 것과 인접하는 한, 원하는 만큼 스틱을 가질 수 있다. 예를 들면,

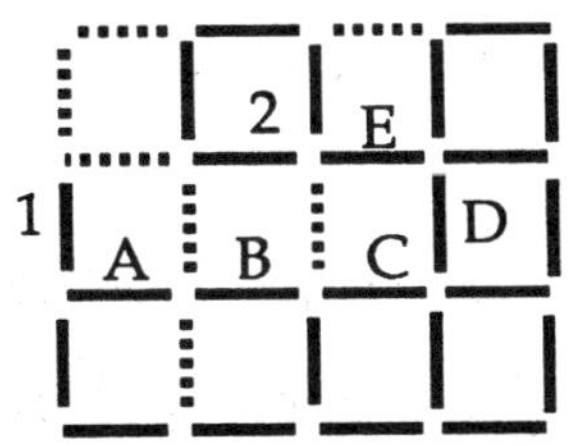

스틱 1과 2는 서로 인접하고 있지 않기 때문에 바로 집을 수 없다. 그러나 처음 1, 다음 순서대로 A, B, C, D, E, 다음 2를 취하면 스틱 1과 2를 집을 수 있다.

승자는 마지막 스틱을 취하는 자이다. 즐겨보자!

원이 디도 여왕을 돕다

(the circle helps Queen Dido)

로마의 시인 버길(Virgil)로부터 디도 여왕(Queen Dido)의 이야기를 알 수 있다. 그녀는 티루스 왕의 딸이었고, 그녀의 동생이 남편을 살해하자 아프리카로 도피했다. 거기서 그는 아이어버스 왕(King Iarbus)에게 약간의 토지를 줄 것을 간청했다. 그녀의 요구에 미심쩍은 아이어버스 왕은 원하는 땅이 얼마인지 물었다. 그녀는 소 한 마리의 가죽으로 덮을 수 있는 토지 정도면 족하다고 대답했다. 그녀의 요구가 적어 보였기 때문에 왕은 그녀의 요구를 승낙하였다.

영민한 그녀는 소 한 마리 가죽을 매우 얇게 길고 가느다란 조각으로 벗겨서 원형으로 만들어 가장 넓은 면적을 덮을 수 있도록 하였다. 그렇게 얻은 땅에 후에 카르타고로 알려진, 비르사(Byrsa) 시를 세웠다.

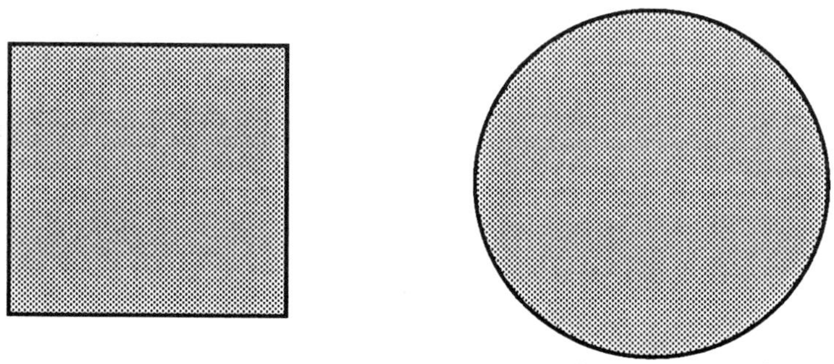

정사각형의 둘레는 원의 둘레와 같으나, 원의 면적보다 작다.

증명: 정사각형의 둘레를 x라 가정하자. 그러면 정사각형의 한 변의 길이는 $\frac{x}{4}$이고 면적은 $\left(\frac{x}{4}\right)^2=\frac{x^2}{16}$이 된다. 원주가 x인 원의 지름은 $\frac{x}{\pi}$이고, 반지름은 $\frac{x}{2\pi}$가 되어 면적은 $\frac{x^2}{4\pi}$가 된다. 그러므로 정사각형의 면적 $\frac{x^2}{16}$은 원의 면적 $\frac{x^2}{4\pi}$보다 작다(참고 : $16>4\pi$).

할선 곡선-각의 3등분과 원을 정사각형화 하는 곡선

(quadratrix-the curve that both trisects an angle and squares a circle)

할선 곡선은 고대부터 전해내려 온 3대 작도문제(원의 면적과 같은 정사각형 만들기, 각의 3등분, 정육면체의 2배 부피 크기를 갖는 정육면체 한 변의 길이 작도하기)를 풀기 위하여 탐구하던 결과로부터 발견되었다.

히피아스(Hippias)는 B.C. 320년경에 할선 곡선을 발견하였고, 이 곡선은 각의 3등분과 원을 정사각형으로 만드는 데 이용될 수 있다는 것을 알아냈다.

할선 곡선은 다음과 같은 방법으로 만들어진다.

정사각형은 선분 AB를 밑변에서 반시계방향으로 회전하여 만들어진다. AB가 일정한 각속도로 회전할 때 다른 선분(변 AD와 CB 상의 끝점과 함께)은 일정한 직선 속도로 AB와 평행하게 움직인다. 이 두 움직이는 선분의 교점이 할선 곡선의 자취를 만든다. 다음 비율은 항상 같다$(m < XAB/m < DAB) = (|XX'|/|DA|)$.

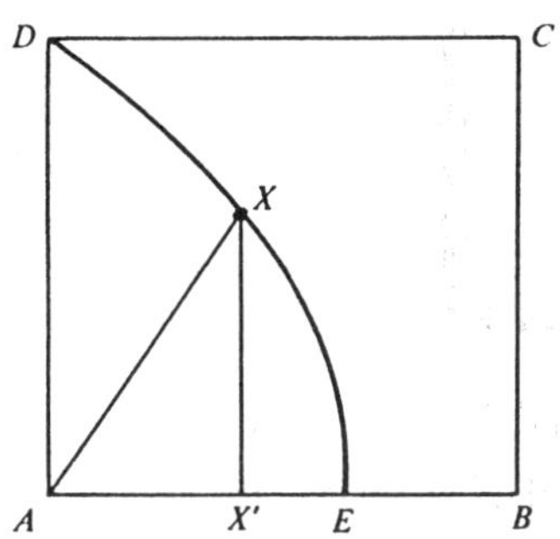

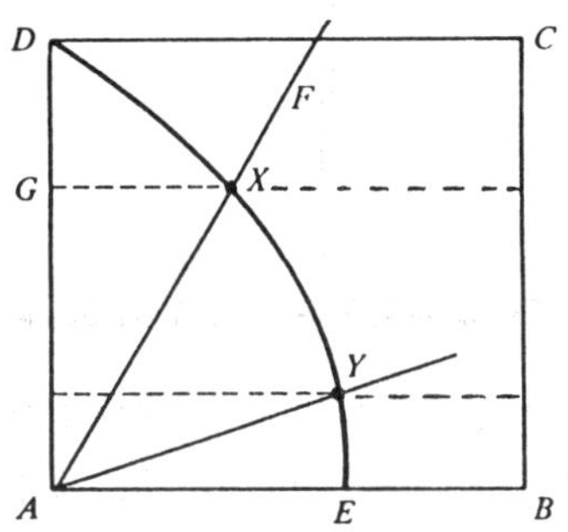

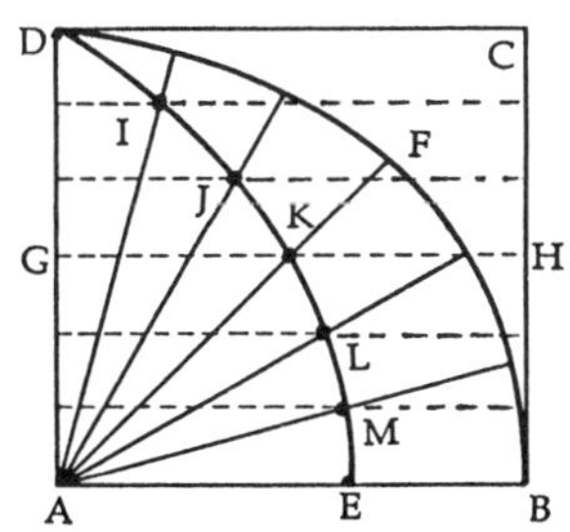

이 그림은 곡선이 점 D, K와 E를 연결하는 할선 곡선 상의 몇 개의 점을 설명해 준다. 점선으로 된 수평선은 일정한 직선 속도로 움직이는 변의 움직임을 나타내고, 원형의 호 DFB와 연하는 반경들은 일정한 각속도로 움직이는 선분의 움직임을 나타낸다. 그들의 교점은 할선 곡선상의 점 D, I, J, K, L, M, E들이다.

루이스 캐럴의 창문 퍼즐
(Lewis Carroll's window puzzle)

수학자 찰스 다지슨(Charles Dodgson)은 이상한 나라의 앨리스의 모험과 거울나라의 앨리스의 저자 루이스 캐럴보다 더 잘 알려져 있다. 여기 그가 개발한 많은 퍼즐 중의 하나를 소개한다.

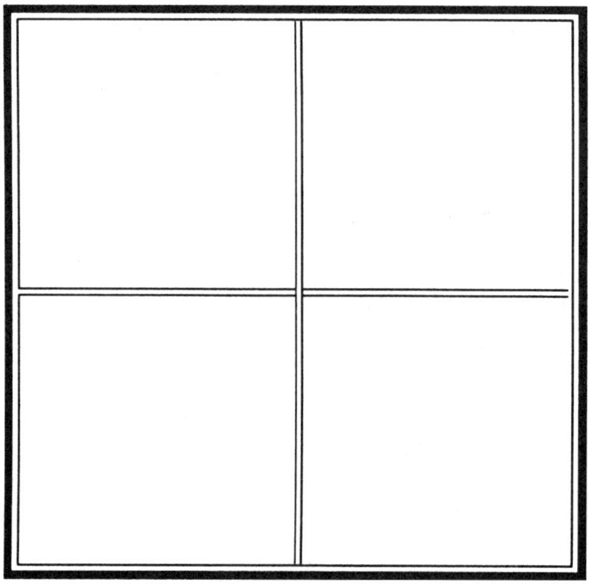

이 창문은 요구되는 것보다 더 많은 빛을 주었다. 정사각형이지만 빛의 양을 절반만 주면 어떻게 변화될까? 커튼이나 주름 커튼 등 어떤 덮개도 사용할 수 없다. 높이와 폭은 반드시 3인치여야 한다.

→ 해답은 부록을 참조하기 바랍니다.

프랙탈 시간
(fractal time)

우리는 종종 움직이지 않는 물체로 무생물을 생각하곤 한다. 그러나 바람, 파도, 강처럼 바위, 유리, 플라스틱도 분명히 움직인다. 사실, 모든 물질 또는 물체는 움직인다. 다만 분자 상태에서 움직임이 일어나기 때문에 우리가 직접 움직이는 것을 보거나 측정하지 못할 뿐이다. 또한 어떤 물체의 움직임은 그 성분의 퇴화와 밀접한 연관이 있으리라 생각되지는 않지만, 그 분자는 움직이고 있고 특히 그들이 여러 가지의 물리적 힘(예를 들면, 압력, 온도, 전기장 또는 자기장 등)이 작용하면 자체적으로 재조정한다. 오늘날 제조업에서 생산하는 플라스틱, 유리, 고무, 비단, 그리고 다른 상품 등의 제품은 팔리기 전 선반 위에서 재고로 있는 동안 중요한 역할을 하기 때문에 제품의 변질을 연구하는 것은 매우 중요하다.

결정체로 된 물질의 변화는 방사능 물질의 반감기와 같이 기하급수적으로 진행된다. 비결정체 물질(비결정질 물질, amorphous material)들의 분자는 다양한 시간적 범주에서 변하거나 움직인다. 어떤 물질은 수초밖에 안 걸리는 반면, 또 다른 물질은 몇 년이 걸린다. 비결정체 물질의 이런 재결합 현상을 프랙탈 시간(fractal time)이란 용어로 기술할 수 있다. 프랙탈 시간은 프랙탈과 같은 아이디어에 그 기반을 둔다. 기하학적 프랙탈의 확장은 커다란 형태의 축소판으로 나타난다. 이런 유형의 복제를 만드는 시간을 생각해 보자. 물질의 분자 재결합 시간 차는 각각 다르고 프랙탈의 복제 과정의 단계들과 유사하게 발생한다. 시간은 물질이 변하는 것이 보이는 것과 동일하게 각 단계에 의존한다. 그러므로 프랙탈의 수학적 연구는 물질의 변화 과정 연구에 중심적 역할을 하고, 제조업에서는 제품이 팔리기 전 진열대에서 보관되는 유효기간을 연장시키기 위한 재료들을 사용할 것이다.

코드와 암호
(codes & ciphers)

암호학의 연구는 수세기에 걸쳐 진행되고 있다. 가장 오래된 암호의 한 예로 스파르타인들이 스키테일(막대)과 가죽띠 또는 양피지를 사용하여 암호메시지를 적었던 고대 스파르타 시대로 거슬러 올라간다. 띠는 나선 형태로 스키테일 둘레를 단단하게 휘감았다. 그런 다음 메시지를 띠 위에다 썼다. 감기지 않은 띠에는 상관없는 문자열들을 나열하여 놓았다. 복호화하기 위하여 정확히 같은 크기와 모양의 스키테일을 감싸면 된다. 그 후 수세기 동안은 수많은 종류의 암호에 대한 예와 코드, 암호와 암호체계를 만든 사람의 이야기, 또 다른 사람들이 암호문을 디코딩하고 복호화했다는 이야기들에 관한 것들이 너무 많다. 줄리어스 시저는 메시지의 각 알파벳 문자를 일정한 수 이하의 알파벳 문자와 대치하여 암호문을 쓰곤 했었다. 이슬람교도인들은 복호화하기 위한 체계적인 접근 방법을 개발하기 시작했다. 르네상스 기간 동안 유럽의 각 나라들은 다른 나라의 암호문을 해독하는 연구원들의 전문 단체를 만들었다. 몇 권의 책자와 논문들이 14세기와 15세기에 집필되었으나, 암호해석학에서 가장 진보된 연구 업적은 20세기에 진행되었다. 여기서 가장 유명한 두 암호학자[19]인 윌리엄(William)과 엘리자베스 프리드먼(Elizebeth Friedman)의 연

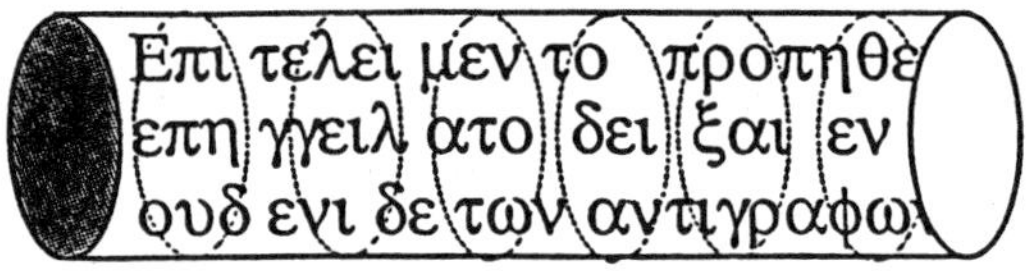

19) 윌리엄과 앨리자베스 프리드먼의 원래 직업은 코드와 암호문을 해독하는 것과 동떨어진 분야였다. 윌리엄 프리드먼은 유전학 분야에서 학위를 받고, 앨리자베스 스미스(결혼한 후 성이 프리드먼이 됨)는 영어에서 학위를 받고 졸업하였다. 그들은 조지 화비안 대령의 권유로 1915년에 전문 기술의 특별한 영역의 프로젝트를 수행하기 위하여 그의 리버뱅크 연구소에 합류했다. 프랜시스 베이컨이 증명하고자 했던 특별한 프로젝트는 셰익스피어 작품의 진짜 저자를 규명하는 것이었고, 그들의 연구 과정이 암호로 이끌게 했다. 1916~1917년 겨울에 그들은 암호문 작성법상에서 찾을 수 있는 정보의 모든 비트를 집중적으로 연구했다. 무선 메시지 디코딩에 대한 앨리자베스의 연구를 통하여 미국 법무부는 1930년에 대규모 마약 범죄단을 기소할 수 있었다. 윌리엄은 양대 세계전쟁 기간 동안 미국 정부를 위하여 매우 엄청난 일을 하였다. 그의 연구업적과 집필서(몇 권은 비문으로 남아있다)는 단순히 문자의 빈도수를 세는 것을 넘어선 암호해석학 분야로 확장되었고 코드와 암호문을 깨기 위한 혁신적인 통계학적 기법을 발견하고 응용되었다.

구서를 찾아볼 수 있다.

역학과 암호학 분야는 암호 장치를 개발하는데 너무나 밀접하기 때문에, 코드와 암호를 생성함에 따라 메시지를 역학적으로 암호화 및 복호화하기 위한 암호 장치가 제조되었다. 이 기계들은 메시지를 체계적으로 재구성하기 위해 만들어졌다. 다양한 암호 장치는 제2차 세계대전에서 주요 역할을 했다. 예를 들면, 일본의 퍼플 머시인(purple machine)은 보조 기억매체의 스크래치(장치에 대한 어떤 정보나 일부분도 이용할 수 없었다.)로부터 윌리엄 프리드먼 팀에 의해 실물과 똑같이 재현되었고 결과적으로 연합군에게 귀중한 정보를 제공해 주었다.

루디어드 키플링(Rudyard Kipling)의 이야기로부터, The First Letter은 그의 책에서 Just So Stories이다. 키플링의 말 — "뾰족한 끝 주위의 문자들은 암호이다 — 룬 문자 암호 — 문자를 읽을 수 있다면 어떤 새로운 것을 찾을 수 있다." 이들 문자는 사실 대치식 암호(substitution cipher)이다.

이 시기에 또 다른 유명한 성과는 이른바 난공불락의 독일군 코드로 알려진 이니그마(Enigma)를 영국의 수학자 앨런 터닝(Alan Turing)이 깨뜨린 것과 미 해군에 의해 일본군 함대의 코드를 해독한 것을 들 수 있다. 현대에 이르러 이란-콘트라 스캔들 기간 동안 신문 제1면의 표제들은 가볍고 높은 안전성을 보장하는 장치를 일반 대중에게 선보였다. 오늘날 암호장치는 고도의 비밀 전화를 만들기 위하여 전파의 파장에 따라 메시지를 어떤 방법으로든 뒤죽박죽으로 섞어서 안전성을 보장한다. 베스트셀러 소설인 장미의 이름(The Name of Rose)은 책 속의 그림에 은밀한 코드를 다루었고, 후에 영화로 만들어졌다.

코드, 암호와 암호문 그 자체는 논리 문제의 한 유형이다. 일정한 유형의 문제를 어떻게 공격하는가에 대한 다양한 방법과 접근법이 있다. 마찬가지로, 수많은 연구와 함께 코드와 암호의 고안을 이해하는 것은 그 해답에 무의식적으로 쉽게 접근할 수 있게 해준다.

우리는 스파르타인들이 스키테일을 어떻게 사용했는지 알아보았다. 또한 타자 키들의 배열이 암호 장치로 이용되었다. 격자에 구멍을 뚫어 만든 카드는 17세기에 카디널 리첼리유(Cardinal Richelieu)에 의해 코드 장치로 개발되었다. 깨끗하게 보이는 노트 위에 올려놓으면 구멍은 비문의 알파벳 문자들이 되어 나타난다. 심지어 토머스 제퍼슨(Thomas Jefferson)도 원통 모양이며 36개의 바퀴로 구성되어 있는 장치로 각각은 그 바퀴 위에 알파벳을 파 넣었고, 다른 바퀴와는 무관하게 순환되는 암호 장치를 만들었다. 오늘날 우리는 암호를 해독하거나 코드와 암호를 고안하는 데 도움을 주며 언제든지 쉽게 조작할 수 있는 컴퓨터 같은 가장 진보된 장치를 가지고 있다. 이런 현대 디지털 전산기의 힘은 전문가들이 이용할 때 더욱 경이적이다.

어떻게 암호와 코드가 만들어지는지 이해하는 것은 어떠한 방법으로 코드 또는 암호를 깰 수 있는지를 알 수 있는 근간이 된다. 이는 매우 어려운 수학 문제를 풀 때와 같은 인내력과 재능이 요구된다. 근본적으로 이것은 매우 특별한 형태의 수학 문제이다. 이들 문제를 푸는 것은 단순히 유희적인 놀이가 아님을 지난 역사는 분명히 가르쳐준다. 이들을 해결한 결과 몇몇은 전쟁에서 승패의 전환점과 직결되었고, 또 다른 경우 세포 속 DNA 사슬의 이중나선 코드를 밝혀냄으로써 의학이나 유전공학의 불가사의한 것들 몇 가지 풀 수 있었다. 최근 코드와 암호를 깨는 연구는 상형문자의 해독, 인공지능의 창안 또는 외계로부터 메시지를 받고 복호화하는 등 통신 방법과 직접 연결된다.

암호 체계의 종류

1) 전이식 암호(transposition cipher)는 원래 메시지 문자를 유지하지만 어떤 체계적인 방식으로 글자의 위치가 변한다. 예를 들면, 메시지 "Meet Martha on Monday in front of the bridge"는 거꾸로 각 단어를 써서 뒤죽박죽 섞을 수 있고 각 단어를 세 글자씩 끊어 써서 "tee meh tra mno yad nom nit nor ffo eth egd irb"로 암호화한다. 그러나 그런 전이식 암호는 쉽게 복호화할 수 있다. 패턴이 다른 유형을 시도해 보자. 예를 들면:

M T R A M D I R T T B D
EE MA TH ON ON AY NF ON OF HE RI GE

자, 이제 아래 행의 글자들을 먼저 쓰고, 첫 행의 각 글자를 이어 쓴 다음 다시 다섯 글자씩 그룹지어 끊어 쓰면서 마지막 다섯 글자를 만들면서 무효 글자를 덧붙인다. 그러면 "EEMAT HONON AYNFO NOFHE RIGEM TRAMD IRTTB DFGHR"을 얻게 된다. 이 암호문은 다소 해독하기가 어렵다.

정사각형 내부 공간에 메시지를 배치하면 또 다른 방법으로 전이식 암호를 만들 수 있다. 그 다음 문자를 통과하는 통로를 만들면 된다.

2) 대치식 암호(substitution cipher)
단일 문자 치환(monoalphabetic)에서 각 글자는 다른 글자에 의해 대치된다. 예를 들면, 만약 알파벳의 각 문자는 다음과 같은 방법으로 대치되었다. 타자 또는 뒤죽박죽 섞인 키에서 알파벳 순서가 A B C D E F G H I J K L M N O P Q R S T U V W X Y Z가 Q W E

RTYUIOPASDFGHIKLZXCVBNM로 되었다면, 메시지 "MEET MARTHA ON MONDAY"는 "DTTZ DQKZIQ GF DGFRQN"로 대치된다.

또는 줄리어스 시저의 방법을 사용하여 각 문자를 3칸씩 아래 알파벳으로 내려 쓰면 "PIIW PDUWKD RQ PRQGDB"가 된다.

키 단어를 사용하면 또 다른 대치식 기법이 된다. 우리가 'MATH'를 키 단어로 선택했다면 A B C D E F G H I J K L M N O P Q R S T U V W X Y Z는 M A T H B C D E F G H I J K L M N O P Q R S T U V W X Y Z로 된다. 그러면 메시지 "MEET MARTHA ON MONDAY"는 "KBBS KMQSEM NL KNLHMY"로 된다.

다중문자 치환 암호(poltalphabtic substitution)에서는 메시지를 암호화하기 위해 한 문자 이상 이용한다. 이 암호체계에서는 서로 다른 기호가 같은 문자를 나타내기도 하고 같은 기호가 다른 문자를 나타내기도 한다. 이 암호체계는 14세기 프랑스 암호학자였던 블레이스 드 비제너르(Blaise de Vigenere)가 처음으로 구현하였다.

예제 – 키 단어로 MATH를 선택하자. 지금부터 다음과 같이 진행한다. 키 단어를 반복한다.

MATHM	ATHMA	THMAT	HMATH
MEETM	ARTHA	ONMON	DAYGF

메시지를 키 단어 밑에 놓는다(G&F는 무효문자이다).
코드문자는 도표로부터 다음과 같이 찾을 수 있다.

YEXAY AKATA HOYOG KMYZM

	A	B	C	D	E	F	G	H	I	J	K	L	M	N	O	P	Q	R	S	T	U	V	W	X	Y	Z
A	A	B	C	D	E	F	G	H	I	J	K	L	M	N	O	P	Q	R	S	T	U	V	W	X	Y	Z
B	B	C	D	E	F	G	H	I	J	K	L	M	N	O	P	Q	R	S	T	U	V	W	X	Y	Z	A
C	C	D	E	F	G	H	I	J	K	L	M	N	O	P	Q	R	S	T	U	V	W	X	Y	Z	A	B
D	D	E	F	G	H	I	J	K	L	M	N	O	P	Q	R	S	T	U	V	W	X	Y	Z	A	B	C
E	E	F	G	H	I	J	K	L	M	N	O	P	Q	R	S	T	U	V	W	X	Y	Z	A	B	C	D
F	F	G	H	I	J	K	L	M	N	O	P	Q	R	S	T	U	V	W	X	Y	Z	A	B	C	D	E
G	G	H	I	J	K	L	M	N	O	P	Q	R	S	T	U	V	W	X	Y	Z	A	B	C	D	E	F
H	H	I	J	K	L	M	N	O	P	Q	R	S	T	U	V	W	X	Y	Z	A	B	C	D	E	F	G
I	I	J	K	L	M	N	O	P	Q	R	S	T	U	V	W	X	Y	Z	A	B	C	D	E	F	G	H
J	J	K	L	M	N	O	P	Q	R	S	T	U	V	W	X	Y	Z	A	B	C	D	E	F	G	H	I
K	K	L	M	N	O	P	Q	R	S	T	U	V	W	X	Y	Z	A	B	C	D	E	F	G	H	I	J
L	L	M	N	O	P	Q	R	S	T	U	V	W	X	Y	Z	A	B	C	D	E	F	G	H	I	J	K
M	M	N	O	P	Q	R	S	T	U	V	W	X	Y	Z	A	B	C	D	E	F	G	H	I	J	K	L
N	N	O	P	Q	R	S	T	U	V	W	X	Y	Z	A	B	C	D	E	F	G	H	I	J	K	L	M
O	O	P	Q	R	S	T	U	V	W	X	Y	Z	A	B	C	D	E	F	G	H	I	J	K	L	M	N
P	P	Q	R	S	T	U	V	W	X	Y	Z	A	B	C	D	E	F	G	H	I	J	K	L	M	N	O
Q	Q	R	S	T	U	V	W	X	Y	Z	A	B	C	D	E	F	G	H	I	J	K	L	M	N	O	P
R	R	S	T	U	V	W	X	Y	Z	A	B	C	D	E	F	G	H	I	J	K	L	M	N	O	P	Q
S	S	T	U	V	W	X	Y	Z	A	B	C	D	E	F	G	H	I	J	K	L	M	N	O	P	Q	R
T	S	T	U	V	W	X	Y	Z	A	B	C	D	E	F	G	H	I	J	K	L	M	N	O	P	Q	R
U	U	V	W	X	Y	Z	A	B	C	D	E	F	G	H	I	J	K	L	M	N	O	P	Q	R	S	T
V	V	W	X	Y	Z	A	B	C	D	E	F	G	H	I	J	K	L	M	N	O	P	Q	R	S	T	U
W	W	X	Y	Z	A	B	C	D	E	F	G	H	I	J	K	L	M	N	O	P	Q	R	S	T	U	V
X	X	Y	Z	A	B	C	D	E	F	G	H	I	J	K	L	M	N	O	P	Q	R	S	T	U	V	W
Y	Y	Z	A	B	C	D	E	F	G	H	I	J	K	L	M	N	O	P	Q	R	S	T	U	V	W	X
Z	Z	A	B	C	D	E	F	G	H	I	J	K	L	M	N	O	P	Q	R	S	T	U	V	W	X	Y

코드 문자를 놓는 것은 x, y 평면에 그린 그래프 위의 점들과 거의 유사하다. 단어 MEET에서 두 번째 E는 MATH에서 T에 해당된다. 그러므로 수평 알파벳(x 축)에서 T를 수직 알파벳(y 축)에서 E를 찾으면, 두 문자가 교차하는 곳에서 문자는 X가 된다.

보다 복잡한 쌍치환 암호(digraphic substitution)에서는 문자 쌍을 다룬다. 어떤 암호체계에서는 심지어 음절, 문구, 문장, 심지어 구절까지도 사용한다. 또한 특별한 어휘의 코드 책을 이용하기도 한다.

3) 전이식과 대치식의 결합(combination of transposition & substitution)
이 방법은 매우 복잡할 수 있으나 메시지가 충분하면 해독 불가능한 것은 아니다.

우주 망원경-수학적 계산 오류는 허블 망원경의 목표를 엄청나게 비켜가게 전송한다

(space telescope-math error sends Hubble's aim off by trillions of miles)

1990년 4월 25일 허블 천체 망원경이 우주 왕복선 디스커버리호로부터 발사되었다. 본래 미 항공우주국(NASA)은 지구 대기 밖을 관찰하기 위해 설립되었다. 비록 지구상에 수많은 관측소와 다양하고 성능이 우수한 망원경들이 있지만 지구대기로부터 방해를 받아 제한적이다. 허블 천체 망원경은 진공공간에서 작동한다. 관찰하기 가장 좋은 장소에서 보다 세밀하고 정확도를 높여서 우주를 수차례 관찰할 수 있다. 허블 천체 망원경의 무게는 대략 25,500파운드이고, 43피트의 길이와 14피트의 지름으로 되어 있고, 지구에서 전혀 볼 수 없는 상당히 먼 거리에 있는 물체의 파장을 관측할 수 있다. 이 이름은 천문학자 에드윈 허블(Edwin P. Hubble, 1889~1953)을 기리기 위해서 명명되었는데, 그는 우주의 팽창에 대한 직접적인 증거를 처음 제시하였고, 후에 천문학자들이 지구로부터 천체의 거리를 그의 속도를 측정하여 평가할 수 있도록 공식을 유도해냈다.

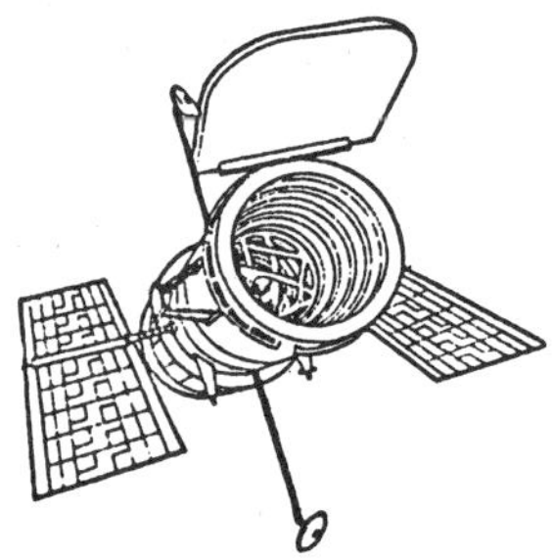

초창기 항해사들이 고정된 별들에 의해 그들의 항해도를 지정했듯이 마찬가지로 허블 천체 망원경도 어떤 지정된 별을 중심으로 그의 관측을 위해 방위를 맞춘다. 불행히도 그의 첫 번째 우주 사진은 단순 수학적 계산의 오류로 전송이 지연되었다. 천문학자들이 망원경에 대한 지시 지점을 설계할 때, 그들은 1950년대에 만들어진 별자리를 이용하였다. 당연히 지난 40년간 별자리들은 지구에서 가장 좋은 지점에서 움직였다. 이런 실수를 알고 과학자들은 이 변화에 대한 지시 지점을 조정하였는데, 이는 단순 체크 북의 균형 오차를 총합에서 빼기보다는 더하여 조정하였다. 천문학 용어에서 반각(half-degree)[20]의 오차는 천체 망원경의 목표를 엄청나게 멀리 비켜가게 한다.

20) 천문학자들은 18분에서 36분으로 가기보다는 18분으로부터 0도로 돌아온다. 1분은 1도의 60분의 1이다.

산불에서의 수학
(mathematics of a forest fire)

1960년대 후반 확률론의 한 영역으로 시작된 미립자 체계의 상호작용(interacting particle system)은 광범위하게 연구되는 수학의 한 영역이 되었다. 수학적 모델과 컴퓨터 시뮬레이션은 다양한 분야의 자연현상을 연구하는 데 이용되었다. 수학자들은 체커보드의 격자 상에 표현할 수 있는 일탈의 집합체 또는 나무처럼 무작위로 흩어진 미립자를 모델링한다. 격자의 중앙에 각각의 마크된 셀 또는 한 덩어리는 나무들을 나타낸다. 셀들은 타버렸거나, 타고 있거나, 아직 불이 나지 않는 것을 표현한다. 각 시간 증분과 불타는 셀은 그 셀에 있는 나무가 이미 불타지 않는 한 이웃한 4개의 셀 중 하나로 번지게 될 확률을 가진다.

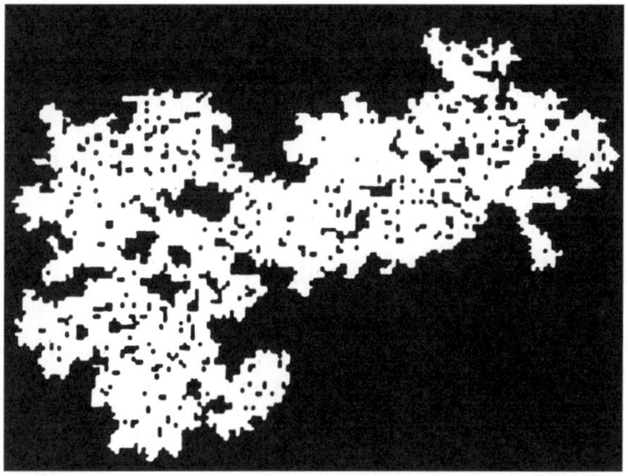

컴퓨터는 타버린 숲과 불의 번지는 그림을 생성한다.

지금 설명한 이 모델들은 실제 상황에서처럼 생생하고 복잡하지는 않다. 유사한 모델들이 전염병의 확산에 응용되는데, 이 경우에 각 셀들은 건강한 사람, 아픈 사람, 면역된 사람들을 나타낸다.

수학자들은 확률론을 다른 시각에서 연구하기도 하고, 어떻게 컴퓨터 시뮬레이션이 그런 확률 가정하에서 진행되는지 연구한다. 보다 복잡한 정보가 수학적 모델로 구축될 때, 그런 연구로부터 얻은 결과와 예측들은 어떤 자연현상을 이해하고 적절하게 다루는 데 궁극적인 역할을 할 것이다.

π에 대한 고대의 언급과 표현
(early estimates & expressions for π)

B.C. 1700년경에 고대 이집트인들은 π에 대해 $\frac{256}{81} = 3.16050 \cdots$이라고 원의 면적, 즉 $A = \left(d - \frac{1}{9}d\right)2$로 계산하면서 유도하였다.

아르키메데스(B.C. 287 ~ 212)는 π값은 $3\frac{10}{71}$과 $3\frac{1}{7}$ 사이의 값, 즉 $3.140845 \cdots$와 $3.142857 \cdots$ 사이에 존재한다고 증명하였다.

『열왕기』 1권(Bible Kings I) vii-23에

"그리고 그는 성직자들이 종교의식을 준비할 때 몸을 씻는 높은 사발인 몰텐씨(molten sea)를 만들었는데, 한쪽 가장자리에서 다른 쪽 가장자리까지의 거리는 10큐빗이고 그것은 완전한 원형이었다. 그것의 높이는 5큐빗이고, 30큐빗의 선으로 그것의 둘레를 두를 수 있었다."

우리는 이 원의 지름은 10큐빗이고 원주는 30큐빗으로 π의 값은 3으로 계산됨을 알 수 있다.

고대 중국에서 챙홍(Ch'ang Hong 125 A.D.)은 π의 값을 $\sqrt{10} = 3.162 \cdots$로 주었다.

1592년, 프랑스 수학자 프랑세 비에타(Francois Vieta)는 다음과 같이 보였다.

$$\pi = 2\left(\frac{1}{\sqrt{\frac{1}{2}} \cdot \sqrt{\frac{1}{2}+\frac{1}{2}\sqrt{\frac{1}{2}}} \cdot \sqrt{\frac{1}{2}+\frac{1}{2}\sqrt{\frac{1}{2}+\frac{1}{2}\sqrt{\frac{1}{2}+\cdots}}}}\right)$$

1655년 영국의 수학자 존 월리스(John Wallis)는 π의 값을 다음과 같이 증명하였다.

$$\pi = 4\left(\frac{2 \cdot 4 \cdot 4 \cdot 6 \cdot 6 \cdot 8 \cdot 8 \cdot 10 \cdot 10 \cdot 12 \cdot 12 \cdots}{3 \cdot 3 \cdot 5 \cdot 5 \cdot 7 \cdot 7 \cdot 9 \cdot 9 \cdot 11 \cdot 11 \cdot 13 \cdots}\right)$$

독일의 수학자 고트프리 라이프니츠(Gottfried Leibniz 1646~1716)는 π의 값을 다음과 같이 증명하였다.

$$\pi = 4\left(1 - \frac{1}{3} + \frac{1}{5} - \frac{1}{7} + \frac{1}{9} - \frac{1}{11} + \frac{1}{13} - \frac{1}{15} + \frac{1}{17} - \frac{1}{19} + \cdots\right)$$

1873년 영국의 수학자 윌리엄 생크(William Shanks)는 π의 값을 평가한 최초의 저서를 출간하였다. 그 책에서 그는 π에 대해 707자리 이상 계산을 수행했다. 컴퓨터를 이용할 수 없었기 때문에 얼마나 지겹게 단순 계산을 했는지 상상할 수 있을 것이다. 마침내 미국의 존 프랜치 주니어(John W. French Jr.)와 영국의 퍼거슨(D. F. Ferguson)은 π의 값을 소숫점 이하 808자리까지 계산하여 출간하였다. 그들의 계산으로부터 생크의 값에서 최초 528자리에서 오차가 발생했음이 드러났다.

현대의 컴퓨터는 π의 값을 평가하는 데 대변혁을 일으켰고 끝없이 계속해서 원하는 만큼 계산해낸다.

피타고라스의 세 정수쌍
(Pythagorean Triplets)

피타고라스 정리를 만족하는 세 정수쌍[21]을 구하는 공식이 존재하는가? 고대 그리스인들은 이 질문을 다루었다. 다음은 그들이 발견한 것이다.

만약 m이 홀수이면, $\left(\frac{(m^2+1)}{2}\right)^2 = \left(\frac{(m^2-1)}{2}\right)^2 + m^2$은 피타고라스의 세 정수쌍을 구하는 공식을 제공해 준다.

a, b, c — $a^2+b^2=c^2$
$5, 12, 13$, so that $5^2+12^2=13^2$

예를 들면, 만약 $m=17$이면 m 대신 이 수로 대치하면 공식은 $145^2=144^2+17^2$을 만족한다. 그러므로 피타고라스의 세 정수쌍은 17, 144, 145가 된다.

이 공식은 피타고라스에 의해 알려졌으나 또 다른 형태는 플라톤에 의해 유도된 것으로 임의의 자연수로 m을 대치할 수 있다.

플라톤의 공식은

$(m^2+1)^2=(m^2-1)^2+(2m)^2$, 여기서 m은 자연수이다.

이 공식에 의해 주어지지 않는 세 정수쌍이 존재하는가?
(7, 24, 25를 가지고 시도해 보자. m^2+1과 m^2-1은 2 차이가 나

21) 피타고라스의 세 정수쌍은 이들 두 수의 제곱의 합이 나머지 한 수의 제곱을 만족하는 정수쌍들의 집합이다.

고, 7, 24, 25에서 24와 25는 1밖에 차이가 나지 않아 플라톤의 공식으로 풀 수 없다.)

피타고라스의 세 정수쌍을 찾는 유클리드 방법은
만약 x와 y가 정수이고, $a=x^2-y^2$, $b=2xy$, $c=x^2+y^2$이면
a, b, c는 $a^2+b^2=c^2$을 만족하는 정수이다.

이 공식들은 모든 가능한 피라고라스의 세 정수쌍을 생성해 준다.

피타고라스 정리 한 단계 뛰어넘기

(one step beyond the Pythagorean theorem)

비록 수천 년 전에 피타고라스 정리가 나왔지만, 이 정리로부터 파생되는 다양한 증명과 아이디어의 매력이 계속되고 있다. 이 정리를 기술할 수 있는 다양한 방법들이 있다.

예를 들면,

주어진 직각삼각형에 대해 빗변의 제곱은 나머지 두 변의 제곱의 합과 같다.

또는 주어진 직각삼각형에 대하여 각각 변의 길이와 같은 정사각형의 면적의 합은 빗변의 길이와 같은 정사각형의 면적의 합과 같다.

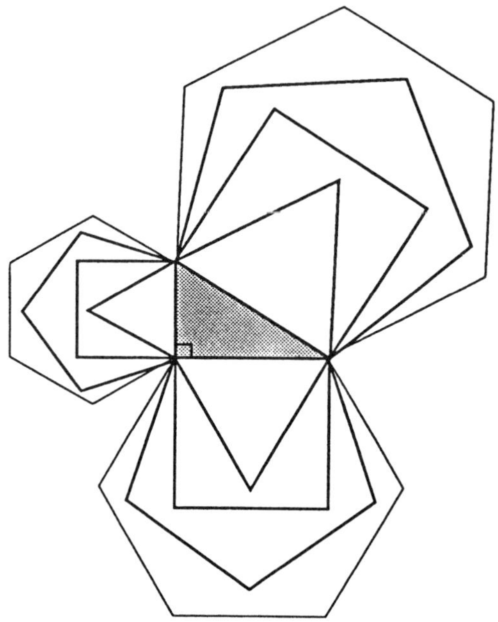

자, 여기서 마지막 형태의 차이점을 찾아보자. 두 변과 빗변 위의 정사각형의 면적의 합 대신에 다른 유사한 기하학적 모형의 면적을 더해도, 정리가 계속 만족되는지 결정해보자. 다음은 어떻게 반원에 대해 성립하는지 보여준다. 다른 유사한 대상에 대해서도 성립하는가?

원 A의 면적은 $\frac{1}{2}\left(\frac{a}{2}\right)^2\pi = \frac{a^2\pi}{8}$

원 B의 면적은 $\frac{1}{2}\left(\frac{b}{2}\right)^2\pi = \frac{b^2\pi}{8}$

원 C의 면적은 $\frac{1}{2}\left(\frac{c}{2}\right)^2\pi = \frac{c^2\pi}{8}$

전체 면적 : $\frac{(a^2+b^2)\pi}{8} = \frac{c^2\pi}{8}$

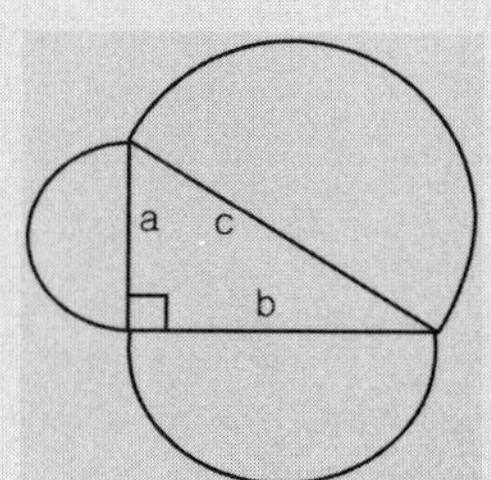

다각형 매듭

(tying polygons)

종이 띠를 갖고 만지작거리면서 재미있는 수학적 모델을 만들어 냈다.

종이 띠로부터 어떻게 5각형과 6각형을 형성하는지 찾아보자. 종이 띠를 잡고 설명하는 것처럼 단순히 묶으면 된다. 놀랍게도 정오각형이 형성된다.

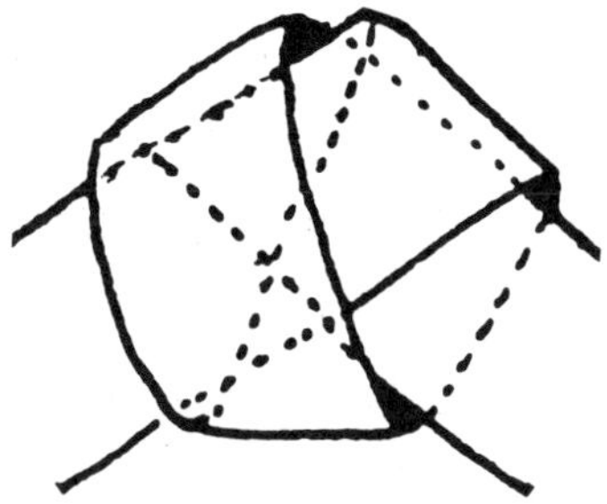

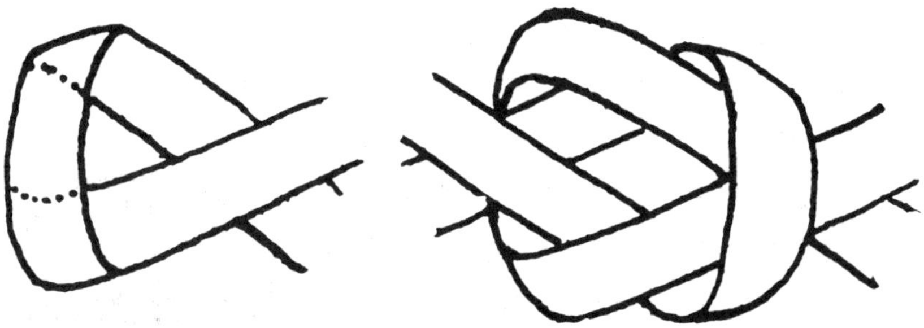

6각형은 보다 쉽게 만들어진다. 두 개의 종이 띠를 갖고 정사각형 매듭을 묶는다. 그림은 종이 띠를 정사각형 매듭으로 쉽게 다루는 방법을 보여준다.

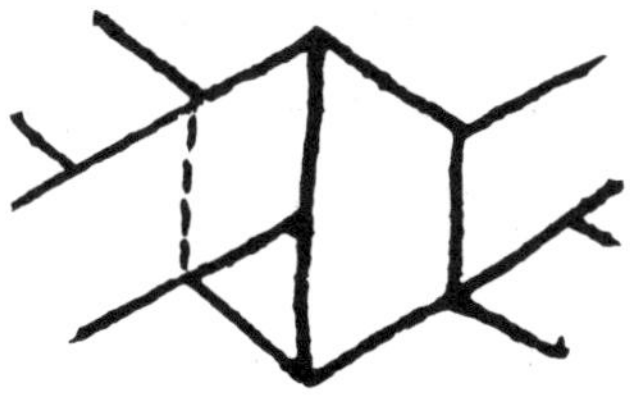

왜 종이 띠를 가지고 다른 다각형을 만들기를 시도하지 않을까?

리만 기하의 세계
(the world of Riemannian geometry)

유클리드의 평행 공리(parallel postulate)라 불리는 제 5공리로부터 발단이 되어 그것이 증명될 수 있다는 것을 수학자들이 알고 있기 때문에 이 평행 공리는 더 이상 미해결 공리로 남아있지 않았다. 1854년 버나드 리만(G. F. Bernhard Riemann)은 구면기하(또는 타원기하)에 관한 논문을 발표하였다. 평행공리(parallel postulate)[22]의 간접적인 증명을 이용하여, 그는 "주어진 선분상의 어느 한 점을 통과하여 주어진 선분과 평행하게 그릴 수 있는 선분은 존재하지 않는다."와 같이 평행공리의 반증을 기술하였다. 또한, 리만은 다른 유클리드의 공리 "직선은 임의의 길이로 직선 내부에서 만들어 질 수 있다."의 해석을 바꾸면 어떤 일이 발생하는지 알아보고자 결심하였다. 그는 그 조건을 "선분이 무한대가 아니라 경계가 없다."로 바꾸었다, 즉 끝은 없으나 길이는 유한하다는 것이다. 그런 성질들은 모든 선분이 가장 큰 원(great circle)[23]이 되는 구면체 기하학에서 존재한다. 구를 연구하는 데 있어 임의의 가장 큰 두 원은 항상 두 점에서 교차하기 때문에 서로 평행인 선분(가장 큰 원)은 존재하지 않는다. 구면체 기하에서 삼각형의 내각의 합이 180°보다 클 수 있고, 또한 삼각형의 면적은 내각의 합이 증가됨에 따라 커질 수 있다.

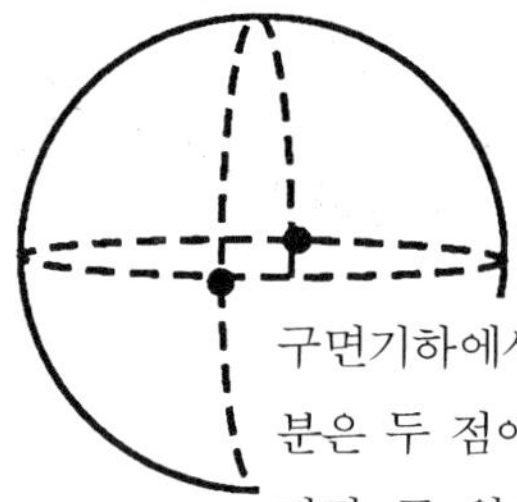

구면기하에서는 모든 선분은 두 점에서 교차하는 가장 큰 원이 되어 어느 두 선분도 평행하지 않다.

어디에 그런 세계가 존재하는가? 어쩌면 그것은 우리의 우주 세계인가? 만약 우리 우주의 질량이 충분히 커서 빅뱅(Big Bang), 즉 만유인력이 우주의 팽창을 멈추게 할 수 있다면 궁극적으로 축소하여, 줄일 수 있고 그 모양은 구의 형상으로 그릴 수 있다. 수십

22) 평행공리를 기술하는 또 다른 한 가지 방법은 "한 직선과 직선 위에 있지 않는 한 점이 주어졌을 때 그 점을 지나서 주어진 직선과 평행인 직선은 한 개만 존재한다."는 것이다.

23) 가장 큰 원은 중심이 구의 중심이 되는 구면체상의 원을 말한다.

억 년 후, 이 구면체 우주(spherical universe)는 궁극적으로 무한대의 열과 밀도를 내포하는 한 점의 크기로 축소될 것이다. 만약 만유인력이 우주를 축소하기에 충분하게 크지 않다면, 아마도 팽창이 저지되는 시점에서 균형점에 도달할 것이다.

쌍둥이 눈송이
(twin snowflakes?)

눈보라가 휘날리는 길을 걸어갈 때 일종의 경이로운 기하학적 형상 속의 중심에 서 있게 된다. 눈송이는 자연 상태에서 육각형 모양의 대칭성을 구비한 가장 흥미로운 예들 중의 하나가 될 수 있다. 그러나 연구가들이 언급한 것처럼 눈결정체는 또한 기둥 모양, 바늘 모양, 접시 모양, 덩어리 모양 등으로 형성될 수 있다. 무수히 많은 형태의 조합들은 어느 두 개의 눈송이도 결코 서로 똑같지 않다는 일반적인 상식을 뒷받침해 준다. 미국 콜로라도 주 볼더(Boulder)에 위치한 국가대기연구소(National Center for Atmospheric Research(NCAR))의 낸시 나이트(Nancy C. Knight)는 눈송이와 동일한 집합체를 처음 발견하였다. 1986년 11월 1일에 기름으로 광택을 낸 결정체가 유리 접시 위에 결집되었고 그것을 미국 위스콘신 주의 와소우보다 약 20,000피트 높은 고도에서 11초 동안 구름에 노출시켰다. 비행기가 지상에 착륙하여 결정체가 사진 촬영되기 전까지 접시를 계속 차갑게 유지하였다. 그들은 기둥 모양의 결정체를 형성하였고, 이를 작은 구멍(lacunas)이라 불렀다.

1988년 5월 미국 기상학회 회보에 출간된 근황보고에서 나이트는 "눈결정체에 대한 가장 주목할 만한 사실 중의 하나는 어느 두 개도 서로 같지 않고, 이 분야의 전문가가 아닌 사람들 사이에는 일반적으로 인정되지 않는 소수의 사람들의 지혜이다."라고 말했다. 그러나 나이트는 "만약 동일하지 않다면 두 결정체의 가장 두드러진 예는 분명히 그들은 너무나 유사하다."는 것을 발견하였다.

그녀는 계속해서 "수년 안에 눈결정체 집합체에서 어느 누구도 그런 결정체와 다른 예를 찾아 볼 수 없을 것이고 표준 참고문헌에서도 볼 수 없을 것이다."라고 했다.

이런 현상이 발생하는 확률을 계산하는 것이 가능한가?

컴퓨터와 예술
(computers & art)

수세기에 걸쳐, 역사는 예술가들과 그들의 작품들은 수학적 지식과 응용을 통하여 많은 영향을 받았다는 것을 보여주었다. 우리는 고대 그리스 예술에서 황금직사각형과 황금비를 의도적으로 사용했다는 것을 특히 유명한 조각가 피디아스(Phidias)의 작품들로부터 잘 알 수 있다. 비례와 비율, 상사(similarity), 기하학적 형상, 디자인과 양식, 극한과 무한 등의 수학적 개념과 현대컴퓨터 과학은 원시시대에서 현대사회에 이르기까지 다양한 분야와 예술사적 시대에 영향을 주었다.

예술가들이 수학적 지식을 이용하지 않았다면 창작되지 않았을 예술 작품들 몇 개를 찾아볼 수 있다. 예를 들면, 만약 예술가들이 합동의 개념, 대칭의 개념, 반사(reflection), 회전(rotations), 기하학적 형태의 해석 등을 포함하는 모자이크 세공에 관한 성질들의 연구와 발견을 추구하지 않았다면, 이슬람교 예술가에 의해 창작된 모자이크 세공(tessellation)과 에셔(M.C. Escher)에 의해 발전된 동적 대상물을 접목하여 확장시킨 이를 기하학적 형상의 작품들은 창작되지 않았을 것이다. 에셔는 공간을 채우는 주기적인 법칙을 스스로 공식화했으나, 모자이크세공 예술분야의 그의 첫 번째 시도에서 요구되는 수학적 사실을 발견하지 못하여 실패했었다.

원근화도(perspective)

알브레치 듀어러(Albrecht Dürer) 같은 예술가들은 때때로 그들의 작품을 창작하기 위하여 사영기하에 관한 수학을 바탕으로 기계적인 장치를 이용하였다. 오늘날 예술가들은 새로운 형태나 수학과 컴퓨터를 연결하는 예술 매체를 추구한다. 최근에 수학자, 과학자, 엔지니어와 예술가뿐만 아니라 모두가 컴퓨터 예술을 만들어낸다. 초기에 곡선을 살짝 그리는 것, 선 그리는 작업과 착시 같은 예술품들은 상당히 많이 넘쳐났었다.

오늘날 컴퓨터는 상업 예술에서 중요한 역할을 한다. 진보된 컴퓨터 소프트웨어를 잘 다루는 컴퓨터 예술가들은 변수들을 다각화하기 위하여 편집기술의 변화, 다양한 색상의 도입, 대상물의 규모와 크기, 대상물의 회전과 가볍게 튕기기, 짧은 순간에 대상물의 여러 부분 복사하기 등에 의해 상업적 광고에 그래픽 예술의 아이디어를 접목할 수 있다. 이들 변화 모두가 과거가 아닌 그래픽 예술가의 시대에 일어났을 것이다.

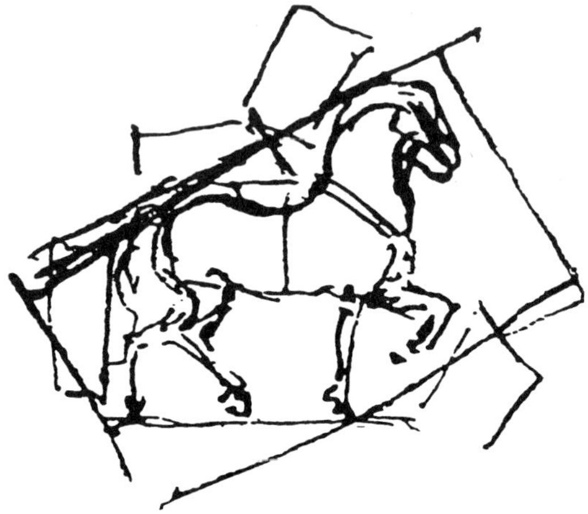

오늘날 진보된 컴퓨터와 소프트웨어로 레오나르도 다 빈치는 이 그림을 컴퓨터에 그려 넣을 수 있었을 것이다.

엔지니어, 건축가, 그리고 다른 디자이너들은 그들의 작품을 창작하는 데 컴퓨터를 받아들이는 것을 주저하지 않았다. 단지 마우스를 클릭함으로써 한 빌딩이 쉽게 수정되기도 하고, 비행기는 모든 각도에서 볼 수 있도록 회전할 수 있으며, 단면도들이 추가되기도 하고, 쉽게 일부분이 덧붙여지기도 하고 제거되기도 한다. 과거에는 이런 작업이 느리고 힘든 일이었다.

예술가들은 수세기에 걸쳐 물감, 유화, 아크릴, 분필 등 그들의 작품을 창작하는 데 요구되는 새로운 매체를 찾았다. 컴퓨터는 꾸밈없는 표현의 자유를 결여한 너무 인위적인 수단이라고 느끼는 몇몇의 예술가들이 있다. 그들은 키보드와 스크린상에서 전기를 이용한 작업이나 또는 철필과 전자 자리판과 스크린을 이용한 작업보다는 그들이 선택한 매체를 가지고 직접 손으로 그리는 것을 좋아한다. 다른 예술가들은 컴퓨터를 해볼 만한 것으로 여긴다.

향상된 소프트웨어와 하드웨어 덕분에 색채는 스크린 상에서 뒤섞일 수 있다. 정밀한 컴퓨터의 선들은 임의의 형태를 가진 부드러운 곡선으로 쉽게 표현될 수도 있다. 유화의 영향으로 만들어진 변화는 물감이 될 수 있고, 브러시 모양은 일시적으로 변할 수도 있다. 아주 작은 영역이 확장될 수 있고 보다 쉽게 손질할 수도 있다. 일부분은 쉽게 지워질 수 있고 잘라 버릴 수도 있으며, 작업공간 어느 곳에도 붙일 수 있다. 예술가들은 분명히 그들의 창작품에 책임을 진다. 결과물은 인쇄되거나 비디오에 담거나 출판 또는 영상화될 수 있다. 필름은 어떤 크기로든 확대할 수 있는 옵션으로 남는다. 아마도 프린터는 예술가가 창작한 작품의 기조와 자료를 기억하도록 고안될 것이다. 또는 우리는 아마도 이것을 그 자체 기조와 특질의 새로운 형태로 생각할 수도 있다.

존경받는 예술가들은 컴퓨터 예술을 유명한 세계적 갤러리에 전시하지만 아직도 컴퓨터 예술이란 꼬리표가 붙는다. 그런 작품들은 단순히 기예라고 분류한다.

레오나르도 다 빈치는 예술에서 컴퓨터의 이용에 대해 어떻게 생각할까? 혁신[24]에 대한 그의 맹신 덕분에 컴퓨터의 이용을 타박하지 않았을 것이라 가정할 수 있다. 그는 "수학적 제시와 증명을 통한 길을 추구하지 않는다면 인간의 탐구는 과학이 아니다."라고 말했다. 그는 이런 사실을 그의 작품에 반영하였다. 예를 들면, 그의 작품 많은 분야에서 주도적으로 황금직사각형을 사용하였고 그의 최대의 걸작인 최후의 만찬(The last supper)에서는 사영 기하의 개념을 사용하였다. 예술의 한 형태는 다른 것보다 더 좋은 것으로 간주되는 것이 아니라, 다만 다른 형태로 인식된다. 예술가들은 어떤 수단이나 매체를 자유롭게 선택할 뿐이다.

24) 그의 노트와 다양한 혁신적인 방법들이 예술작품을 향상시키고 촉진시키기 위해 많은 예술가들에 의해 사용되었다. 레오나르도의 수학적 경향은 포물선, 타원, 비례 대칭적 모형을 만드는 특별한 컴퍼스를 이용하여 다양한 유형을 발명하였다. 또한 그는 알브레치 듀어러 같은 예술가들이 사용했던 원근 투시법으로 대상물을 그리는데 도움을 준 원근투시도의 발명에 일조하였다.

아르키메데스는 어떻게 각을 삼등분했는가
(how Archimedes trisected an angle)

고대로부터 내려온 어려운 문제로 자와 컴퍼스만을 이용하여 주어진 각을 삼등분하기는 매력적인 수학적 아이디어와 기구 개발을 유도하였다. 그런 기구 중의 하나가 아르키메데스의 이동하는 연결 장치(sliding linkage)이다.

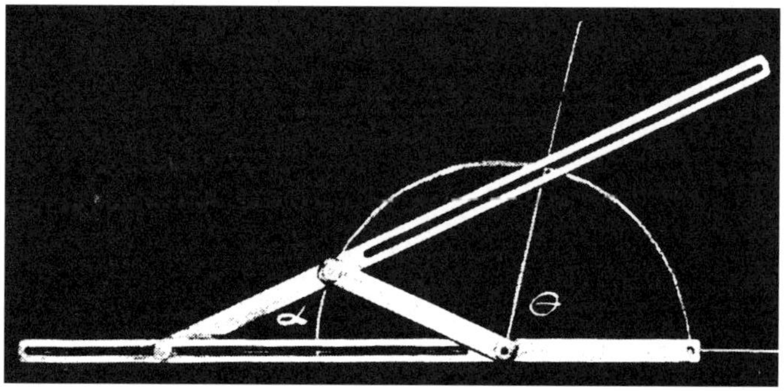

아르키메데스는 이 장치로 각을 삼등분하는 데 어떻게 이용하였는가

각 $\angle AOB$를 삼등분하고자 한다. 그림처럼 $\angle AOB$의 변을 확장하자. r은 중심 O, $\angle AOB$의 정점인 원의 지름을 나타낸다.

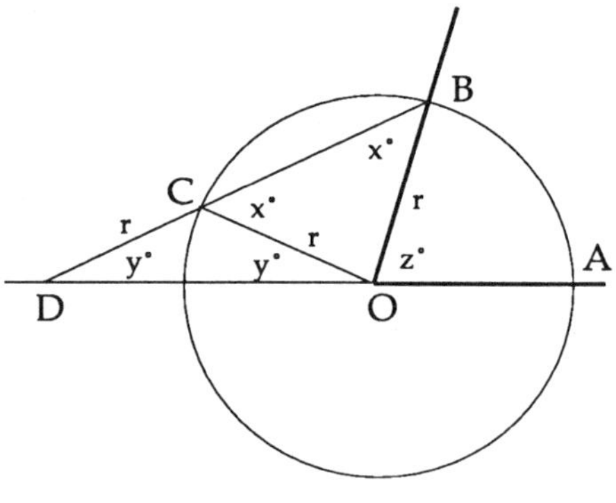

$\angle AOB$는 $\triangle OBD$의 외각이므로 $z^\circ = y^\circ + x^\circ$
$(m\angle AOB = m\angle DBO + m\angle ODB)$.

마찬가지로, $\angle BCO$는 $\triangle CDO$의 외각이므로
$x^\circ = y^\circ + y^\circ = 2y^\circ$
$(m\angle BCO = m\angle CDO + m\angle COD)$
대치하면, 우리는 $z^\circ = y^\circ + 2y^\circ$를 얻게 되고
$z^\circ = 3y^\circ$가 된다.

그러므로 y°는 $\angle AOB$의 크기의 $\frac{1}{3}$이 되어 $\angle AOB$가 삼등분된다.

프랙탈 구름

(fractal clouds)

자연은 그 자체에서 황홀한 프랙탈로 복제되어 놀라움을 자아내고 우리를 깜짝 놀라게 하는 경우를 서슴지 않는다. 구름 끝 너머 타오르는 태양을 보여주는 이 사진은 컴퓨터로 프랙탈을 복제한 것 같이 보인다.

프랙탈은 분수 차원(fractional dimensions)으로 간주된다. 유클리드 기하에서 한 점은 영차원(zero dimension)이고, 선분은 1차원, 그리고 평면은 2차원이다. 지그재그한 선은 몇 차원일까? 프랙탈의 분야에서 지그재그한 선의 차원은 1차원과 2차원 중간에 놓여 있다고 생각한다. 선분으로 시작하여 눈송이 곡선처럼 세 부분으로 세분화하여 나누면 그것은 1차원과 2차원 사이에 놓이게 된다.

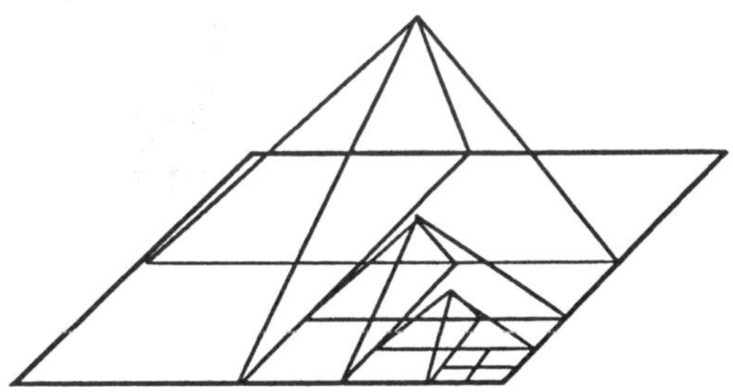

만약 우리가 2차원 대상물인 직사각형으로부터 시작하여 그것을 네 부분으로 나누어 세분화하고 다시 가운데 부분을 중심으로 피라미드를 만든다면 프랙탈의 차원은 2차원과 3차원 사이에 형성된다.

프랙탈과 양치류 식물
(fractals & ferns)

프랙탈의 기하는 우리 모두에게 자연의 기하라고 알려져 있다. 프랙탈은 유클리드 기하의 대상이라 확신할 수 없는 자연계의 물체를 구현하기 위한 수학적 연구 대상의 단서를 제공한다. 끝없이 생성되는 패턴, 즉 그 자체가 보다 작아지는 형태로 계속적으로 복제되는 패턴의 기하학적 프랙탈을 생각해 보자.

그래서 기하학적 프랙탈의 한 부분을 확장시키면 원래의 모양과 똑같이 된다. 반대로, 원의 한 부분이 확장되면 덜 굴곡져 나타나기 시작한다.

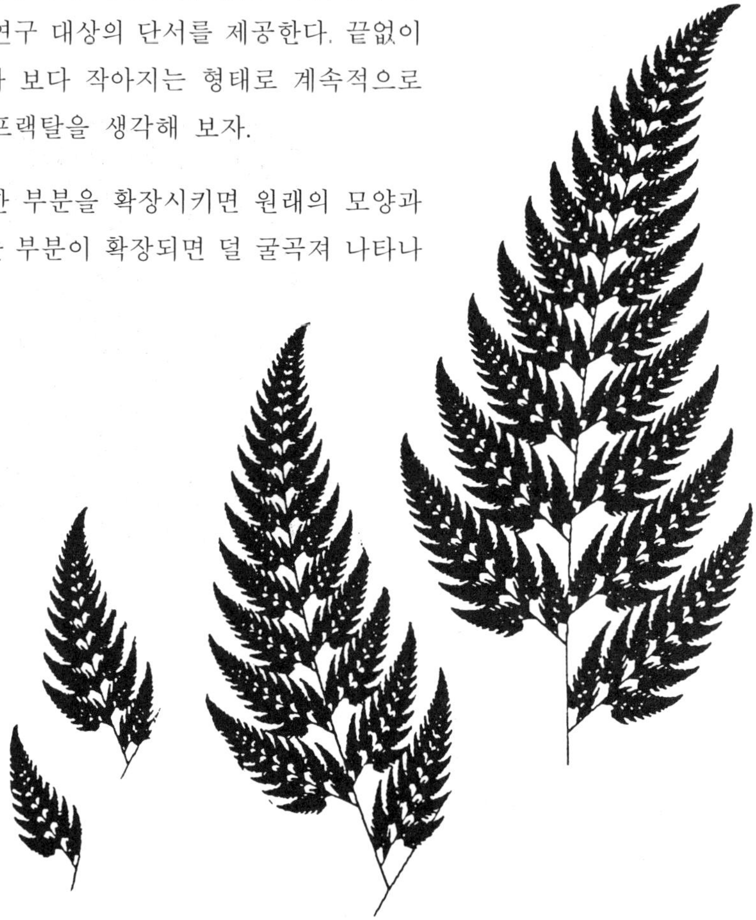

양치류 식물은 프랙탈 복제의 이상적인 예라고 볼 수 있다. 만약 프랙탈 양치류 식물의 어떤 한 부분이 빠져 있다면, 원래의 양치류 식물의 잎에도 똑같이 나타난다. 프랙탈 양치류 식물은 컴퓨터 상에서도 그릴 수 있다.

숫자의 발전
(the evolution of numbers)

숫자의 발전과정을 짧게 요약하는 것은 거의 신성모독인 것처럼 보인다. 어디서, 언제, 어떻게, 자연수, 전수(whole number), 정수, 유리수, 무리수, 허수, 실수, 복소수가 출현하여 발전되어 왔는가?

수학 연구에서 대부분의 아이디어들처럼 그들은 우연히, 필요에 의해, 호기심에 의해, 탐구과정에서 필요한 것을 아이디어의 영역으로 추진하는 과정에서 진화되었을 것이다.

다양한 문제들을 푸는 것을 좋아해야 한다는 것과 수의 특정한 집합으로 제한해야 하는 것을 상상하기 어렵다. 종종 공인된 문제들은 공역과 치역을 제한하여 만들어지지만, 최소한 우리는 다른 형태의 숫자를 알아야만 하며 그런 문제는 바로 연습문제가 된다.

우리는 모든 복소수를 쉽게 다룰 수 있으나, 방정식 $x+7=5$에서 x의 값과 음수에 대한 내용을 모르는 상태에서 해를 구하는 문제를 상상해 보자. 아마 문제에 오류가 있다, 해가 존재하지 않는다, 방정식[25]이 틀렸다와 같이 다양한 반응들이 나올 것이다. 그러나 다행히도 위험을 기꺼이 감내하고 방정식의 해는 아직 발견되지 않았지만 수의 영역일 것이라 확신하는 대담하고 당당한 수학자들이 있었고, 결국 한 단계 진일보하여 새로운 수 집합으로 정의되었다. 위에 주어진 방정식의 해를 풀기 위하여 음수를 창안하는 흥분 또는 불확실성을 상상해 보아라. 이와 동일한 흥밋거리

25) 아랍 문서들은 유럽에 음수를 전수해 주었지만, 16세기와 17세기의 대부분의 수학자들은 이들 수를 받아들이지 않으려 했었다. 15세기 니콜라스 쇼퀘(Nicholas Chuquet)와 마이클 스티델(Michael Stidel)은 엉터리 같은 음수를 언급했다. 비록 예롬 카단(Jerome Cardan)은 방정식에 대한 해로 음수를 부여했지만, 그는 그들을 불가능한 답으로 생각했다. 심지어는 블레이스 파스칼도 "나는 영에서 4를 구하기 위하여 영이 남아있는 것을 이해할 수 없는 그 수들을 알았다."라고 말했다.

는 그들이 수집합의 존재성에 대한 공리를 만족하는지 알아보기 위하여 새로운 이 수들을 검증하는 것이다.

서로 다른 수들의 기원에 대한 특정한 시대와 지역을 분명하게 파악하기는 불가능하지만, 우리는 새로운 유형의 수를 발명하는데 요구될 수 있는 유사한 형태의 문제와 시나리오들을 재현할 수 있다.

지구상의 서로 다른 지역에 있는 사람들은 수세기 동안 끝까지 자연수만을 사용하였다. 아마도 그들은 이 수 외에 더 이상 다룰 필요가 없었을 것이다. 물론 자연수를 표현하는 기호와 표기체계는 문명과 문화에 따라 달랐다.[26]

처음 영(zero)의 출현은 바빌로니아인들이 점토로 만든 평판에 표기했던 2천 년 전으로 거슬러 올라간다. 그것은 점토로 만든 평판에 첫 번째 공간이었고, 후에 두 기호 와 을 사용하여 영

26) 바빌로니아인들은 1에 대한 기호로 와 10에 대한 기호 를 사용하여 자연수 표기체계에 대한 진수체계를 갖고 있었는데, 이집트인들은 진수체계를 갖고 있지 않았으며 1에 대한 기호로 와 10에 대한 기호로 을, 100에 대한 기호로 , 1,000에 대한 기호로 등을 사용하였다.

을 표기하였다. 그러나 여기서 영은 숫자 영을 나타내기보다는 자릿수로 사용하였다. 마야와 힌두의 수체계에서는 처음부터 영을 자릿수와 숫자 영으로 둘 다 사용하였다.

그 다음 유리수가 출현하게 되었다. 인간은 빵조각 같은 전체 양을 나누어야 할 필요성을 느끼게 되었다. 비록 이 수들을 나타내기 위한 기호들이 고안되지 않았지만, 고대인들은 분수의 양이 존재한다는 것을 알았었다. 예를 들면, 이집트인들은 입에 대한 상형문자로 을 사용했고, 분수에 대한 표기로, 예를 들면,

은 $\frac{1}{3}$, 은 $\frac{1}{10}$, 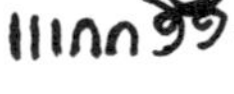은 $\frac{1}{223}$을 사용했다.

그리스인들은 다양한 양을 나타내기 위하여 선분의 길이를 사용하였다. 그들은 직선상의 모든 점들은 자연수와 유리수만으로 채울 수 없다는 것을 알았다. 우리는 이 당시에 무리수가 도입되었음을 알 수 있다. 여전히 문제는 남아있는데, 두 변의 길이가 1인 직각이등변삼각형에 피타고라스 정리를 적용하여 구한 빗변의 길이 $\sqrt{2}$[27]가 첫 번째 무리수인가 또는 황금직사각형의 이용에 따라 발생한 황금비 ϕ, 즉 $(1+\sqrt{5})/2$가 첫 번째 무리수인가? 하여튼 우리는 무리수가 이 당시에 사용되었음을 알 수 있다.

역사를 되새겨보면 오래된 문제를 풀기 위한 새로운 수의 발견은 동시에 새로운 문제를 만들어낸다는 것을 보여주었다. 새로운 수 집합의 발견은 하나였지만 정의와 논리적 체계를 유추하는 것과 그를 수용하고 일상에서 널리 사용하기까지는 여러 해가 걸려

27) 그들은 무리수를 약분할 수 없는 비율에 속하는 것이라 했다. 이 수의 기원에 대해 가장 근접한 이야기는 창안자로서 B.C. 5세기경 히파수스(Hippasus)라고 생각된다. 그는 항해 중이었고 전하는 바에 의하면 피타고라스학파를 신봉하는 사람들에 의해 배 밖으로 던져졌다고 한다. 피타고라스학파 사람들은 그의 발견으로 인하여 모든 사물들은 전수 또는 그들의 비율로 줄일 수 있다는 그들의 논리에 대한 이의가 제기되었기 때문에 무척 당황했었다. 그럼에도 불구하고 $\sqrt{2}$가 무리수라고 간접적으로 증명한 사람들도 피타고라스학파 사람들이었다.

진화[28]되었다. 심지어는 17세기까지도 음수는 유럽의 수학자들에게는 받아들이기 어려웠었다. 제곱근의 사용은 어느 특정한 수의 집합에 제한되지 않았기 때문에 허수 $\sqrt{-1}=i$가 창안되었다. 인류의 대다수에 걸친 문화는 다항식을 다루고 있는데 그들의 해를 구하기 위해 허수 사용이 요구되었다. 그러한 방정식중의 하나가 $x^2=-1$이다. 자, 이제 범주적 집합과 함께 이 수들을 모두 결합하기 위하여 고안되어야만 했다. 특히 $x^2+2x+2=0$과 같이 이차방정식의 해를 구하기 위해 나오게 된 것이 복소수이다. 복소수($a+bi$ 형태를 가진 수로서 a, b는 실수이고 $i=\sqrt{-1}$이다)는 16세기에 소개되었다. 위에서 소개된 모든 수들은 복소수로 분류된다. 즉, 실수는 허수 부분이 모두 0인 복소수이고, 허수는 실수 부분이 모두 0인 복소수이다.

허수와 복소수들은 기하학적으로 표시할 때 보다 분명해진다. 그리스인들은 수직선 상에 실수와 그들의 위치를 나타내기 시작했고, 복소수는 복소평면을 이용하여 묘사하였다. 평면 상의 모든 점은 단지 하나의 복소수를 나타낸다. 방정식 $x^5=1$의 다섯 개의 해는 그래프식으로 표현될 수 있다.

복소수는 2차원 공간의 점들을 나타내기 때문에 고차원에서 점들을 표시할 수 있는 수들이 무엇인지 물어보는 것이 논리적인 추이인 것 같다. 여기서 우리는 4차원 공간에서 표시되는 수로 널리 알려진 4원수(quaternion)를 찾을 수 있다. 남아있는 문제는 수에 대한 것들이 여기서 그치는가 하는 것이다. 새로운 수학적 아이디어가 개발됨에 따라, 종종 새로운 수가 응용되어 나온다.

콜라주에 있는 목록을 찾아보아라. 그들 모두 복소수로 분류되는가?

28) 비록 논리적 토대가 전수, 유리수, 무리수, 음수를 연구 대상으로 삼기 위해 것은 아니었지만, 힌두와 아랍인들은 계산에 있어 이 수들을 자유롭게 사용했다. 그들은 자산과 부채에 대한 명목적인 가치로서 양수와 음수를 응용하였다. 그들의 이런 작업은 주로 계산에 집중하였고, 기하학적 타당성에 관해서는 현저하게 눈에 띄지 않았다. 결과적으로 그들의 산술은 기하학과는 독립적이었다.

3중 교차점-자연에서 수학의 출현
(triple junction-a mathematical occurrence in nature)

자연계의 현상을 설명하기 위하여 과학자와 수학자들은 자연적으로 나타나는 결과를 예측하는 데 도움을 주는 공식, 패턴, 숫자들을 발견하려고 무척 노력한다. 알고 있는 것처럼 자연 현상은 항상 일정한 패턴을 따르지는 않지만, 어느 정도의 수학적 개념은 자연 현상의 주기적 현상을 설명하는 데 도움을 준다.

어떤 자연 현상이 지향하는 균형점으로 *3중 교차점*을 생각해 보자.

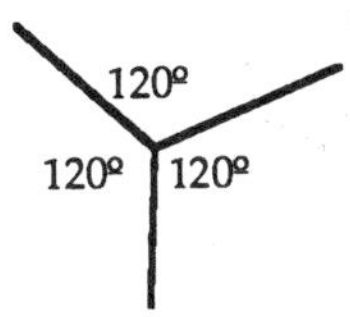

3중 교차점은 근본적으로 세 선분이 만나는 점이다.
교점에서 이루는 각은 각각 120˚이다.

많은 자연 현상은 한계 또는 공간의 이용 제한에 따른 결과로 발생하며, 필연적인 결과로 이들 중의 여러 현상들이 3중 교차점으로 나타난다. 우선 표면장력(surface tension)을 생각해 보자. 표면장력은 표면에서 가능한 크게 그 표면적이 작아지도록 작용하는 힘이다. 이런 결과 각각의 비눗물 방울은 주어진 공기 양에 대하여 표면적을 줄이는 방법으로 일정한 양의 공기를 포함한다. 이런 논리적 이유로 각 비눗방울이 동그란 구형을 왜 만드는지 설명해주고, 반면 거품과 비눗물처럼 기포의 가장자리는 3중 교차점(120˚의 세 각)을 이룬다.

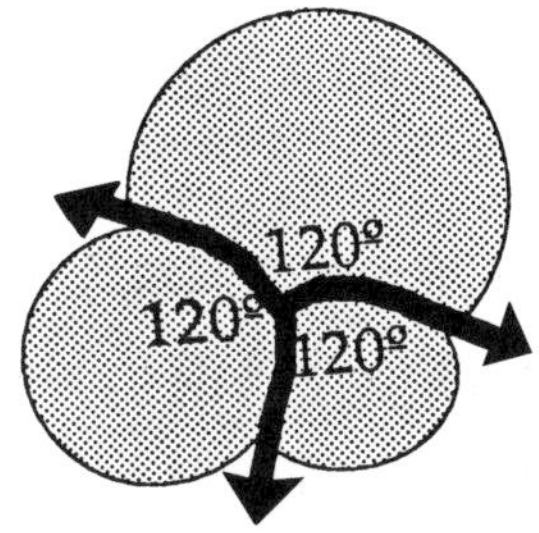

세 비누 거품은 3중 교차점에서 만나 밀집형태를 이룬다.

다음으로 거북등 표면의 구조나 연이어 연결시켜 만든 롤빵이 납작한 냄비에서 부풀어 오른 특성을 살펴보자. 각각의 경우 경계에 의해 제한되어 만들어지고, 이들 대상물은 밀폐되어 포장된 것처럼 생긴다. 거북등 껍질은 성장함에 따라 이스트가 빵을 부풀게

할 때 납작한 냄비에서 롤빵이 만들어지는 것처럼 서로를 밀어 낸다. 그 결과 모든 틈새들은 메워지고 표면 연결은 최소화된다.

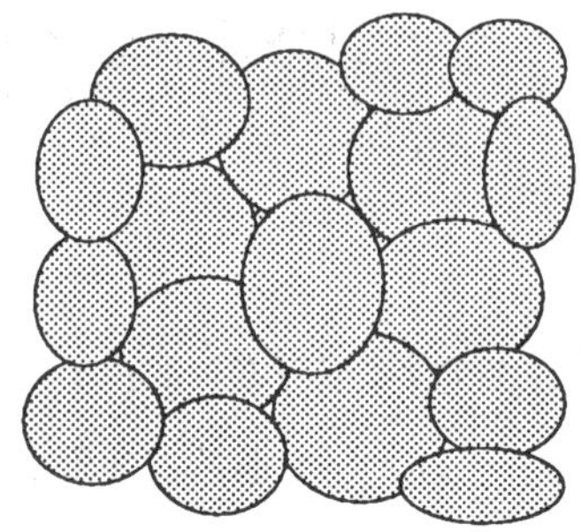

납작한 냄비에서 롤빵의 동화작용

얼룩말, 기린, 뱀의 비늘, 참새의 깃털, 물고기 비늘의 특징적인 패턴들에서 3중 교차점이 자주 나타난다. 3중 교차점의 다른 예로는 바나나, 옥수수, 벌집, 거품 등에서 찾아볼 수 있다.

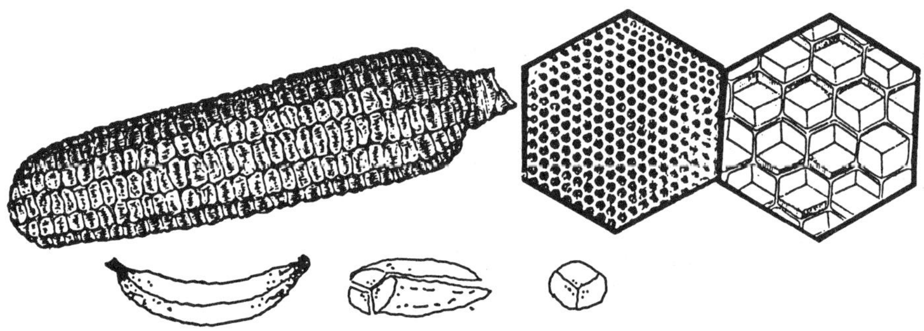

옥수수 알맹이 구성, 벌집의 육각형 봉방, 바나나의 내부 구조들은 3중 교차점의 예들이다.

3중 교차점이 나타나는 또 다른 자연적인 산출은 대지, 돌 같은 탄성물질(유약 같은 비탄성물질과 대비되는 것)의 열분해이다. 진흙을 건조하는 과정에서 분자 구조 내부에는 서로 팽팽히 잡아당기는 주도권 싸움이 일어난다. 강도가 너무 세면 힘은 흙을 3중 교차점으로 분산시킨다. 여기서 자연의 제한은 쪼개진 틈의 크기를 최소화하고자 한다. 주름살과 같이 자연의 제한은 수축(건포도의 표면처럼) 또는 확장(사람 두뇌의 성장처럼)으로부터 최소한의 잔재를 만들려 한다. 3중 교차점은 산마루나 계곡의 주름에서 잘 나타난다.

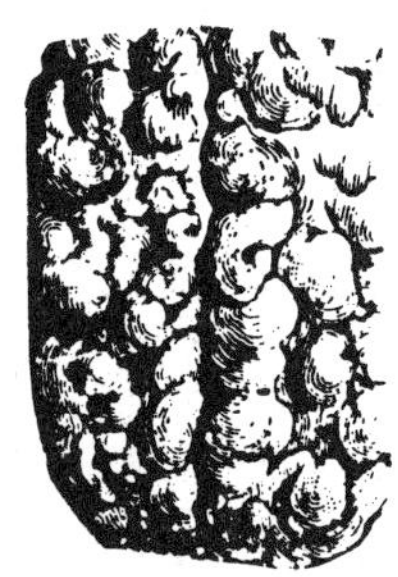

3중 교차점은 계곡과 인간 두뇌의 용마루에서 나타난다.

수많은 자연현상들이 3중 교차점과 또 다른 다양한 형태들에서 나타나는 힘과 환경의 결합에 의해 설명될 수 있다. 이 모든 예제에서 보는 것처럼 자연은 어떤 제한, 공간 또는 표면의 이용 가능한 상황 하에서 반드시 작용한다. 함수의 1차 도함수, 2차 도함수를 사용하거나 또는 생산성 문제(productivity problem)의 최대값과 최소값을 풀기 위하여 선형대수학을 이용하여 함수의 최대값과 최소값을 찾는 다양한 수학적 연산이 있다. 자연현상은 그들의 창조물을 발전시켜가는 과정에서 일이나 에너지를 최소화하는 길을 택한다. 공교롭게도 3중 교차점은 자연의 특별한 작품들 몇 개를 묘사하는 수학적 회상에 빠져들게 한다.

거북의 등판은 3중 교차점을 이룬다.

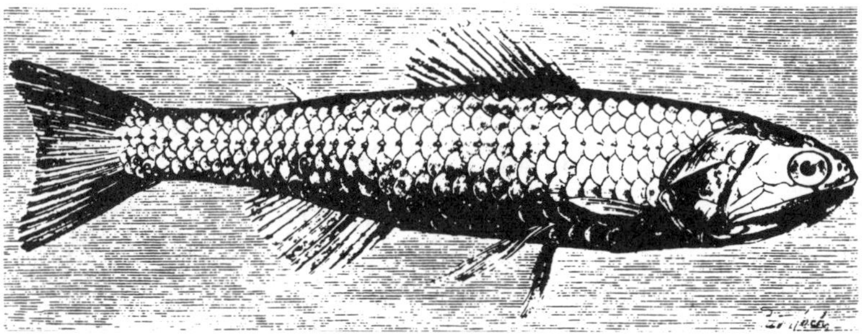

3중 교차점은 물고기의 비늘의 구조에서도 나타난다.

다각수

(polygonal numbers)

다각수는 그 형태가 아래 그림에서 설명한 것처럼 정다각형의 형태와 연결되는 숫자이다.

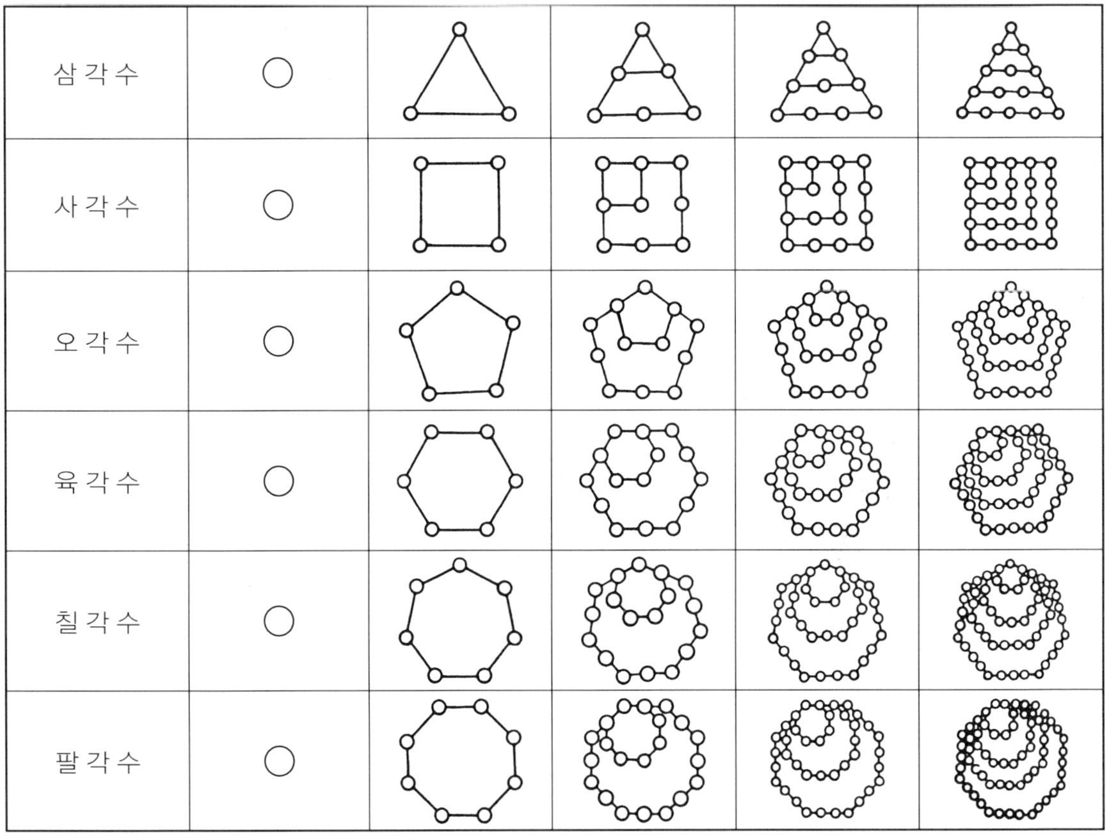

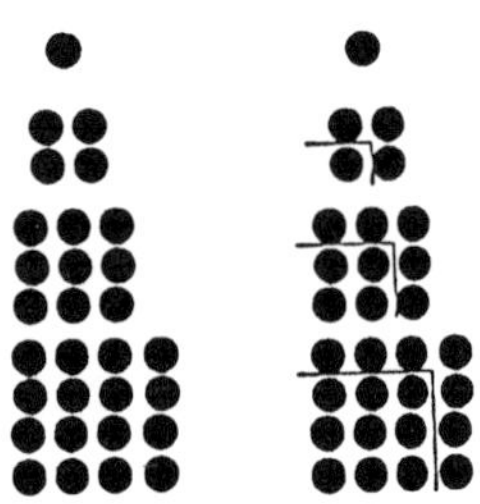

$=1$

$=1+3=4=2^2$

$=1+3+5=9=3^2$

$=1+3+5+7=16=4^2$

수학적 성질들은 그 숫자가 만드는 형상을 연구함으로써 발견되었다. 예를 들면, 사각수의 형태를 연구함으로써 홀수 급수의 합이 결정된다.

즉 $1+3+5+7+9+11+13+\cdots=?$

조화 삼각형
(the harmonic triangle)

각 항이 윗 행의 바로 아래 측면에 있는 두 항의 합이 되는 파스칼의 산술 삼각형[29]과 달리, 조화 삼각형의 각 항은 그 항 바로 아래 대각선 상과 오른쪽 위 대각선 상에 있는 모든 항들의 합과 같다. 이런 사실은 어떤 무한급수에 대한 몇 가지 흥미로운 정보를 보여준다.

1/1	1/2	1/3	1/4	1/5	1/6 ⋯
1/2	1/6	1/12	1/20	1/30 ⋯	
1/3	1/12	1/30	1/60 ⋯		
1/4	1/20	1/60 ⋯			
1/5	1/30 ⋯				
1/6 ⋯					
⋮					

(1) 첫 번째 선 상에 있는 항들은 발산하는 조화급수를 이루지만 다른 모든 급수들은 수렴한다.

(2) 두 번째 선 상에 있는 항들은 삼각수의 역수에 $\frac{1}{2}$한 수로 총합은 1이다.

(3) 세 번째 선 상에 있는 항들은 피라미드 수(피라미드에 기반을 둔 삼각형 모양의 수)의 역수에 $\frac{1}{3}$한 수이고, 조화 삼각형을 언급하면서 그들은 $\frac{1}{2}$ 밑에 있는 항들과 그 오른쪽 선 상에 있는 항들이며 총합은 반드시 $\frac{1}{2}$이다.

(4) 또한 조화 삼각형의 항들에서 각 항은 그 항의 바로 위에 있는 항과 오른쪽 항의 차가 되는 일정한 성질을 갖고 있다.

29) 파스칼의 산술 삼각형에 대한 부가적인 정보는 267~268쪽을 참조하기 바란다.

샘 로이드의 어려운 저울
(Sam Loyd's puzzling scales)

이 퍼즐은 미국의 유명한 퍼즐가인 샘 로이드(Sam Loyd)에 의해 제기되었고, 1914년 퍼즐 백과사전(Cyclopedia of Puzzles)에 나온다.

얼마나 많은 컵들이 병과 균형을 유지하는가?

→ 해답은 부록을 참조하기 바랍니다.

통계-수학적 처리
(statistics-mathematical manipulations)

평균값, 평균, 중앙값, 퍼센트, 최빈값, 백분위수, 그래프 등은 모두 수치적 값을 다루는 방법들이다. 두 수 6과 8을 선택하자. 사람들은 비율 6:8, 분수 3/4, 퍼센트 75% 등 다양한 비교를 한다. 어떤 상황을 설명하기 위하여 실험하는 가운데 수치적 데이터 값들을 모으는 순간, 우리는 통계의 영역 속을 탐구하기 시작한다. 도움을 주거나 잘못 현혹되든지 간에 통계는 항상 영향력을 미친다.

다음과 같은 다양한 현상들을 예측하기 위하여 사용되곤 한다.

대통령 후보(갤럽 여론조사); 통계적 성적(SAT 점수); 경제 상황(인플레이션 수치, GNP 성장 수치, 실업 수치, 이자율의 증감치): 다우존스 평균(주식 시장의 평균 시세); 보험률; 인구 통계 데이터; 날씨 예보; 약물에 대한 효능 및 부작용에 대한 약리학적 분석; 도박에서 승률; 바다의 파도와 조수의 빈도수

통계의 변역(domain)은 계속적으로 증대되고 있다. 모든 통계적 분석의 최종 결과를 살펴볼 때, 우리는 데이터를 과장해서 해석하지 않도록 주의해야 한다. 가장 주의해야 할 점은 표본의 크기를 잘 알고 택해야 하며, 정보를 수집하기 위한 방법이 수집된 다른 표본과 일치해야 한다. 예를 들면, 만약 특별한 선거에서 출구조사를 실행한다면, 표본은 무작위 추출하고 가능한 많아야 한다. 만약 조사가 한쪽에 편중된 이웃을 상대로 실행되었다고 상상해보면, 그런 조그만 조사에 기반을 둔 예측은 우스꽝스러운 결과를 초래하게 될 것이다.

일간지에서 "일간 인콰이어(Daily Enquirer)에 의해 진행된 여론조사에서 이 조사에 응한 75%가 올해 인플루엔자에 걸렸다."라고 기사화했다고 가정해보자. 이 기사에 따르면 일부 몇 사람들은 성급

하게 인구의 75%가 거의 인플루엔자에 감염되었다고 결론을 내린다. 일간 인콰이어는 그 여론조사의 표본 크기를 제시하지 않았다. 그들은 어쩌면 그들 사무실에 근무하는 네 사람만 조사했고, 그 중 3명이 인플루엔자로 고생했을 수도 있다. 그 누구도 표본의 크기와 어떻게 표본이 무작위 추출되었는지 알지 못하기 때문에 결론을 내릴 수 없다. 그러나 종종 통계가 주어졌을 때 그런 데이터가 언급되지 않는데, 이는 아마도 간과되거나 심지어는 고의적으로 빠뜨리기도 한다.

통계치를 조작하는 또 다른 방법은 표본의 꾸밈을 바꾸는 것이다. 예를 들면, 실업률 측정을 위한 방법이 공기업과 사기업에서 일자리를 갖지 못한 사람의 수에 기초하였다고 가정해 보자. 그러면 1980년 이후라고 가정하고, 또한 통계는 군복무 중인 군인들을 포함하였다. 이 경우 군복무 중인 사람은 고용된 것으로 간주되었기 때문에 당연히 고용된 사람의 수는 증대된다. 그러므로 1980년 이전과 1980년대의 실업률 통계의 비교는 타당치 못하다.

컴퓨터의 소개와 수집 능력의 향상으로 엄청난 양의 데이터를 빠르게 분류하고 해석하며, 통계적 데이터와 정보는 조사 기관에서 분석을 편향되게 하지 않거나, 결과를 조작

하려고 하지 않는 한 더욱 신뢰할 수 있다. 통계의 영향과 힘은 대단하다. 그것은 개인을 설득하거나, 체념하게 할 수도 있다. 예를 들면, 만약 그들의 투표성향이 최종 결과에 이르기까지 변하지 않는다면, 특히 만약 통계가 여론조사가 끝나기 전 수시간 전에 출구조사 경향이 한 방향으로 가고 있음을 보여 준다면, 그들이 투표를 하는데 더 이상 추가적인 노력을 하지 않을 것이다.

통계는 매우 강력하고 설득적인 수학적 도구이다. 사람들은 인쇄된 숫자에 대단히 집착한다. 어떤 상황에 수치적 값을 부여하여 묘사될 때, 보고서의 타당성은 보는 사람들에게 더욱 증대된다. 잘 알지 못하는 사람의 관점에서 본 데이터나 단순한 독자의 관점에서 본 빈약한 데이터는 어떤 거짓말과 같이 믿지 못할 것임을 통계학자들이 알아야 할 의무이다.

커피와 도넛의 수학

(the mathematics of coffee & donuts)

도넛과 커피 머그잔은 위상수학적으로 동치인 대상체이다.

두 물체 모두 정확히 한 개의 구멍을 갖고 있으며 머그잔을 늘이고, 비틀고, 주물러서 도넛으로, 반대로 도넛을 머그잔으로 만들 수 있다.

위상수학(topology)은 그런 변형 하에서 변화되지 않고 남아있는 대상물의 특성을 연구한다. 예를 들면,

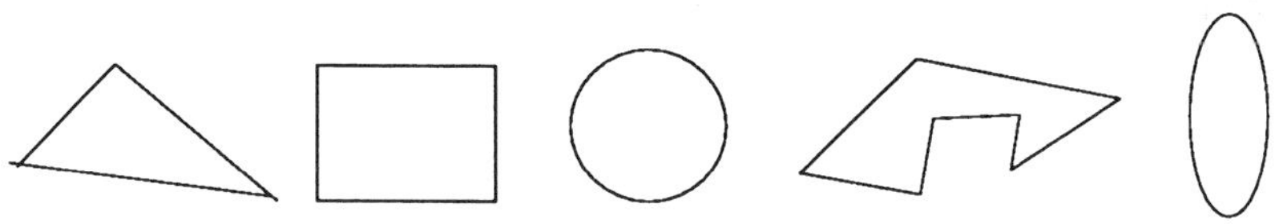

은 모두 동치이다. 위상수학에서 여러분은 대상물을 늘이거나 당길 수 있는 고무 종이나 고무판 위에 존재하는 것으로 생각하면 된다. 위의 그림에서 보는 모든 모양은 탄성 기하에서 같은 형태로 변환될 수 있어 서로 동치이다. 위상수학은 크기, 모양 또는 단단한 모양들을 다루지 않는다. 위상수학에서 얼마나 긴지, 얼마나 큰지의 특성은 의미가 없지만 어디서, 무엇 사이에, 내부 또는 외부의 성질들은 연구된다. 그러면 어떻게 도넛이 커피 머그잔으로 변형되는지 살펴보자.

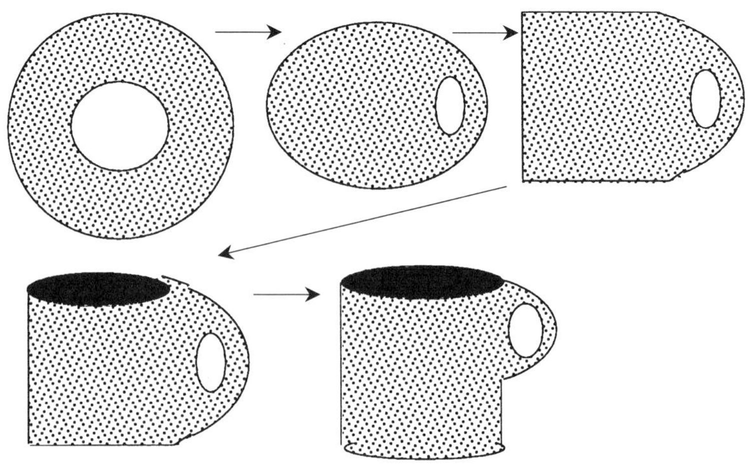

수학적으로 설계된 가구

(mathematical furniture)

창의적인 마음은 그들이 추상적인 수학적 아이디어들을 일상생활에 적용하여 이용하는 것을 발견할 때 비로소 발휘하게 된다. 예를 들면, 뫼비우스 띠는 전체적으로 균등하게 닳게 하는 한쪽 팬벨트를 만들기 위한 모델로서 사용되었다.

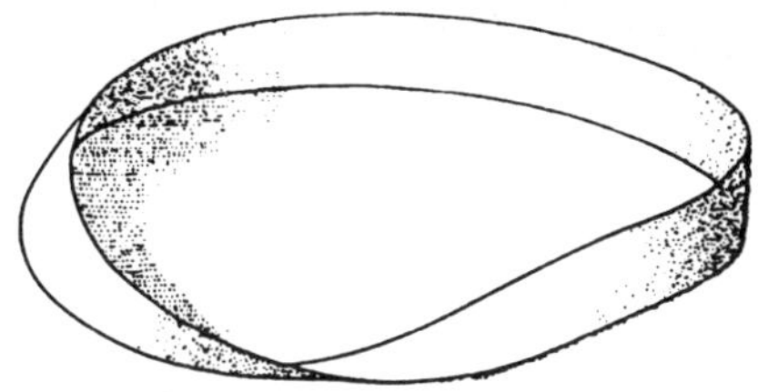

4면체는 액체 음료를 넣어 두기 위한 용기 제작에 사용되었으며, 프랙탈은 환상적인 풍경을 창출하기 위하여 컴퓨터를 이용하여 생성되었다.

4면체 용기는 실린더 형태의 종이 두루마리로부터 만들어진다.

4면체 용기

우선 세 발 의자를 생각해 보자. 동일 직선 상에 있지 않는 세 점은 평면을 결정한다는 수학적 개념에서 한 다리가 다른 다리보다 짧을 때 왜 네 발 의자가 흔들거리는지, 반면 세 발 의자는 항상 안정적인지 설명해준다(세 발 의자의 각 다리는 한 평면에 단지 하나만 남아있다).

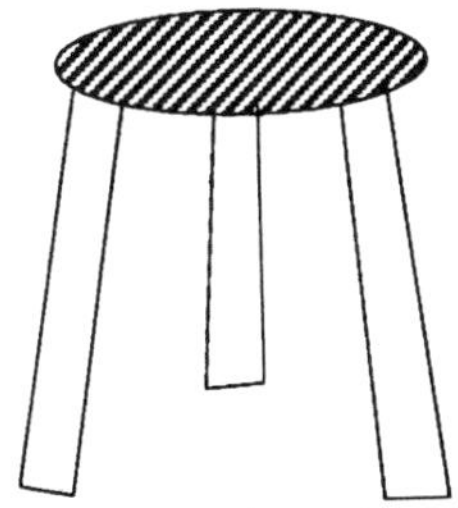

버들 칠교놀이의 7개 조각과
버들 칠교놀이 정사각형 모양

버들 칠교놀이(tangram)는 19세기 가장 인기 있었던 퍼즐 중의 하나였던 중국인들의 퍼즐이다. 버들 칠교놀이는 7개의 조각으로 이루어져 있는데, 다섯 개는 이등변직각삼각형이고, 하나는 정사각형, 다른 하나는 평행사변형이었다. 이 모든 7개의 조각을 이용하여 1,600개가 넘는 디자인들이 여러 해에 걸쳐 창안되어 왔다. 그들은 전통적인 버들 칠교 정사각형에서부터 낙타, 고양이, 새, 보트, 사람과 다수의 새로운 대상에 이르기까지 광범위하게 만들었다.

그리고 이탈리아 디자이너 마씨모 모로찌(Massimo Morozzi)는 매력적이고 다기능의 버들 칠교 탁자(Tangram Table)를 창안하였다. 그의 테이블은 제 23회 밀라노 국제 가구 전시회(Salone del Mobile)인 연례 디자인 박람회에 전시되었다. 그것은 흥미로운 버들 칠교놀이의 7개 조각으로 구성되어 있으며, 각 조각에 붙여진 가지각색의 형상을 가진 다리들은 일곱 개의 조각으로 각각 서로 독립적으로 서있다. 그러므로 칠교놀이가 변환될 수 있는 모든 형상들로부터 또한 이 테이블을 가정할 수 있다. 직사각형 모양의 테이블 설치에서부터 변덕스러운 고양이 모양에 이르기까지 배열의 다양성을 조절할 수 있다.

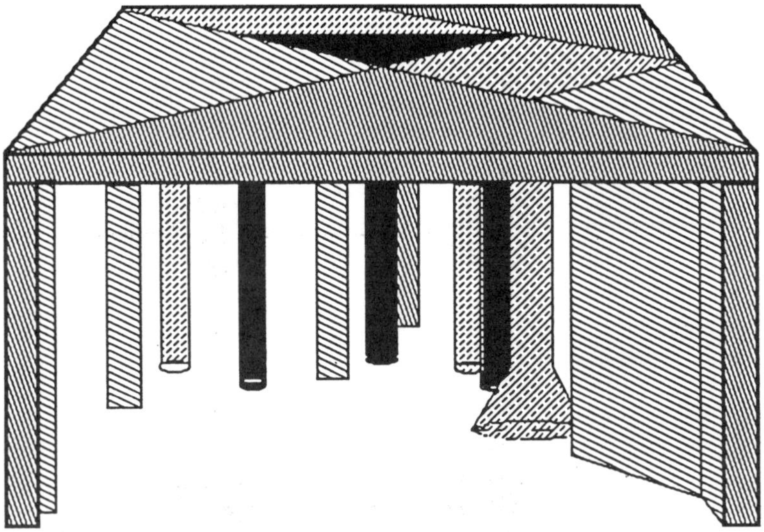

버들 칠교 테이블

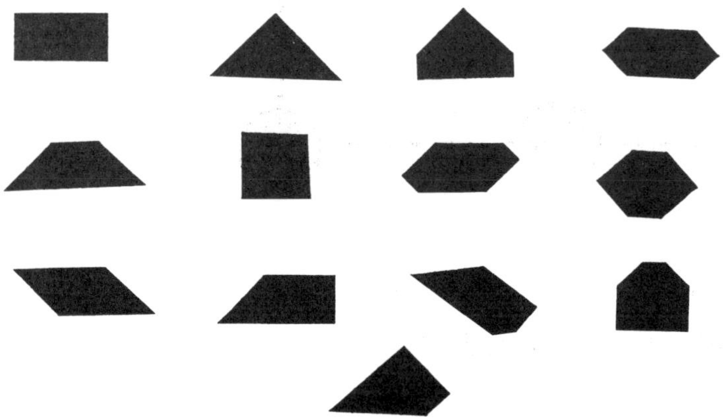

13개의 서로 다른 다각형들은 7개의 칠교놀이 조각을 형성할 수 있다. 그러므로 정사각형 테이블은 이들 모양의 다른 형태로 변형될 수 있다. 여러분은 그들의 구성을 결정할 수 있겠는가?

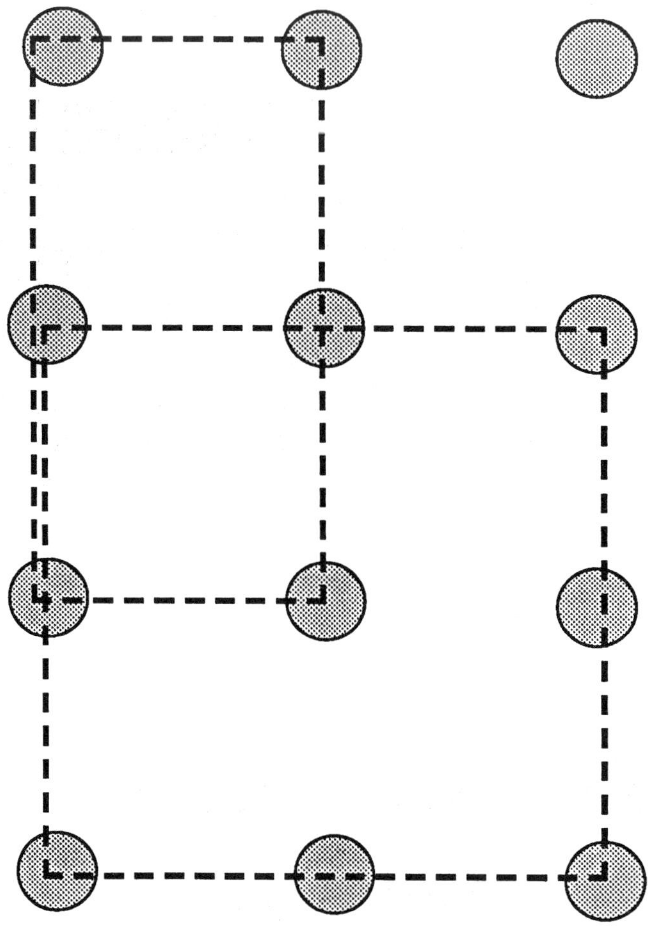

각 직사각형의 꼭짓점에 있는 점들 중 4개가 될 수 있도록 얼마나 많은 직사각형을 이들 12개의 점들로부터 만들 수 있을까?

→ 해답은 부록을 참조하기 바랍니다.

소수의 기하학적 해석
(geometric interpretation of prime numbers)

수학적 아이디어의 기하학적 해석은 종종 또 다른 전망과 시각적 의미에서 개념을 파악할 수 있도록 유도한다. 정의에 의한 소수는 1과 자기 자신 이외에 다른 인수를 갖지 않는 수이다. 이 정의를 기하학적으로 만족시킬 수 있는지 결정해 보자.

12개의 정사각형을 생각해 보자.

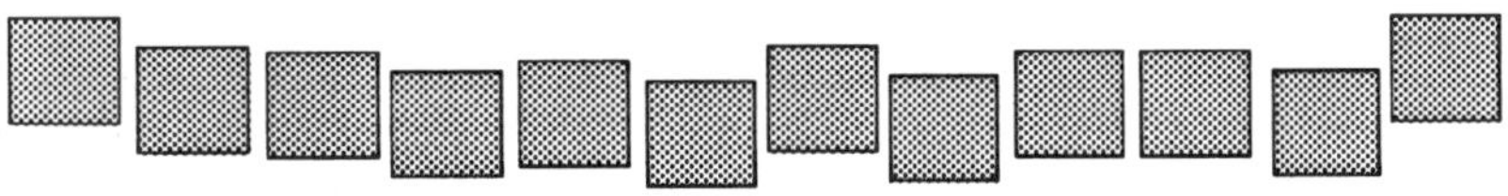

이제 이 정사각형들을 다양한 형태의 사각형들로 재배열한다.

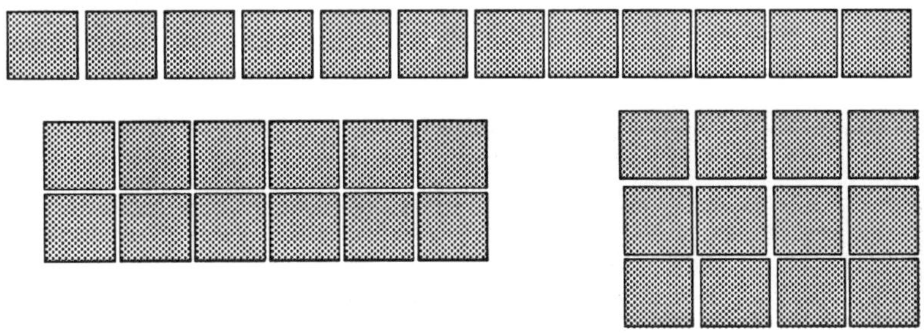

보는 것처럼, 각각의 사각형들은 12의 다양한 인수들을 설명한다. 즉 1×12; 2×6; 3×4처럼 인수는 1, 12, 2, 6, 3, 그리고 4이다.

우리는 만약 한 수가 소수이면, 예를 들면 5처럼, 다음과 같이 단지 한 개의 직사각형만 존재한다는 것을 알 수 있다. 즉 5의 인수는 1과 5뿐이다.

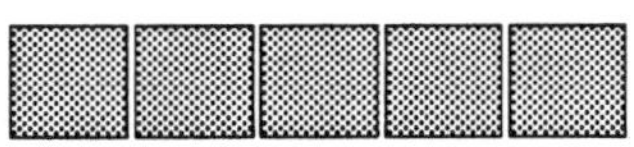

8×8 매직 정사각형 만들기

(making an 8×8 magic square)

여러분은 8×8[30] 매직 정사각형에 집착하여 해결하고자 하는 것을 조금 지나치다고 생각할지 모른다. 그러나 이 경우 매직 정사각형을 구성하는 숫자의 크기는 태클하는 과정의 어려움을 반영하지 않는다. 오른쪽에 설명된 것처럼 정사각형 격자에 1부터 64까지 순차적으로 숫자를 단순히 놓는다. 지시하는 것처럼 선이 그어진 대각선들을 스케치하라. 아래에 주어진 매직 정사각형을 만들기 위하여 점선으로 그려진 선상에 놓여 있는 임의의 수와 그 여수(만약 매직 정사각형의 가장 작은 수와 가장 큰 수의 합이 같을 때, 매직 정사각형에서 두 수를 여수(complement)라 한다.)를 서로 맞바꾼다.

1	2	3	4	5	6	7	8
9	10	11	12	13	14	15	16
17	18	19	20	21	22	23	24
25	26	27	28	29	30	31	32
33	34	35	36	37	38	39	40
41	42	43	44	45	46	47	48
49	50	51	52	53	54	55	56
57	58	59	60	61	62	63	64

64	2	3	61	60	6	7	57
9	55	54	12	13	51	50	16
17	47	46	20	21	43	42	24
40	26	27	37	36	30	31	33
32	34	35	29	28	38	39	25
41	23	22	44	45	19	18	48
49	15	14	52	53	11	10	56
8	58	59	5	4	62	63	1

30) 매직 정사각형은 정사각형 모양에 적절히 조정하여 만든 숫자의 배열로 임의의 행, 열, 대각선 상의 숫자의 총합은 항상 같다. 좀 더 세부적인 사항은 『The Joy of mathematics』의 82～86쪽을 참고하라.

역의 진술-피타고라스 정리를 이용하지 않음

(the converse-without the Pythagorean theorem)

증명

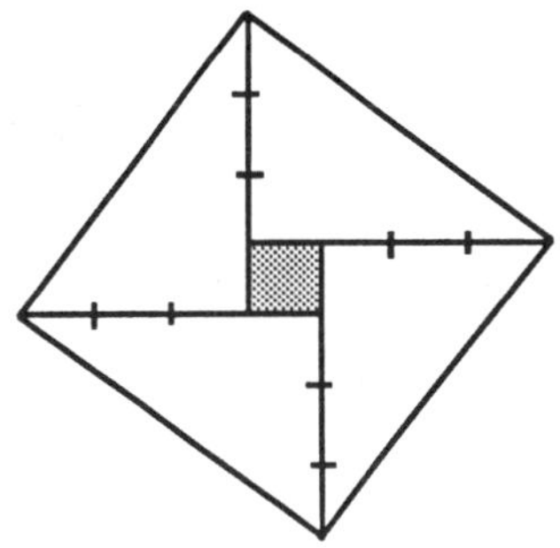

변의 길이가 3, 4이고 빗변의 길이가 5인 직각삼각형에 대하여, 오른쪽에서 보이는 것처럼 변의 길이가 3, 4인 4개의 직각삼각형을 선택하여 정사각형을 만든다. 네 삼각형의 면적의 합은 24제곱 단위이고, 내부 정사각형의 면적은 1제곱 단위가 된다. 이는 큰 정사각형의 면적이 25제곱 단위가 됨을 말해주고, 큰 정사각형의 한 변의 길이가 5임을 보여준다. 그러므로 변의 길이가 3, 4인 직각삼각형의 빗변의 길이는 반드시 5이고 $3^2+4^2=5^2$이다.

이 정연한 증명은 중국의 책 『주비산경』(Chou-pei Suan King, B.C. 300)에 나타난다. 이것은 피타고라스 정리를 사용하지 않고 피타고라스 정리의 역(converse)의 한 예를 증명하기 때문에 특별히 흥미롭다. 변의 길이가 3, 4인 직각삼각형에서 시작하여, 4개의 합동인 삼각형을 이용하여 하나의 정사각형을 만들어낸다. 비록 증명은 특별히 변의 길이가 3-4-5인 직각삼각형을 통하여 설명하였지만, 그 방법은 변의 길이가 a, b인 임의의 직각삼각형에서도 일반화할 수 있고, 피타고라스 정리의 역을 보여주는 아주 훌륭한 방법이다.

증명을 일반화하기 위하여, 그림에 그려진 변의 길이를 a와 b로 표시하고 빗변을 c라 하자. 정사각형의 면적은 두 가지 방법으로 계산할 수 있다.

(1) 네 삼각형의 면적의 합 + 내부 정사각형의 면적 =

(2) 큰 정사각형의 면적

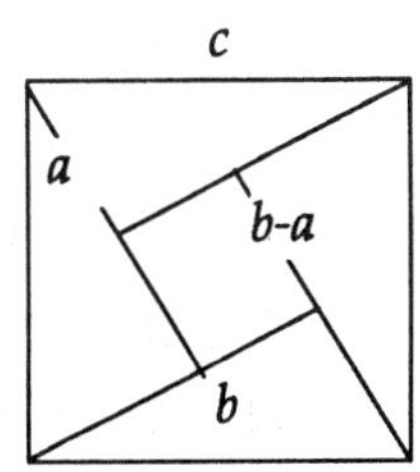

$$\frac{1}{2}(a\cdot b)+\frac{1}{2}(a\cdot b)+\frac{1}{2}(a\cdot b)+\frac{1}{2}(a\cdot b)+(b-a)^2=c^2$$

$$2(a\cdot b)+(b-a)^2=c^2$$

$$a^2+b^2=c^2$$

모든 삼각형은 이등변인가?

(every triangle is isosceles?)

단계 1–3은 그림 1을 참조

1) 임의의 삼각형 $\triangle ABC$를 택한다.
2) $\angle B$를 이등분하여 사선 BD를 긋는다.
3) 선분 AC를 이등분하는 수직선을 그린다. 사선 BD와 선분 AC의 수직 이등분선과의 교점을 E라 하자. 그리고 선분 AC와 수직 이등분선의 교점을 F라 하자.

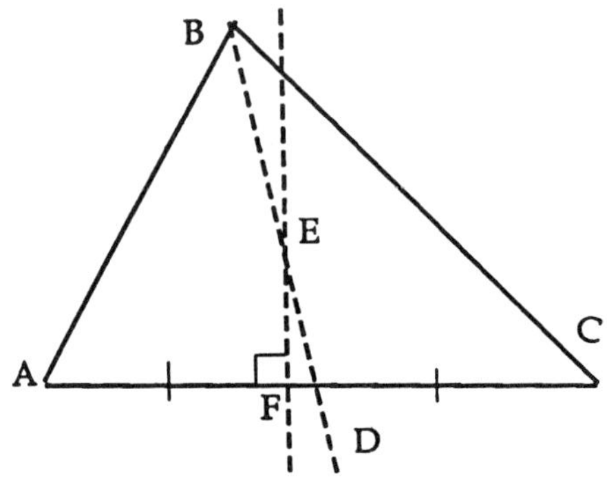

그림 1

단계 4–12는 그림 2를 참조

4) 점 E로부터 선분 AB와 선분 BC에 각각 수직선을 그린다. 각각 이 선분을 EG, EH라고 하자.
5) 선분 AE와 선분 EC를 그림과 같이 그려 놓는다.
6) $\angle B$가 이등분되었기 때문에 $\angle 1 \cong \angle 2$이므로 $\triangle BGE \cong \triangle BHE$ 닮은꼴이다. 2)단계에서 둘 다 직각삼각형이므로 $\angle G = \angle H$이고, 단계 4)에서 $|BE| = |BE|$로 같다.
7) 단계 6)에서 $\triangle BGE \cong \triangle BHE$이기 때문에 $|GE| = |HE|$
8) 선분 EF는 선분 AC의 수직이등분선이기 때문에 $|AE| = |EC|$이다. 그러므로 선분 EF 상의 임의의 점은 점 A와 점 C로부터 등거리에 있다.
9) 단계 7)과 단계 8)에서 볼 수 있듯이 한 쌍의 합동인 변과 한 쌍의 합동인 빗변을 가진 직각삼각형이기 때문에 $\triangle AGE \cong \triangle CHE$이다.
10) (a) 단계 9)에서 합동인 삼각형의 같은 부분이기 때문에 $|AG| = |CH|$이다.

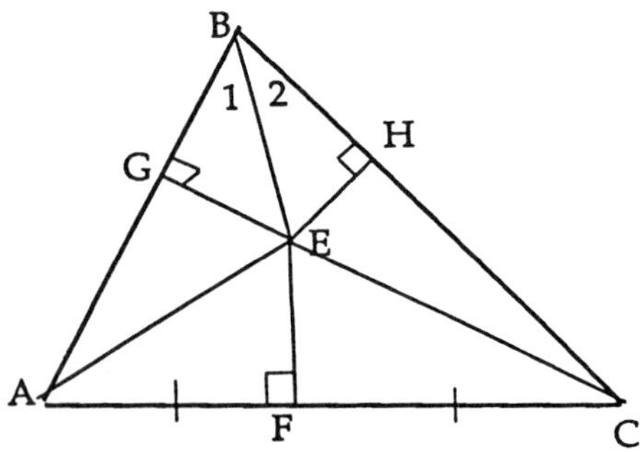

그림 2

(b) 단계 6)에서 합동인 삼각형의 같은 부분이기 때문에
$|BG|=|BH|$이다.

11) 단계 10)에서 같으므로 $|AB|=|BC|$이다.

따라서

12) $\triangle ABC$는 이등변이다.

→ 증명의 오류에 대한 설명은 부록을 참조하기 바랍니다.

완전수 찾기

(in search of perfect numbers)

피타고라스학파 사람들은 전수가 모든 것들의 근본이라 믿었었다. 그들은 심지어 어떤 수들을 의인화하였다. 예를 들면 짝수는 여자였다. 피타고라스학파 사람들은 수의 성질들과 형태들을 연구하였다. 완전수(perfect number)는 그들이 초점을 두었던 수의 형태 중 하나였다. 완전수는 약수들의 합이 자신과 같아지는 수를 말한다. 6은 완전수의 한 예이며, 약수는 1, 2, 3이고 이 약수들의 합은 6이다. 28과 496은 또한 완전수의 예들이다. 유클리드의 원소(Elements) 9권에 있는 마지막 정리는 완전수를 다루고 있다. 그 책에 다음과 같이 기술하고 있다.

6, 8, 496, ?

만약 2^n-1이 소수이면 $2^{n-1}(2^n-1)$은 완전수이다.

$n=2$에 대하여 우리는 완전수 6을 구할 수 있다. $n=4$에 대해 2^4-1은 소수가 아니므로 결론적으로 완전수를 구할 수 없다. 완전수에 대한 조사는 수세기에 걸쳐 수학자들을 애먹였고 또한 당혹케 하였다. 지금까지 어느 누구도 홀수인 완전수(odd perfect number)를 찾지 못했고, 누구도 유클리드[31] 정리의 역－모든 완전수는 $2^{n-1}(2^n-1)$의 형태이며 여기서 2^n-1은 소수이다.－이 존재하지 않는다는 것을 증명하지 못하고 있다. 스위스의 수학자 레너드 오일러(Leonard Euler, 1707～1783)는 모든 짝수 완전수는 이 형태를 갖고 있다고 증명하였다. 완전수에 대한 연구는 오늘날에도 계속되고 있다. 컴퓨터의 도움으로 $n=521$, 607, 1279, 2203, 2281, 3217, 7090, 4253, 4423에 대한 완전수를 찾아냈다. 이들은 단지 $n<5000$인 수들이다. 또한 $n=9689$, 9941, 11213, 19937인 경우도 주어졌다. 여러분은 얼마나 큰 완전수들이 있는

31) 이 문제는 정수론의 가장 유명한 미해결 문제이다.

지 상상할 수 있을 것이다. 예를 들면 1963년 미국 일리노이대 수학과에서는 $n=11213$에 대한 완전수를 발견했다. 그 수는 6751자리이고 22425개의 인수를 갖고 있다.

$\sqrt{2}$ 역동적인 직사각형

($\sqrt{2}$ dynamic rectangle)

역동적인 직사각형[32]은 예술의 수많은 영역에서 나타나는 경향이 있다. 여기서 $\sqrt{2}$ 직사각형이 기라 밸리(Gila Valley)[33] 위에 있는 푸에블로 비에조(Pueblo Viejo)로부터 이 오래된 사발의 형상을 어떻게 둘러싸고 있는지 알 수 있다.

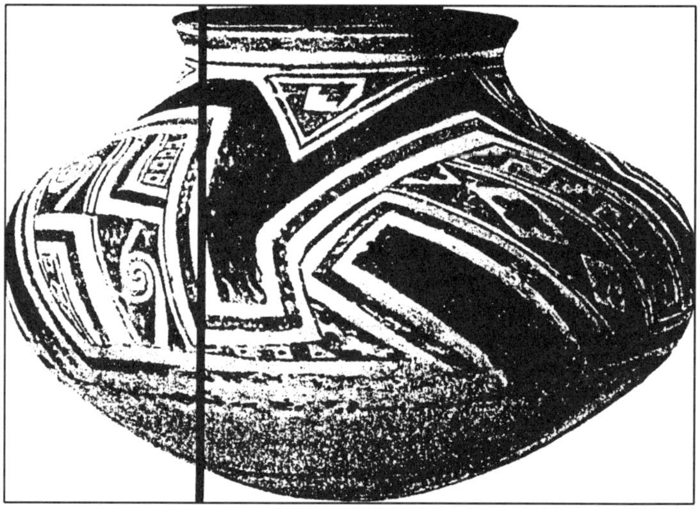

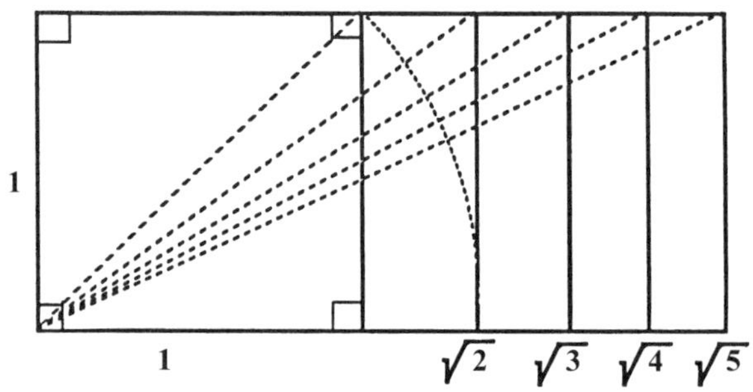

32) 역동적인 직사각형은 단위 정사각형에서 생성되는 직사각형이다.

33) 도버 출판사의 인허가 아래 다시 출판된 Authentic Indian Designs으로 마리아 나일러(Maria Naylor)가 편집하였다.

뫼비우스 띠에 열중하기

(flipping over the Möbius strip)

독일의 천문학자이자 수학자인 오거스터스 페르디난드 뫼비우스(Augustus Ferdinand Möbius, 1790~1868)에 의해 뫼비우스 띠가 만들어진 지 150여 년이 지났지만, 그의 성질들은 아직도 경이롭고 상상력을 자극한다. 1858년에 뫼비우스는 단순한 한쪽 면과 한쪽 테두리만 갖는 특이한 현상으로서 그의 띠를 제안했다. 수년에 걸쳐 수학자, 과학자, 예술가, 작가들은 뫼비우스 띠에 관한 연구 속도를 맞추고자 집중하였다. 아래에 그들이 연구 성과와 찾아낸 것 일부에 대한 연대기가 있다. 그러나 이 아름다운 대상물의 성질들을 즐기는 가장 좋은 방법은 자기 자신의 모델을 직접 만드는 것이다.

뫼비우스 띠와 성질들

- 뫼비우스 띠는 직사각형 모양의 종이 띠를 반 정도 비틀어 양끝을 붙이면 만들어진다.

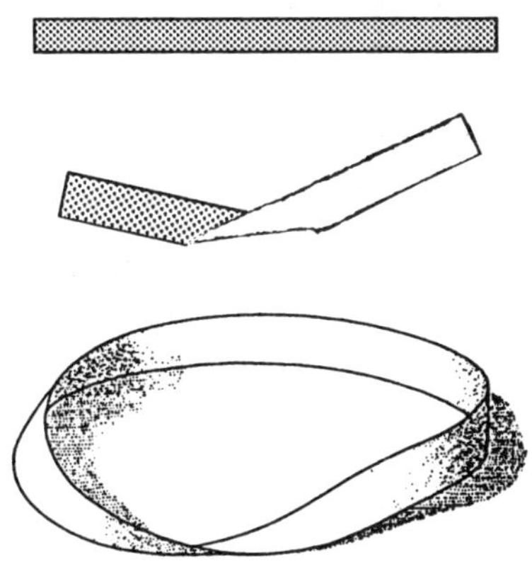

- 뫼비우스 띠가 한쪽 면이고 한 쪽 테두리만으로 되어 있는지 연필로 띠 중앙을 따라 그으면서 테스트 해보자. 연필을 들어 올리지 않고 원래 출발점으로 되돌아오는가? 테두리에 출발 표시 금을 긋고 테두리를 따라 손가락을 돌려 보자. 만약 전체 테두리를 돌고 손가락을 들어 올리지 않고 원래 출발점을 표시한 금에 되돌아 왔다면 그것은 단지 한쪽 테두리만을 갖고 있다.
- 가위를 사용하여 중앙선을 따라 뫼비우스 띠를 자르라. 한 고리의 끝에 도달했는가? 그렇다면, 2개의 면과 2개의 테두리가 되

는 새로운 고리인가? 다시 그것을 잘라서 테스트해 보자. 만약 하나의 고리를 얻는다면, 그것은 양면[34]이 아니다.

- 아주 긴 직사각형 종이 띠를 택하여 띠의 양쪽 중앙을 따라 폭의 1/3을 덮을 수 있도록 두꺼운 선 모양으로 색칠하여라. 그런 다음 이 띠를 비틀어 뫼비우스 띠가 되게 하여라. 가위를 이용하여 색칠해진 선의 테두리를 따라 뫼비우스 띠를 잘라라. 무엇을 구하였는가?[35]

- 뫼비우스 띠의 세계와 일반적으로 깨끗한 표면으로 만들어진 띠의 세계를 상상해 보자. 창조물들은 매우 얇고 거의 투명한 필름의 띠에서 생생하게 살아있다. 2차원 실루엣(그림자 그림)처럼 나타나는 이런 세상에 고양이가 띠 내부의 한 점에서 걷기 시작하여 다시 이 점으로 되돌아왔다고 가정하자. 원래 출발점에 도달하면, 방향이 바뀐 것처럼 고양이는 뒤집어져 있다는 것을 발견하게 된다. 다시 되돌아가면 무슨 일이 일어날까? 만약 2차원 오른쪽 장갑이 고양이와 같은 경로를 따라 가면, 원래 출발점에 도달했을 때 왼쪽 모양이 되었을 것이다. 이런 현상은 3차원 오른쪽 장갑이 4차원 경로를 통하여 왼쪽 장갑이 되는 이치와 유사하다.

- 2차원 평면상에 두 점선을 두 행에 놓아라. 모든 쌍들은 몇 개의 선분을 가로지르지 않고서는 연결할 수 없다. 뫼비우스 띠 위에 이 점선을 놓고 무엇을 할 수 있는지 알아보아라.

---

34) 만약 원래의 고리가 반쪽 비틀린 수가 n개의 홀수일 때, 이를 반분하면 $2n+2$번 반쪽 비틀린 하나의 고리가 된다.

35) 결과는 한 색이 칠하여진 두 개의 고리가 되고, 하나는 원래 띠 길이의 절반이며 다른 것은 원래 뫼비우스 띠와 같은 길이가 된다. 만약 이들 밴드들을 가져다 이웃하게 놓으면 3개의 고리로 나타나고, 색 칠해진 고리는 다른 "둘"로 분리하기 위한 것처럼 보인다. 이는 같은 크기 3개 띠가 되도록 만들 수 있는데, 그들을 반쪽 비틀고 각각 양쪽을 연결하여라.

- 두 번 절반 비튼 띠를 만들고 뫼비우스 띠가 되는지 테스트해 보아라. 중앙을 따라 잘라라. 하나 또는 두 개의 고리가 되는가? 각각 얼마나 많이 절반 비튼 것을 갖게 되는가?[36)]

- 세 번 절반 비튼 띠를 만들고 그것이 뫼비우스 띠가 되는지 테스트해 보아라. 중앙을 따라 자르고, 종국에 하나의 매듭(knot)이 지어진 한 개의 고리가 된다. 이 매듭은 삼엽 매듭(trefoil knot)이 된다.

- 두 개의 동일한 직사각형 띠를 동시에 택하여 이들을 절반씩 비틀어 "이중" 뫼비우스 띠를 만들어라. 그 다음 각각 양쪽 끝을 이어라. 실제로 이것은 두 개의 뫼비우스 띠가 서로 함께 접해 있는가? 손가락을 그들 사이에 놓고 돌려보아라.

  – "이중" 고리는 접해있지 않다. 여러분은 네 번 절반 비틀린 한 개의 고리를 발견할 수 있다.
  – 양쪽 부분을 동시에 중앙을 따라 절단해 보자. 여러분은 두 개의 연결된 고리를 얻게 될 것이다.
  – 새로운 "이중" 뫼비우스 띠를 만들고 윗 고리의 중앙을 따라 절단하기 시작하거나, 연필로 중앙을 따라 선을 그어 추적해 보자. 여러분은 두 개의 연결된 고리를 얻게 될 것이다.
  – "이중" 뫼비우스 띠의 테두리는 평행하며 분명하게 나타난다. 그것들이 존재하는가?
  – "이중" 뫼비우스 띠에 대한 몇 가지 느낌은 일단 그들 사이를 한 번 걸어가면 여러분을 같은 출발점에 이동시켜 놓지만, 뒤집혀 있기 때문에 고차원 세계에서 접하여 얻을 수 있는 것으로 여겨진다. 거미가 "이중" 뫼비우스 띠의 밑바닥을 따라 기어간다고 가정하자. 거미가 원래 출발점에 도달할 때, 그것은 천장이 될 것이고 밑바닥에 돌아갈 수 있는 오직 한 가지 방법은 다시 회전하여 가는 것뿐이다.

이 같은 종이 띠는 양면이면서 한쪽 테두리이다.

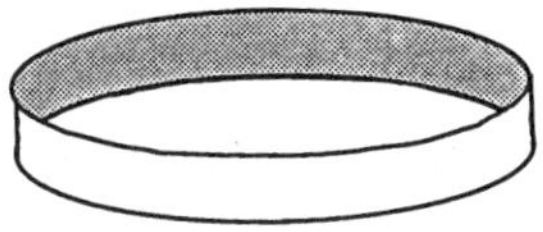

이 밴드는 2면이면서 2개의 테두리를 갖고 있다.

36) 두 번 절반 비틀 것은 각기 두 개의 고리가 됨.

- 만약 두 개의 뫼비우스 띠를 그 테두리를 따라 길게 이으면 그들은 그 유명한 클라인 병(Klein bottle)이 된다. 또한 클라인 병을 길이를 따라 쪼개면 두 개의 뫼비우스 띠가 만들어진다.

- 뫼비우스 띠는 또 다른 거울상인 오른쪽이며 왼쪽인 띠가 된다.

실제 응용

- 뫼비우스 분자 – 1981년 미국 콜로라도 대학의 데이비드 왈바(David M. Walba)는 뫼비우스 띠 형태로 분자를 합성하였다. 그것은 탄소와 산소의 이중 – 사닥다리 모양의 띠였다. 과학자들은 지금 매듭의 수학을 연구하는 중이며 분자들과 상호작용을 연결시키고 있다.

- 굿리치 회사(B. F. Goodrich Co.)는 뫼비우스 띠 컨베이어 벨트 특허권을 갖고 있다. 이는 벨트의 모든 표면이 균등하게 닳아 찢어지도록 최대한 오래 가게 하고자 만들었다.

- 뫼비우스 필름 띠는 1923년 리 드 포리스트(Lee De Forest)가 개발한 것으로 양쪽 면에 소리를 기록하게 만들었다.

- 해리스(O. H. Harris)는 뫼비우스 연마제 벨트에 대한 특허를 취득하였다.

- 제이콥스(J. W. Jacobs)는 1963년에 세탁기용 자가 세척 뫼비우스 필터 벨트를 만들었다.

- 리처드 데이비스(Richard L. Davis)는 비활성 저항기 뫼비우스 띠를 발명하여 미국 원자력 에너지 협회로부터 특허를 취득하였다.

예술에서 뫼비우스 띠

- 뫼비우스 강철 띠 조각이 미국 워싱턴에 있는 스미소니언 박물관에 전시되어 있다.

- 에셔(M. C. Escher)는 목판인 뫼비우스 띠 I (Möbius strip I)과 뫼비우스 띠 II (Möbius strip II)에서 뫼비우스 띠를 사용했다.

- 뫼비우스 띠는 조각, 뉴욕 잡지 표지, 우표, 그래픽 예술 로고에서 주요 테마가 되곤 한다.

- 뫼비우스 띠는 많은 이야기에서 이용된다. 스타트렉(Star Trek)의 에피소드인 다음 세대(The Next Generation)의 제 39화인 타임 스퀘어드(Time Squared)는 뫼비우스 띠의 아이디어를 이용하였다.

오비디우스 게임

(Ovid's game)

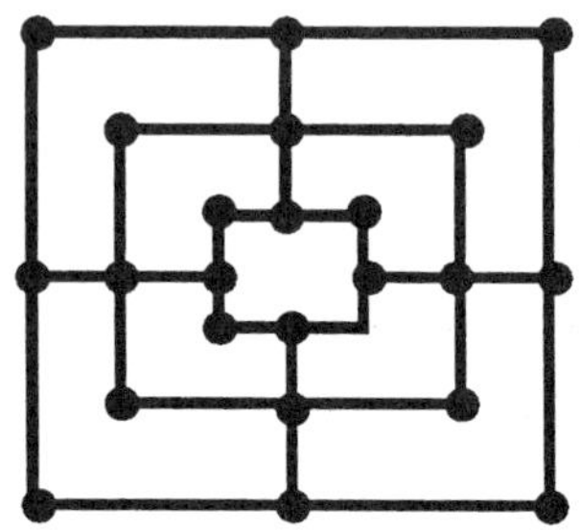

상이한 주제, 논제, 영역의 폭넓은 다양성을 확대시키는 것과 더불어 수학은 생각하는 것이다. 오비디우스 게임은 수학적으로 놀면서 분석하는 게임이다.

우리는 삼목 놓기(Tit Tat Toe) 게임에 아주 익숙하다. 이 놀이의 변형된 형태는 로마의 다재다능한 시인 오비디우스(Ovid, B.C. 43 ~ A.D. 17)의 작품까지 거슬러 올라간다. 오비디우스 게임과 그 보드의 변화폭은 아테네에 있는 아크로폴리스의 계단, 에트루리아의 도자기, 로마 기와에서 찾아볼 수 있다. 영국 문학에서 그것은 아홉 남자의 모리스(Nine Men's Morris, 아마도 무어인들의 춤과 유사하기 때문에 이렇게 이름 붙여진 것 같다.)로 알려져 있다. 이 게임은 아홉 개의 표시된 돌을 가지고 정사각형 모양의 보드판 위에서 경기하는 게임으로 윌리엄 셰익스피어(William Shakespeare, 1564 ~ 1616)는 '한 여름 밤의 꿈' 이란 희곡에서 아홉 남자의 모리스를 언급하였다.

"아홉 남자 모리스는 진흙으로 채운다"
연극 II, 광경 2. 98행(Act II, Scene 2. line 98)

아홉 남자 모리스 놀이를 하는 사람들에 대한 설명은 스페인의 알폰소 10세의 게임 북에 나온다.

오비디우스 게임

이것은 두 사람이 하는 게임이다.

- 각 경기자는 3개의 놀잇말을 갖고 시작한다.
- 게임의 목표는 한 행에 3개의 놀잇말을 나열하는 것이다.
- 경기자들은 서로 번갈아가면서 놀잇말을 놓는다.
- 만약 경기자 중 누구도 말을 정렬하지 못했다면, 누군가 말을 정렬할 때까지 각 경기자들은 인접한 공간에 그들의 말을 이동시킨다.

이들 규칙에 대한 전략을 개발한 후에 다음 제한을 가미하고 무슨 일이 일어나는지 알아보아라.

- 어느 누구도 중앙에 말을 넣으면서 경기를 시작하지 못한다.

오비디우스 게임 보드

이 특별한 게임은 두 사람이 경기하는 것으로 세 말 모두를 배열하지는 않고 말들을 적절히 놓고 시작하는 게임이다. 이 점에서 경기자들은 한 사람이 성공적으로 말들을 정렬할 때까지 행과 열을 따라 이동하면 된다.

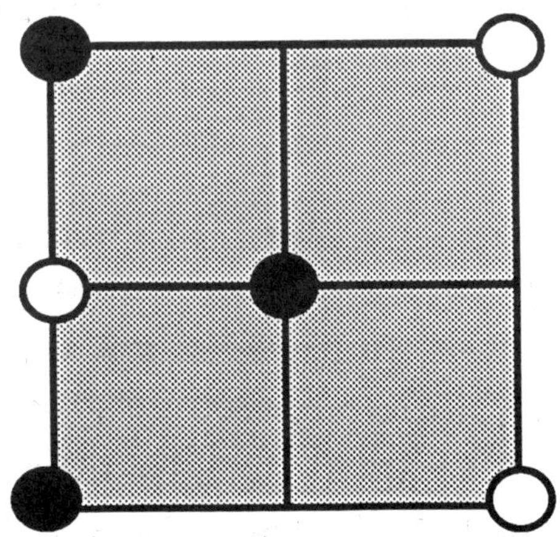

석기 시대 숫자 패턴

(number patterns of the Stone Age)

아래 표시들은 약 25,000년 전 원시인들이 동굴 벽에 그린 낙서나 디자인을 나타낸다. 그러나 다른 한편으로 그들의 숫자에 대한 초창기 표현일지도 모른다.

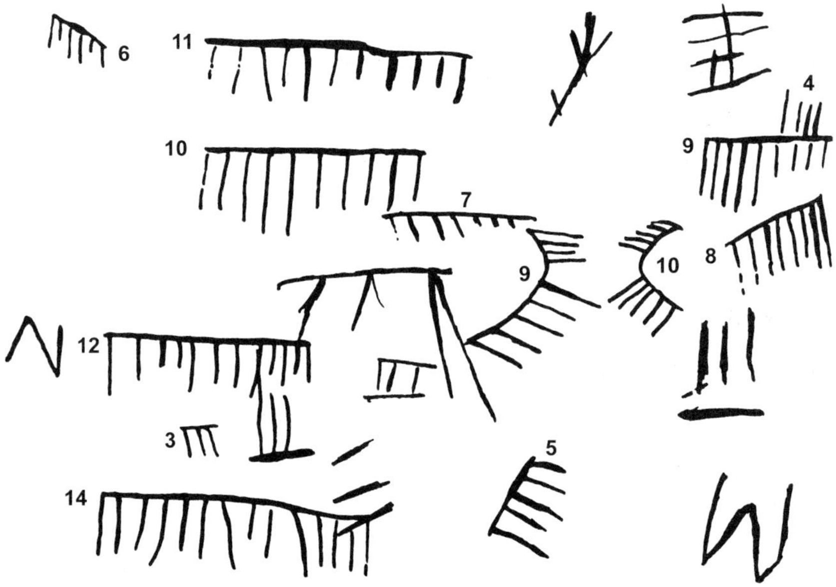

스페인 라 피레타(La Pileta)에서 발견된 석기시대 숫자 패턴

스페인 남부 라 피레타 동굴은 25,000년 전에 원시인들이 거주했었다. 다른 그림들도 동굴 내부에서 찾아볼 수 있고, 고대 유물들도 발견되었다. 동굴에서 발견된 뼈와 무기들로부터 청동기 시대(B.C. 1500)에도 계속해서 거주했음을 알 수 있다. 발견된 세라믹 조각들은 신석기 시대로 거슬러 올라가서 유럽에 남아있는 가장 오래된 도자기로 알려진 것들 중의 일부라고 여겨진다.

아홉 교점 원

(the nine point circle)

아홉 개의 교점으로 된 원은 사람들이 삼각형에 대해 기본적으로 생각하는 관념으로 삼각형의 부분들은 서로 연결할 수 없다는 기하학적 개념이다. 이 원은 찰스 줄리앙 브라이언천(Charles Julien Brianchon, 1783~1864)과 장 빅터 폰셀릿(Jean Victor Poncelet, 1788~1867)이 발견하였다.

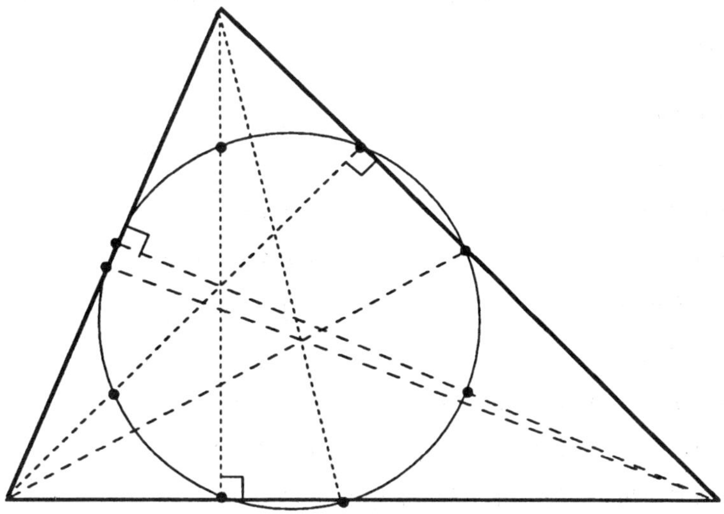

그들이 발견한 것은

모든 삼각형은 각 꼭짓점에서 마주보는 변에 직각이 되는 선분을 그어 삼각형의 높이가 되는 세 교점을 지나고, 삼각형의 각 변의 중심을 지나며, 교점이 수심(삼각형의 꼭짓점에서 대변에 내린 세 수선이 만나는 점)과 삼각형의 꼭짓점을 연결하는 선분의 3중점을 통과하는 원이 존재한다.

1822년 포이에르바하(K. W. Feuerbach)는 아홉 개의 교점을 갖는 원과 내접원, 그리고 외접원에 관한 매혹적인 관계를 증명하였다. 그는 아홉 교점 원은 삼각형의 내접원과 3개의 외접원[37] 각각에 대해 접선이라는 사실을 증명하였다.

37) 내접원은 삼각형의 내부에 새겨진 원을 말하고, 외접원은 변들 중 한 변과 확장된 두 변에 대해 접선이 되는 원을 말한다.

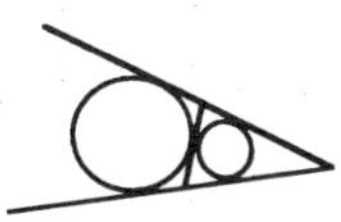

건축과 수학
(architecture & mathematics)

수천 년 동안 수학은 디자인과 건축에서 매우 귀중한 도구였다. 즉 수학은 건축 디자인에 대한 기본이었고 건축가들이 건설 기술에서 시행착오를 줄이기 위한 수단으로 사용하기도 했었다. 수세기에 걸쳐 수학적 개념을 사용했던 일부 목록으로 다음과 같은 것들이 있다.

- 피라미드
- 프리즘
- 황금직사각형
- 착시
- 정육면체
- 다면체
- 지오데식 돔(Geodesic dome)
- 피타고라스 정리
- 정사각형, 직사각형, 평행사변형
- 원, 반원
- 구, 반구
- 다각형
- 각
- 대칭
- 포물선
- 현수선 곡선
- 쌍곡 포물면
- 비율
- 호(arcs)
- 소용돌이선, 나선
- 나선
- 모자이크 세공
- 원근 투시법

건축물의 디자인은 환경, 재료의 이용 가능성과 형태, 그리고 건축가들이 그릴 수 있는 상상력과 기략에 의해서 영향을 받는다. 몇 가지 역사적인 예제들이 있다.

- 이집트, 멕시코, 유카탄의 피라미드의 구조에 대한 돌의 크기, 형태, 수와 배열을 계산하는 일은 직각삼각형, 정사각형, 피타고라스 정리, 부피와 추정에 대한 수학적 지식에 의존했다.
- 마추 픽추(Machu Picchu)의 디자인에 대한 정규성은 기하학적 설계도 없이는 불가능하였을 것이다.

• 파르테논 신전의 구조는 황금직사각형, 착시, 정밀한 측도와 기둥의 모듈을 정확한 규격(모듈 높이의 1/3인 지름을 만드는 것)으로 자르기 위한 비율에 대한 지식에 의존했다.
• 에피다우로스(Epidaurus)에 있는 고대 극장에 대한 배치 및 위치의 기하학적 정확성은 음향 효과를 증진시키고 청중들의 가시 범위를 극대화하기 위해 특별히 계산되었다.
• 원, 반원, 반구와 아치의 혁신적인 사용은 로마의 건축가에 의해 소개되었고 발전된 주요한 수학적 아이디어가 되었다.
• 비잔틴 시대의 건축은 정사각형, 원, 정육면체, 반구의 개념과 콘스탄티노플에 있는 성 소피아 교회에서 사용된 아치와 아름답게 조화를 이룬다.
• 고딕 양식의 대성당 건축은 석조물의 무게가 횡적으로 작용하기보다는 지상으로 수직하게 작용하는 지점에서 만나는 아치형 천장과 인접하고 있는 기하학적 디자인을 형성하는 구조물의 무게 중심을 결정하기 위하여 수학을 이용하였다.
• 르네상스의 석조물은 명암과 입체와 공간에 의존하는 대칭성의 극치를 보여주었다.

유리, 다양한 각도와 형상을 이용한 이 건물(캘리포니아 포스터시)은 하루의 다른 시간대에 다르게 변화를 주며, 다른 위치에서 보는 것처럼 만들었다. 주위 환경에 반사되어 나타나는 것을 보는 것은 매우 환상적이다.

새로운 건축 자재의 발견과 더불어 새로운 수학적 아이디어가 채택되었고 이 자재들의 잠재력을 최대화하기 위하여 이용되었다. 돌, 나무, 벽돌, 콘크리트, 철, 강철, 유리, 그리고 플라스틱, 철근 콘크리트, 경량 콘크리트 같은 합성 소재 등 이용 가능한 건축 자재들의 광범위한 사용으로 건축가들은 궁극적으로 어떤 형태든 디자인할 수 있게 되었다. 현재 우리는 미국 샌프란시스코의 성 마리 성당처럼 쌍곡 포물면의 건축 양식, 벅민스터 풀러(Buckminster Fuller)의 지오데식 구조(Geodesic structure), 파울로 솔레리(Paolo Soleri)의 모듈 디자인, 포물선 형태의 비행기 격납고, 유목민의 텐트를 모방한 입체 합성 구조물, 도쿄의 올림픽 스포츠 홀을 지지하는 현수선, 심지어는 타원형 돔 천장을 가진 8각형의 집을 목격할 수 있다. 건축은 계속 진화되는 분야이다. 건축가들은 새로운 것들을 창조할 뿐만 아니라 연구하고, 세분화하고, 발전시키며 또한 과거로부터 아이디어를 재사용한다. 마지막 분석에서 건축가들은 구조물을 지탱하는 수학과 소재가 존재하는 한 어떤 디자인도 생각할 수 있다.

주역과 이진수체계

(the I Ching & the binary system)

『주역』 또는 『역경』(Oracle of Change)은 세상에서 가장 오래된 책들 중의 하나이다. 이 책은 인간의 심리, 달력과 예언을 망라하는 고대 중국 철학을 대표한다. 비록 그 책의 최초 기원은 알려지지 않았지만, 아마도 기원전 8세기까지 거슬러 올라간다. 육선형, 즉 6개의 수평선(양을 나타내는 곧은 선분과 음을 나타내는 끊어진 선분)은 원형의 구조이다. 64개의 육선형이 나열 가능한 전체 순열의 조합을 이룬다.

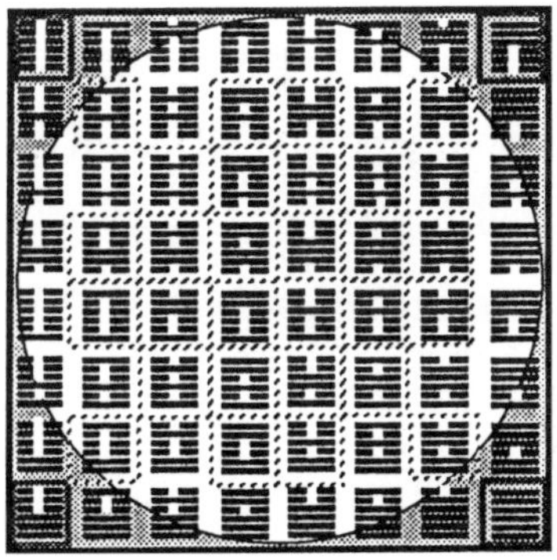

수학자이며, 과학자, 철학자, 언어학자이자 법률가였던 라이프니츠(Gottfreid Wilhelm Leibniz, 1646 ~ 1716)는 그의 논문 "이진 수열(De Progressione Dyadica, 1679)"에서 2진수 체계에 관해 처음 집필하였다. 1697년부터 1702년까지 그는 중국에서 예수회 선교사인 보벳(Pere Joachim Bouvet)과 서신 왕래를 하였다. 라이프니츠는 보벳을 통해서 그가 연구한 2진수체계가 주역의 육선형과 연결된다는 것을 알게 되었다. 특히 그는 만약 단선에 대해 0을 대치하고 연결된 선에 1을 대치하면 육선형은 2진수를 설명해 준다는 것을 알았다.

예제 : 육선형을 순서대로 나열하면 우리는 다음과 같은 것을 발견한다.

$(0)_2 =$	$(1)_2 =$	$(10)_2 =$	$(11)_2 =$	$(100)_2 =$	$(101)_2 =$

0	1	2	3	4	5

비록 라이프니츠와 보벳은 중국인들이 주역을 통하여 2진수체계를 발견했다고 느꼈지만 이것을 설명하는 어떠한 증거도 없었다.

천체의 음악
(music of the spheres)

고대 그리스 시대에 수학, 음악과 천문학은 공통적으로 전반적인 학사 일정을 함께하였다. 피타고라스학파 사람들은 숫자와 음계를 연결시켰다. 수학, 음악과 행성의 궤도에 관한 지식을 기반으로 그들은 음악과 천문학을 연결하는 천체의 음악(Music of the spheres)에 대한 아이디어를 공식화하였다.

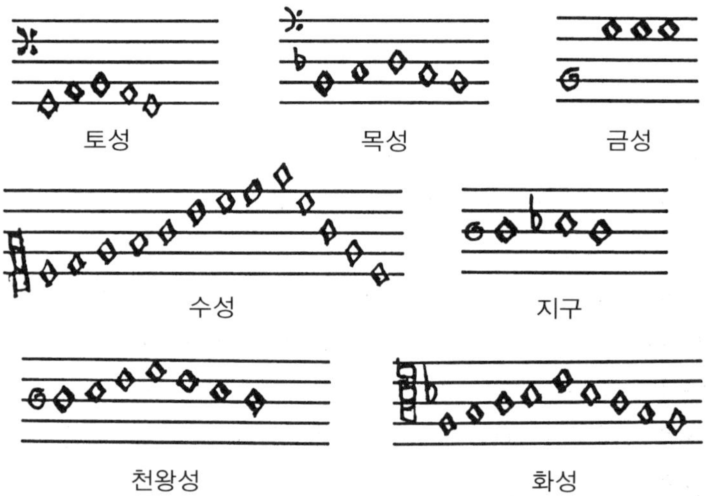

요하네스 케플러(Johannes Kepler, 1571~1630)는 우주가 형성되는 과정에 대한 개념 속에서 어떤 질서와 상호관계를 찾을 필요성을 느꼈다. 1618년 그는 『세계의 조화』(Harmony of the World)를 출간하였다. 그는 음악적 조화[38]를 이루며 타원궤도에서 공전하는 행성들의 속도와 연결하였다. 그는 행성의 최대와 최소의 속력을 음계와 연관을 지었다. 고대 그리스 시대 미화되었던 천체의 음악과 연관하여 케플러는 이것을 그의 최대의 업적 중 하나라고 생각했다.

38) 오늘날 천문학과 음악의 관계를 연결시키는 과학적 중요성이 전혀 없다. 그러나 이 분야에서 그의 연구 업적은 매우 값진 수많은 천문학적 발견을 선도하였다. 케플러는 타원궤도 속에서 공전하는 지구의 속도를 계산하였다.

아나모픽 예술
(anamorphic art)

아나모픽 예술(anamorphic art)은 이미지를 찌그러뜨리는 예술이다. 사람의 그림자는 사람의 실제 몸체가 비틀어진 것이란 의미에서 우리는 사람의 그림자를 아나모픽 예술의 일종이라 부른다. 이런 부류의 예술은 사물을 갖고 놀거나 숨기기 위한 목적으로 개발되었다. 예를 들면, 영국의 왕 조지 1세와 2세의 통치시대에 다음 왕위 계승자인 찰스 에드워드(Charles Edward Stuart)에 대한 그들의 충성을 표출하지 않기 위하여 그를 따르는 충신들에 의해 아나모픽 초상화가 사용되곤 하였다. 이 예술은 또한 정치적으로 이의를 제기하는 메시지 전달 수단으로 사용되거나 에로틱한 그림이나 외설만화 등에서 사용되었다. 뿐만 아니라 18, 19세기에는 아나모픽 그림들이 사람들의 노리개로 아나모포스코프(anamorphoscopes, 실린더형 거울이나 원추형 거울)와 함께 팔렸다.

찌그러진 전갈

실린더형 거울을 이용하여
마일라에 나타난
코끼리 모습

사영기하 기법은 아나모픽 그림을 창작하기 위하여 사용된다. 예술가들은 이미지를 찌그러진 평면이나 실린더 위로, 또는 원뿔 튜브 위로 변환시킨다. 프랑스의 장 프랑소와(Jean François Niceron)는 그의 저서 『La Perspective Curieuse』(1638)에서 아나모픽 예술을 창작하는 기하학적 기법을 소개하였다. 비틀림은 컴퓨터 그래픽을 이용하여 쉽게 창안될 수 있기 때문에 아나모픽 예술은 문예 부흥의 경험을 할 것 같지는 않아 보인다.

측도 문제
(measurement problem)

여러분에게 4개의 고정된 길이를 측정하는 자가 주어졌다면 어떤 종류의 자를 사용하여 1부터 40단위까지의 거리를 측정하겠는가? 여러분은 요구되는 거리를 측정하기 위하여 하나의 자를 한 번밖에 사용할 수 없다.

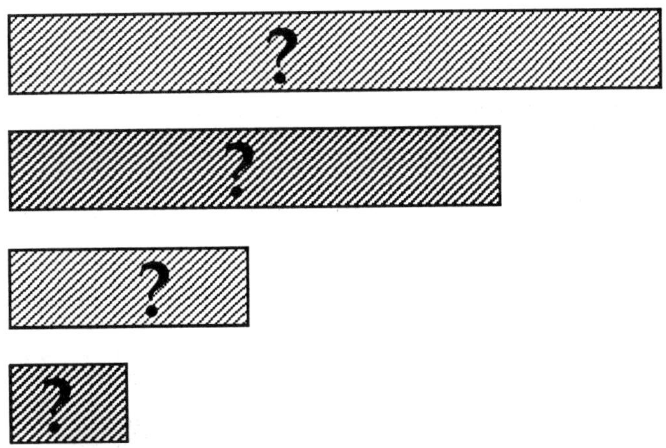

예를 들면, 만약 여러분이 1단위, 2단위, 4단위 자를 선택하였다면 여러분이 측정할 수 있는 가장 긴 거리는 7단위가 될 것이다.

1단위+2단위+4단위

3단위 거리는 다음 두 가지 방법으로 측정할 수 있다.

 4단위−1단위  1단위+2단위

1부터 40단위를 모두 측정하기 위하여 각각 다른 길이를 가진 어떤 4개의 자들을 선택하겠는가?

→ 해답은 부록을 참조하기 바랍니다.

르네상스의 환영
(a Renaissance illusion)

사영기하는 사람들이 투영하고자 하는 물체의 성질이나 공간적 관계를 다루는 수학의 한 분야로 원근 투시화법의 문제와 관련되어 있다. 3차원 실상을 재현하기 위하여 르네상스 시대 예술가들은 사영기하의 개념(사영점, 무한원점에 수렴하는 평행선, 소멸점)을 도입하여 표현하였다. 18세기 예술가인 윌리엄 호거스(William Hogarth)의 판화 『잘못된 투시도』(False Perspective)에 "투시도에 대한 지식 없이 디자인하는 모든 사람들은 이 권두 그림에서 보여주는 것처럼 자칫하면 엉터리 같은 그림이 될 것이다."라고 코멘트하고 있다. 호거스의 작품에서 얼마나 많은 원근 투시도 기법을 잘못 사용하였는지 찾을 수 있겠는가?

전도

(inversions)

대칭은 자연과 수학에서 풍부하게 나타난다. 은행잎의 모양에서 또는 육각형의 모양에서 나타나는 것처럼 대칭은 다양한 형태 중에서 나타나는 내재적인 성질의 일부분이다. 전도와 함께 우리는 사물의 세계를 발견한다. 글자와 단어의 모양들은 그들을 인식하는 데 반드시 대칭성을 갖출 필요는 없지만, 스콧 김(Scott Kim)의 교묘한 표현과 더불어 이들이 매혹적인 형태와 스타일로 전환되었다.

1989년 스콧 김의 작품. 프리만(Freeman)에 의해 재출간된 책의 전도(inversion)

전도는 하나 또는 그 이상의 대칭의 형태를 위하여 표기되는 단어이다. 그처럼 수학적 아이디어들은 글자와 단어들의 모양이나 위치를 표현하고, 심지어 전도는 단어의 의미를 높이는 수단이 될 수 있다는 것을 찾아볼 수 있다.

이 전도를 연구해 보자. 여러분은 궁극적으로 이 단어를 위에서 아래로 보게 될 것이다. 위에서 아래로 이 장을 돌려보자. 무엇이 보이는가? 1989년 스콧 킴의 작품.

스콧 김은 그래픽 디자이너이고, 컴퓨터 전문가이자 수학자였다. 아이삭 아시모브(Isaac Asimov)는 그를 "알파벳의 에셔(the Escher of the Alphabet)"라고 말하였다.

"i"를 따라 수직으로 거울을 놓아보자. 1989년 스콧 킴의 작품.

로미오와 줄리엣 퍼즐

(Romeo & Juliet puzzle)

로미오와 줄리엣 퍼즐은 영국의 유명한 퍼즐가 헨리 더드니(Henry Dudeney, 1847~1930)가 고안한 켄터베리 퍼즐(Canterbury Puzzles, 1907)에 나온다.

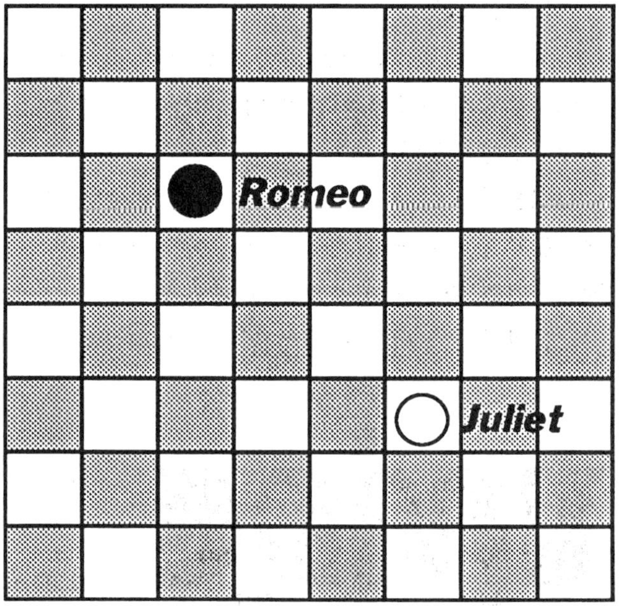

로미오는 줄리엣에게 가는 길을 개척해야 한다. 그는 반드시 줄리엣에게 다가가기 전에 단 한 번만 각 정사각형을 지나갈 수 있다. 그리고 로미오는 가장 빨리 정사각형을 지나 줄리엣에게 가야 한다.

→ 해답은 부록을 참조하기 바랍니다.

"평균"은 무엇인가?

(What do you "mean"?)

산술평균과 조화평균 사이에 고대로부터 내려온 연결고리가 있다. 피타고라스 학파에서는 음악의 음정과 수의 비율과의 관계를 연구하여, 길이 12인 줄을 3/4으로 줄이면 원음의 4번째, 2/3를 줄이면 5번째, 1/2을 줄이면 8도의 음정이 된다는 것을 발견하였다. 이들은 숫자 12, 9, 8, 6에 의해 나타난다. 놀랍게도, 이 수들은 그들의 산술평균과 조화평균에 의해 연결된다. 즉, 9는 6과 12의 산술평균이고, 8은 6과 12의 조화평균이다. 뿐만 아니라 피타고라스학파에서는 6, 8 그리고 12가 각각 면, 모서리, 꼭짓점을 나타내기 때문에 정육면체를 조화체(harmonic body)라 불렀다.

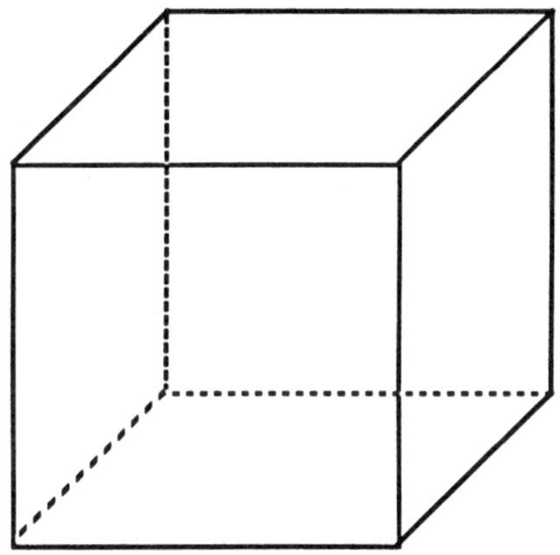

* * *

수학에서 평균의 다른 측면에서 활용을 알아보자.

피타고라스는 산술평균(arithmetic mean)을 두 번째 수가 평균을 초과하는 만큼 첫 번째 수를 초과하는 수로 정의하였다. 그래서 우리가 산술평균을 찾아보기 위해서 주어진 두 수 사이의 중간이 되는 수$\left(\frac{(a+b)}{2} = a\text{와 } b\text{의 산술평균} \right)$를 찾아야 한다. 오늘날 우리는 이 평균치(mean)를 평균(average)이라 종종 부른다.

$a_1, a_2, a_3, \cdots, a_n$에 대한 산술평균을 구하기 위하여 우리는 모든 항의 합을 구하고 얼마나 많은 수의 항들이 합해졌는지 나눈다.

$$\frac{(a_1 + a_2 + a_3 + \cdots + a_n)}{n}$$

a와 b의 기하평균(geometric mean) c는 $\frac{(c-a)}{(b-c)}=\frac{a}{c}$로 정의된다. 오늘날 이 정의는 $c=\sqrt{a \cdot b}$ 또는 $\frac{a}{c}=\frac{c}{b}$와 동치이고, 직각삼각형의 빗변의 길이와 황금직사각형의 황금평균에 이르기까지 다양한 기하학적 문제에서 찾아볼 수 있다.

$a_1, a_2, a_3, \cdots, a_n$에 대한 기하평균을 구하기 위하여
우리는 그들 n곱의 제곱근을 찾는다. 즉,

$$\sqrt{a_1 a_2 a_3 \cdots a_n}$$

조화평균(harmonic mean) H는 $\frac{(H-a)}{(b-H)}=\frac{a}{b}$로 정의된다. 오늘날 이 공식은 $\frac{1}{H}=\left(\frac{1}{a}+\frac{1}{b}\right)$로 다시 정의된다. 이 공식을 다른 방법으로 생각해 보면 역수의 산술평균의 역으로 다시 정의된다.

$a_1, a_2, a_3, \cdots, a_n$에 대한 조화평균은

$$\frac{1}{\left[\frac{\left(\frac{1}{a_1}+\frac{1}{a_2}+\frac{1}{a_3}+\cdots+\frac{1}{a_n}\right)}{n}\right]}$$ 이다.

수학적 연관성

(mathematical connections)

수많은 수학적 아이디어들이 서로 관련이 있거나 연결되어 있다는 것을 찾아보는 것 자체는 놀라운 일이 아니다. 수학의 확장은 앞서 개발된 아이디어에 의존한다. 어떤 수학적 체계의 구성은 다소간 정의되지 않은 용어와 공리(가정)로부터 시작되며, 거기서부터 정의, 정리, 보다 많은 공리 등으로 진행된다. 그러나 창조적 산출물이 반드시 이런 길을 통해 이루어지는 것만이 아니라는 것을 역사를 통해 알아볼 수 있다. 예를 들면, 유클리드 기하는 유클리드의 책 『원소』(the elements)에서 시작되지 않았다. 대신 유클리드는 수년에 걸쳐 다양한 수학자들이 발견해왔던 기하에 대한 연구와 자료수집, 편집을 통해 책을 저술하였다. 그는 이들 기하학에 대한 아이디어를 체계적으로 연결시키고 논리적으로 정렬해 놓았다.

수학에는 서로가 독립적이라고 생각되는 영역이 너무 많아 보이지만, 자세히 조사해 보면 서로가 밀접하게 연결되어 있다는 것을 분명하게 알 수 있다. 이런 연관성을 배우고 발견하는 것은 대단히 흥미로운 일이다.

다음 아이디어를 생각해 보자.

파스칼의 삼각형, 뉴턴의 이항공식, 피보나치수열, 확률, 황금비율, 황금직사각형, 등각나선, 황금삼각형, 팬타그램(the pentagram), 극한, 무한급수, 플라톤 입방체, 정십각형

모두가 서로 다른 곳, 서로 다른 시대, 서로 다른 사람들에 의해 발견되었다. 그러나 이들 아이디어들은 그것들 상호 간에 연결하는 실마리를 갖고 있다.

파스칼의 삼각형(Pascal triangle)은 1303년 중국의 고서에 최초로 기록되었지만 블레이스 파스칼(Blaise Pascal, 1623~1662)을 기리기 위해 그 이후 명명되었다. 파스칼 삼각형의 각 항은 그 수의 바로 위 측면에 있는 두 수의 합이다. 각 행의 수들은 $(a+b)^n$의 이항계수로 특정한 멱으로 증가한다. 가장 윗 행에서 세 번째 행은 $(a+b)^3$에 대한 계수를 나타낸다. n번째 행은 뉴턴의 이항공식(Newton's binomial formula)을 산출한다. 피보나치 수[39]는 그림처럼 파스칼의 삼각형에서 대각선에 있는 수들을 모두 합하면 구해진다. 이 수열은 자연에서 나타나는 여러 가지 형태와 현상들과 연결된다. 파스칼의 삼각형에 나타나는 수들과 연결되는 또 다른 많은 수 집합을 생각해 볼 수 있는데, 자연수, 삼각수(triangular numbers), 4각수(tetrahedral numbers), 4원 4각수(4-space tetrahedral numbers), 5원 4각수(5-space tetrahedral numbers)[40] 등을 들 수 있다. 확률은 다양한 방면에서 파스칼의 삼각형과 연결되어 있다. 정규분포 곡선은 육각형 블록으로 만들어진 파스칼의 삼각형에서 삼각형의 꼭지에 있는 저장소에서 구슬을 떨어뜨리면 만들어진다. 각각의 육각형에서 왼쪽과 오른쪽으로 구슬이 떨어지는 기회는 동일하다. 구슬들은 파스칼 삼각형의

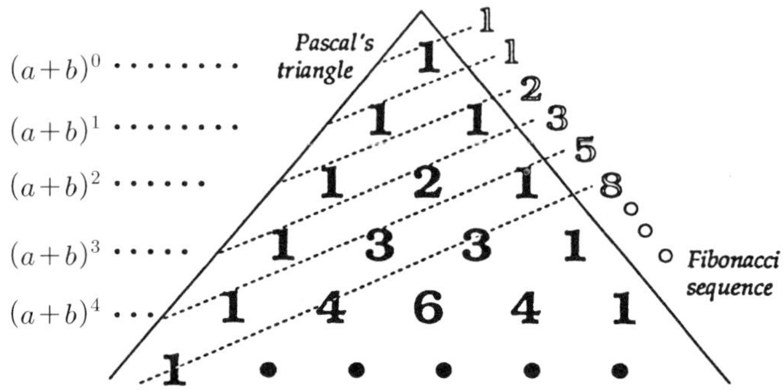

$$(a+b)^n = \binom{n}{0}a^n + \binom{n}{1}a^{n-1}b + \binom{n}{2}a^{n-2}b^2 + \cdots + \binom{n}{n}b^n$$

뉴턴의 이항공식

39) 피보나치 수는 피보나치(그렇지 않으면 레오나르도 다 빈치, 1175~1250)에 의해 제기된 문제에 대한 해를 발견하게 된 수열로 그의 책 『Liber Abaci』에 소개되었다. 그리고 19세기에 프랑스의 수학자 에드아드 루카스(Edouard Lucas)에 의해 편저되었다.

40) 이들 서로 다른 수들이 나타나는 것에 대해 파스칼의 삼각형이 있는 페이지 52의 그림을 보자.

수 아래 바닥에 모이고, 벨 모양의 정규분포 곡선이 만들어진다. 피에르 사이몬 라플라스(Pierre Simon Laplace, 1749 ~ 1827)는 사건에 대한 확률을 가능한 모든 사건의 수에 대해 일어날 수 있는 사건의 비율로 정의하였다. 파스칼의 삼각형은 서로 다른 조합과 전체 가능한 조합을 계산하기 위해 사용될 수 있다. 예를 들면, 4개의 동전을 던질 때 앞면과 뒷면의 가능한 조합들은 4개 모두 앞면은 1가지, 3개 앞면 1개 뒷면은 6가지, 2개 앞면 2개 뒷면은 6가지, 1개 앞면 3개 뒷면은 4가지, 모두 뒷면은 1가지이다. 이들 수들은 파스칼의 삼각형에서 위에서부터 3번째 행에 있는 수 1, 4, 6, 4, 1에 해당되며 나타날 가능성에 대한 가지 수를 지칭한다. 그들의 총합은 전체 나타날 수 있는 수 $1+4+6+4+1=16$이다. 그러므로 앞면 3개와 뒷면 1개가 나올 확률은 $\frac{4}{16}$를 구할 수 있다.

고대 그리스의 건축과 예술에 사용되었던 황금비율(golden mean)과 황금직사각형(golden rectangle)은 파스칼의 삼각형과 확률에 걸쳐 피보나치수열과 연결되어 있다. 새로운 수열의 항이 피보나치수열의 연속된 항들의 비로 만들어질 때, 1, 1, 2, 3, 5, 8, 13, 21, 34, …에 대해 우리는 $\frac{1}{1}, \frac{2}{1}, \frac{3}{2}, \frac{5}{3}, \frac{8}{5}, \cdots, \frac{F_n}{F_{n-1}}$을 구할 수 있다. 이 수열의 각 항은 황금비율보다 다소 크거나 작고, 사실 그 극한은 황금비율 $\frac{1+\sqrt{5}}{2} \approx 1.618\cdots$으로 황금직사각형의 두 변의 비율이다. 등각나선(equiangular spiral)은 황금직사각형으로부터 그림과 같이 유도할 수 있다. 황금직사각형은 자기 생성되기 때문에 하나의 황금직사각형으로부터 그림에서 보는 것처럼 또 다른 무한개의 황금직사각형을 만들어 낼 수 있다.

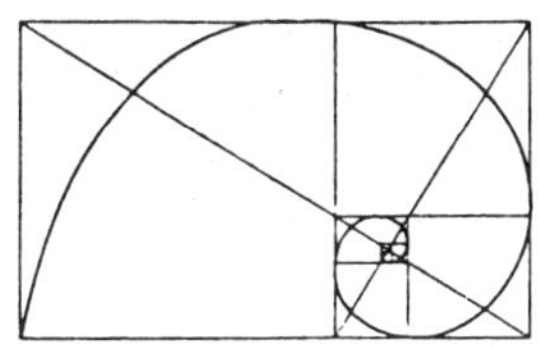

황금직사각형과 등각나선

하나의 등각나선은 이들 황금직사각형으로부터 만들어진다. 황금직사각형의 대각선의 교점이 극점이거나 등각나선의 중심이다. 황금비율은 다시 황금직사각형, 밑각이 72°, 꼭지각이 36°인 이등변삼각형과 연결되며 이 삼각형은 다시

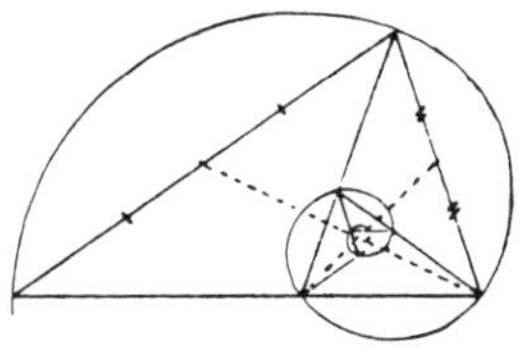

황금직사각형과
등각나선

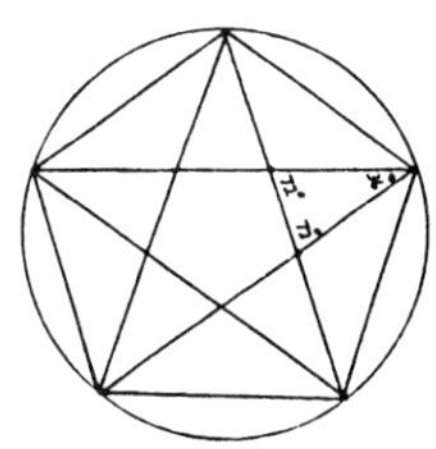

황금삼각형,
오각형과 팬타그램

자기 생성되며 등각나선을 만들어 낸다. 여기서 황금직사각형은 곧바로 팬타그램과 연결되는데, 이 팬타그램의 다섯 점은 황금삼각형이기 때문이다. 어떻게 극한이 그림에 나오게 되는지 $F_n / F_{n-1} \rightarrow \varphi$(황금비율에 대한 기호)의 극한을 조사해 본다. φ는 다른 무한급수에 의해서 생성되기도 한다. 또한 황금직사각형은 플라톤 입방체, 20면체(isosahedron), 12면체(dodecahedron) 등을 그리기 위해 이용된다. 20면체는 20면의 정다면체로 세 개의 합동인 황금직사각형으로 만들어지는데, 각각은 그림에서 보는 것처럼 다른 두 개와 직교하도록 서로 대칭을 이루어 교차시키고, 이때 12개의 꼭짓점이 정20면체의 꼭짓점이 된다. 12면체는 12면의 정다면체로 또한 3개의 합동인 황금직사각형으로 만들어진다. 이때 12개의 꼭짓점은 12면체의 각 면의 중심이 된다. 마지막으로, 황금비율은 원 내부에 새겨진 정10면체의 변에 대한 반지름에 대한 비율과 연결된다. 이는 10면체가 원의 중심에서 그들의 꼭짓점이 되는 10개의 황금삼각형으로 분해되기 때문이다.

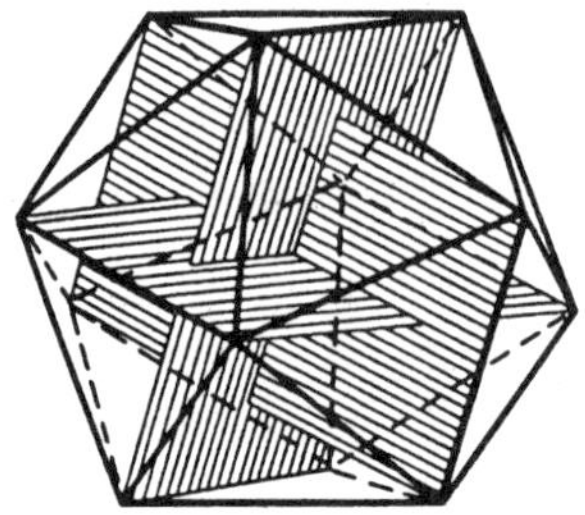

황금직사각형과 정20면체

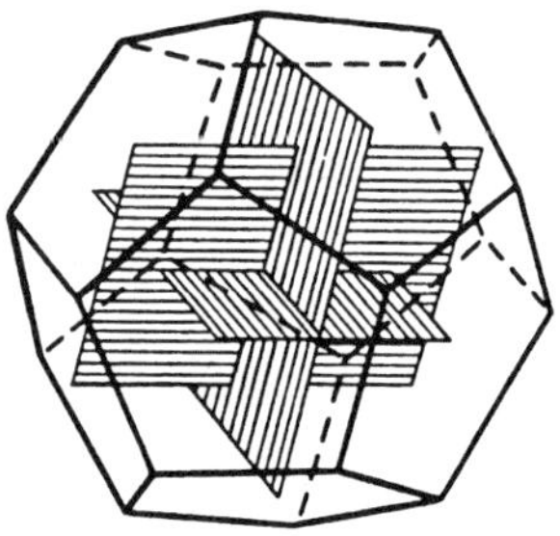

황금직사각형과 정12면체

이들 연관성은 수천 년에 걸쳐 진화되어 왔다. 수학적 아이디어를 통해 일반적 실마리를 찾고 인식할 때마다 흥분되고 놀라움이 한층 더해진다.

소수의 성질들

(prime properties)

소수는 수 체계에서 매우 특별한 위치를 점유하고 있는 것처럼 보인다. 모든 수는 유일하게 소인수분해된다. 예를 들면, 12의 소인수분해는 2·2·3인 반면 18의 소인수분해는 3·3·2이다.

소수는 독특한 성질들이 있다.

1) 2는 유일한 짝수인 소수이다.
2) 1의 자리가 5로 끝나는 소수는 5를 제외하고 없다.
3) 단수인 소수 2, 3, 5, 7을 제외한 모든 소수는 1의 자리수가 1, 3, 7 또는 9로 끝난다.
4) 두 소수의 곱은 결코 완전제곱수가 되지 않는다.
5) 만약 2 또는 3을 제외한 소수가 1씩 증가하거나 감소한다면, 얻어진 그 수는 항상 6으로 나누어진다.

2, 3, 5, 7, 11, 13,
17, 19, 23, 29,
31, 37, 41, 43,
47, 53, 59, 61,...

소수는 수세기 동안 수학자들의 흥미를 자아냈다. 크리스천 골드바흐(Christian Goldbach, 1690~1764)는 레오나드 오일러(Leonard Euler)에게 2를 제외한 모든 양의 짝수는 두 소수의 합, 즉 $6=3+3$, $8=5+3$, $28=23+5$와 같이 두 소수의 합으로 나타낼 수 있다는 것을 보일 수 있다고 편지를 썼었다.

여러분은 어떻게 생각하는가?
오일러는 이것을 증명하지도 반증하지도 못했다.
오늘날까지 미해결 문제로 남아있다.

π는 케이크 조각이 아니다

(π is not a piece of cake)

π에 대한 정확한 값을 찾는 경주는 수세기에 걸쳐 진행되어 왔고 아직까지도 승자가 없다. π에 대한 값을 가장 가깝게 구한 선두가 이 사람에서 저 사람으로 여러 차례 바뀌기는 했다. 그레고리(Gregory)와 추드노프스키(Chudnovsky)가 5억 3천만 자릿수까지 구하여 한때 최고 기록처럼 여겨졌었다. 그러나 1989년 8월 야수마사 카네다(Yasumasa Kaneda)는 π의 값을 536,870,000 자리까지 구하여 종전의 기록을 경신하였다. 이 기록은 110,000장의 컴퓨터 용지에 프린트되었고 일본의 가장 빠른 슈퍼컴퓨터를 이용하여 67시간 13분에 걸쳐 계산하였다. 끝이 보이는 것 같은가? 만약 컴퓨터 용량과 능력이 주어진다면 아마도 π는 해결될 수도 있을 것이다.

3.1415926535 8979
3238462643383279
5028841971693993
7510582097494459
2307816406286208
9986280348253421
1706798214808651
32823066...

행성의 유별난 경로
(unusual paths of planets)

행성들의 경로가 그리는 패턴과 대칭적 디자인을 연구해 보면 무척 흥미로운 사실들을 알 수 있다. 우리는 종종 행성의 경로는 단순한 타원형일 것이라 생각한다. 아래 그림은 지구상에서 관찰할 때, 수성, 금성, 화성, 목성, 토성의 경로를 보여주고 있다.

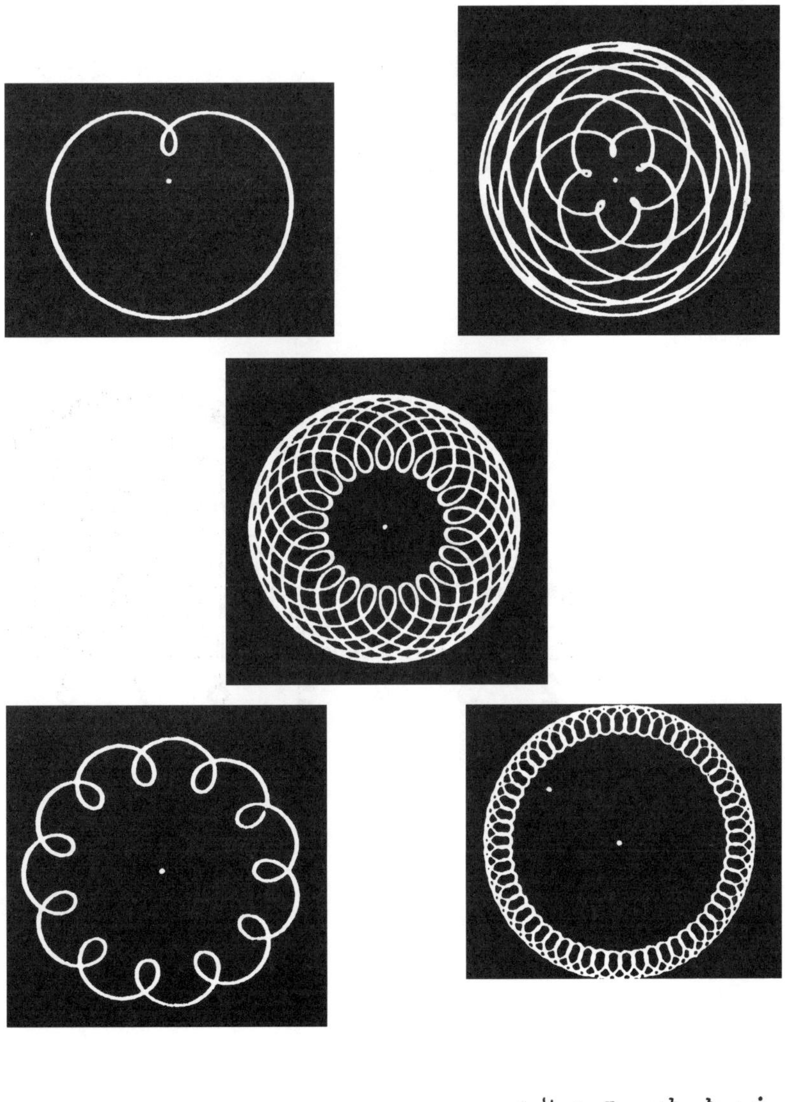

주사위와 가우스 곡선
(dice & the Gaussian curve)

정규분포 곡선은 1600년대 후반 프랑스의 수학자 아브라함 드모와브르(Abraham de Moivre)에 의해 최초로 알려졌다. 19세기에 칼 프레드리치 가우스(Carl Friedrich Gauss)가 곡선의 방정식을 공식화하며 더욱 발전시켰고 그의 이름을 붙여서 나타나게 되었다.

아래 그림은 두 개의 주사위를 동시에 던졌을 때 나올 수 있는 36가지를 보여준다. 2에서 12까지 서로 다르게 나타날 가능성에 대한 빈도수가 어떻게 가우스 곡선이 되는지 알아보는 것도 매우 흥미로울 것이다.

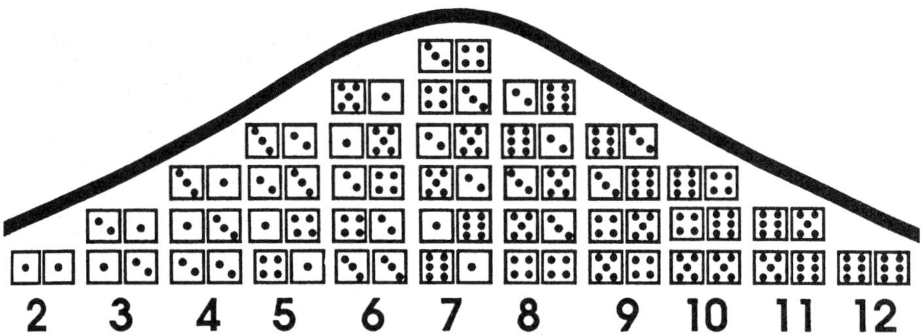

주사위 두 개를 던질 때 2에서 12까지 숫자가 서로 다르게 나타나는 경우의 수

만물의 이론에서 수학의 역할

(mathematics' role in TOE-the theory of everything)

우주는 어떻게 시작되었을까? 이런 당혹스런 질문에 대답할 수 있는가? TOE(만물의 이론, the theory of everything)에 대한 부단한 연구에서 과학자들은 자연의 힘(전자기력, 중력, 강력(the strong force)과 약력(the weak force))을 하나로 단일화하는 수학적 모델을 개발하려고 노력하였다. 물리학자들은 만물의 이론(TOE)을 발견할 수 있을 것이라 확신하고 있다. 몇몇 물리학자들은 그들의 전 생애 연구를 이에 대한 해를 찾는 데 몰두하고 있다. 오늘날 가장 널리 알려진 만물의 이론에 따르면 물리학자들은 우주의 근원은 초끈(superstrings)이라 불리는 대상으로 묶인다고 믿는다. 이 특별한 만물의 이론 해석에 의하면 우주, 물질과 에너지에 대한 모든 형태는 빅뱅(Big Bang) 순간부터 초끈의 작용과 상호작용의 결과로 나타나게 되었다고 주장하고 있다. 초끈이론(superstring theory)은 우주를 물질과 에너지의 블록을 만드는 무한소(infinitesimal)의 끈과 함께 10차원(9개 공간적 차원과 1개 시간 차원)으로 묘사한다. 더욱이 이 이론에 의하면 빅뱅의 순간에 9차원은 동등했다고 추측하고 있다. 그 다음 우주가 팽창함에 따라 단지 3차원 공간만이 팽창했다. 다른 6차원은 단지 10^{-33}센티미터(즉, 10^{33}이 끝과 끝이 1센티미터의 거리가 되는)로 측정되는 빽빽하게 찬 기하 공간에 얽히고 둘러싸인 채 남아있다. 그러므로 이들 끈들은 그 안에 6차원을 갖고 있다고 믿는다. 과학자들은 6차원 위상학적 모델을 이용하여 그들을 묘사하려고 한다. 이들 초끈은 아마도 루프 내에 열려 있거나 닫혀 있을 것이고, 진동과 순환을 번갈아 가면서 우주의 물질과 에너지의 다른 형태를 만들고 있다고 믿고 있다. 다른 말로, 초끈은 어떻게 진동하고 순환하는가에 따라 각각을 서로 다르게 구별되게 한다. 초끈이론의 중요성은 아인슈타인의 일반 상대성 이론(Theory of General

Relativity)과 비교된다. 4차원을 마음속에 그리기가 무척 힘들었다. 아인슈타인은 길이, 너비, 높이, 그리고 시간이 우주에 존재하는 물체의 위치를 묘사하기 위해 필요하다고 주장하였다.

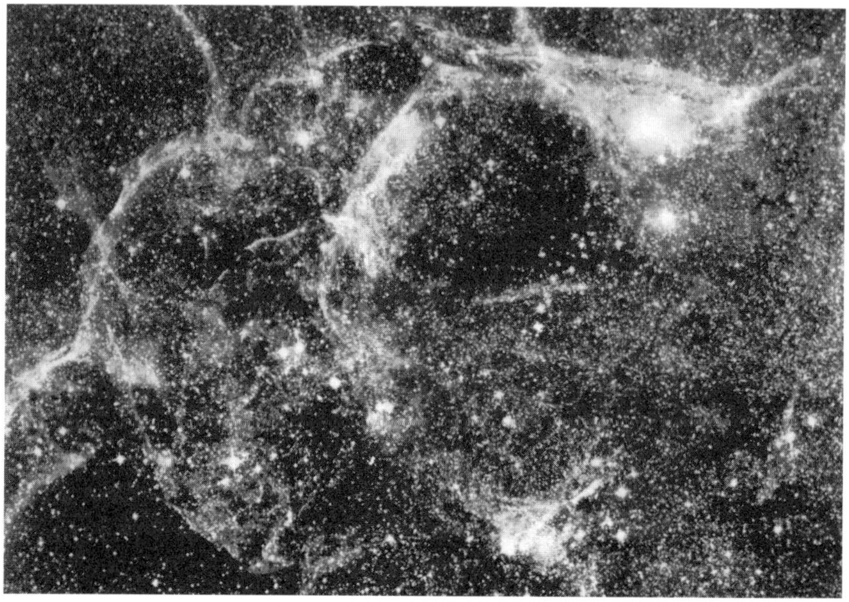

수학은 우주와 만물의 이론(TOE)을 설명하는 데 주요한 역할을 한다.

10차원은 질문 밖이라 보인다. 그러나 만약 사람들이 핀을 꽂아 우주에 있는 사물의 위치를 정확히 묘사하는 수치로 차원을 생각한다면 쉽게 이해할 것이다.

이들 만물의 이론에 대한 아이디어는 거의 20년 동안 진척되어 왔다. 계산의 결과(중력을 포함하는) 수학적 무한대 값[41]들을 산출하는 이 이론의 다양한 형태들을 입증하는 데 필요하기 때문에 중력은 전동장치에 있어 렌치 역할을 하였다. 획기적인 진전이 1974년에 나왔는데, 존 슈와르츠(John Schartz)와 조엘 스커크(Joel Scherks)는 아인슈타인이 네 번째 차원의 기하 공간에서 중력을

41) 수학적 무한대 값은 0으로 나누는 연산에서처럼 야기될 수 있다.

묘사하는 것과 유사하게 열 번째 차원에서 기하 공간의 곡률의 일부 조각으로 중력을 생각했다.

초끈을 기초로 하는 만물의 이론의 근간을 이루는 수학은 매우 강력하다. 결과들은 확실한 믿음이 간다. 슈와르츠와 마이클 그린(Michael Green)은 이 이론의 주요 두 선구자들이었다. 그들은 10차원 세계는 받아들이기 어렵다는 것을 알게 된 동료들로부터 연구에 대한 독려나 지원도 거의 받지 못했음에도 불구하고 이 이론을 10년 넘게 연구해 왔었다. 그러나 그들이 발표한 논문은 마침내 물리학자들에게 상당히 중요한 아이디어들을 제공하고 연구거리를 제공해 주었다. 몇몇 과학자들은 수학이 너무 어렵기 때문에 물리학자들이 이 아이디어를 연구하는 것(시간을 허비하는 것)을 피해야 한다고 주장하기도 했다. 초월 대칭(super symmetry), 6차원 위상학적 모델, 10차원 우주, 무한소 끈들은 이론을 묘사하고 타당함을 증명하는 데 요구되는 개념의 일부분이다. 결론적으로 이 이론은 다수의 물리학자를 수학자로, 또 수학자들을 물리학자로 전환하게 했다.

수학과 지도 제작
(mathematics & cartography)

우리는 지구가 편평하지 않다는 것을 모두가 알고 있으나, 휴대 간편성과 편리성 때문에 네모난 종이 위에 그려진 지도를 만들어 이용한다. 지구는 구형이기 때문에 지구본 위에 그린 지도가 가장 정확한 지도일 것이다. 지구본 지도는 극점과 극점을 연결하는 모든 경도선의 길이가 같고, 평행선처럼 모든 위도선은 극점으로 갈수록 지구본을 따라 크기가 감소하며, 두 경도선 사이 거리와 두 위도선 사이의 거리는 같고, 위도선과 경도선은 서로 수직하게 교차된다. 그러나 편평한 종이 위에 전 세계의 정확한 지도를 그리는 것은 불가능하다. 그러므로 지구본 지도의 투시도가 만들어진다. 서로 다른 형태의 투시도는 보다 정밀한 지도의 특정 지역을 만든다. 사영 기하의 개념으로부터 이들 다양한 종류의 지도를 만들기 위하여 이용된다. 예를 들면, 메르카토르 투시도(Mercator's projection, 원통형 또는 관형 투시도)는 적도 근처 영역에서 보다 정확하게 그릴 수 있다. 메르카토르 투시도는 극점에 수렴하는 경도선을 보여주지 않는다. 그래서 극점 근처의 영역은 실제보다 더 크게 나타난다. 한편, 정적도법(Zenithal projection)은 극지방에서 정확도를 부여하기 위해 사용된다. 지도 제작에 사용되는 다른 형태의 투시도가 있는데, 예를 들면 방위도법(azimuthal projections), 원추도법(conic projections), 상송도법(sinusoidal projections), 호몰로 그래프 도법(homolographic projections), 단열도법(interrupted projections)을 들 수 있다. 그러나 일단 투시도가 사용되면 지도의 일부분은 왜곡될 것이다. 이런 왜곡 현상들 때문에 네비게이터들이 종종 몇 가지 지도와 다양한 지역에 대한 지도의 조합 또는 여러 종류(공중, 해양)의 네비게이션을 사용하게 되는 그 이유를 설명해 준다. 사영 기하, 비율, 그래프, 구면 기하에 대한 기본 지식 없이는 지도제작은 원시적일 수밖에 없다.

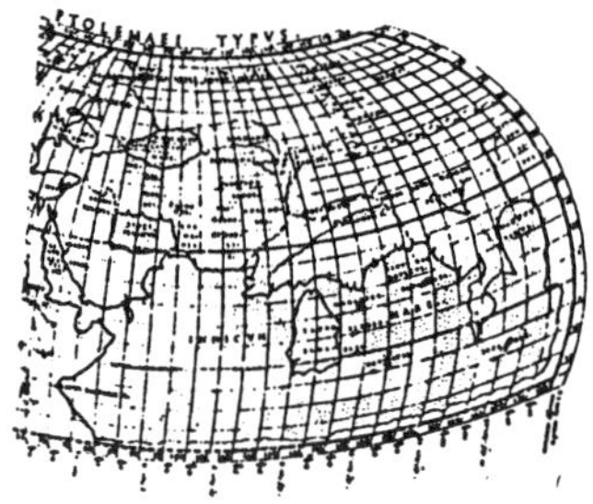

이것은 1561년 베네치아 지도 제작가에 의해 그려진 프톨레미의 세계전도 일부분임.

나선형-자연속의 수학

(spirals-mathematics in nature)

나선형의 형태는 일상생활과 자연의 여러 면에서 나타는 것과 더불어 그 빈도수는 헤아릴 수 없을 만큼 많다. 2차원 나선형, 3차원 나선형, 오른쪽과 왼쪽 방향의 나선형, 등각 나선형, 기하학적 나선형, 대수 나선형, 직사각형 나선형 등 다양하다. 우리가 곡선, 원과 타원을 생각할 때 가장 손쉽게 떠오른다. 그러나 수학에서 존재하는 것과 자연이나 자연 속 만물의 성장 패턴에서 나타나는 다양한 곡선들도 풍부하게 찾아볼 수 있다. 나선형이 이 범주 안에 들어온다.

나선에 대한 감각을 얻기 위해, 원과 그 성질을 비교해 보자. 원의 둘레, 즉 원주는 유한하다. 원은 중심으로부터 같은 거리에 있는 모든 점들의 집합으로 구성된 폐곡선이다. 반면 나선형은 출발점을 가지고 연속적으로 굽이쳐 감기고 있다. 그 길이는 무한하며, 그 시점과 종점이 연결되지 않기 때문에 개곡선이고, 원과 달리 구성하는 점들은 시점(극점)에서 일정한 거리에 있지 않다. 나선형은 2차원 또는 3차원이 될 수 있다. 레코드 판은 2차원 평면의 가장 훌륭한 예제이다. 이것은 분리된 동심원들로 구성되어 있지 않고, 하나의 단일 홈이다. 3차원 공간의 나선형은 원뿔체나 원통에서 – DNA 분자 구조, 스크루, 또는 코르크 스크루 – 같은 다른 물체를 따라 나선이 휘어 감길 때 만들어지며 이를 나선(helix)이라 부른다.

양치류 형태의 나선형

나선형은 수학적으로 탐구하는 데 매우 흥미로운 곡선이고 자연현상의 성장과 덩굴식물, 조개, 토네이도, 허리케인, 뼈의 구조, 소용돌이, 은하수, 거미줄, 건축과 예술적 디자인 같은 다른 영역과 연결고리 및 구조에서 찾아볼 수 있다.

놀라운 등각 나선형

(the remarkable equiangular spiral)

등각 나선은 매력적인 곡선이다. 이 곡선은 방조개, 해바라기 씨방, 황금무당거미줄 같은 자연 생물의 성장과정에서 나타난다. 데카르트(Rene Descartes, 1596~1650)는 1638년에 처음으로 등각 나선형을 연구하였다. 1600년대 후반에 베르누이(Jacob Bernoulli)는 나선형 곡선의 성질들을 많이 발견하였고, 사실 그의 묘비에 새길 말, Eadem mutata resugo(비록 변했지만, 변하지 않고 솟아오른다)을 유언으로 남기기 위해 나선 곡선을 선택했다.

등각 나선형의 몇 가지 성질들

1) 나선형의 반경에 접선이 되어 형성된 각들은 합동이다. 그래서 항들은 등각이다.
2) $r = ae^{b\cot\theta}$: 등각 나선형에 대한 극좌표 방정식
3) 등각 나선형은 기하급수적인 비율로 증가하며, 임의의 반경은 나선형을 등비급수를 이루는 단면으로 자를 수 있다.
4) 등각 나선형이 소용돌이칠 때 그 크기는 변하지만 형태는 그대로 남아있다.

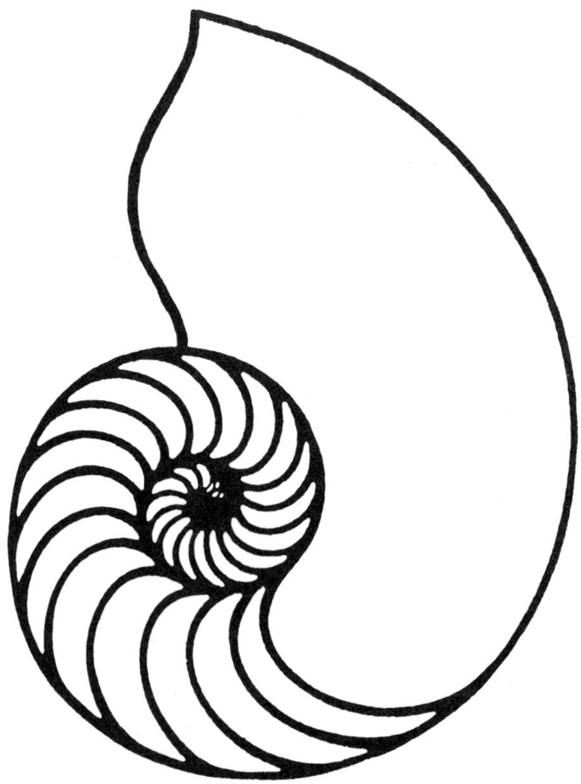

방조개

아인슈타인의 일반 상대성 이론 검증

(testing Einstein's General Theory of Relativity)

많은 아인슈타인의 이론들 대부분들이 수년 간에 걸쳐 증명되었지만 그의 일반 상대성 이론은 아직도 이론 그 자체로 남아 있다. 아인슈타인의 특수 상대성 이론의 핵심은 빛의 속도의 불변성이다.

빛의 속도 c는 초당 186,000마일이다. 우리가 빛의 속도 절반으로 우주를 여행하고 있으며, 광원(별 같은)으로 접근하고 있다고 가정하다. 이 별로부터 오는 빛의 속도는 항상 초당 186,000마일로 우리에게 도달할 것이다. 이는 우리의 속도와 상관없이 독립적이다. 이것을 설명할 수 있는 유일한 방법은 아마도 우주선 내부의 기구들이 아주 천천히 작동했기 때문이지, 우주선이 가리키는 것은 아무것도 없음을 이론화하는 것이다. 통제소의 경계 체계로 여러분은 우주선에 탑재된 생물이든 무생물이든 모든 것들을 측정해 느리게 혹은 축소시켜 찾아볼 수 있다.

거리와 시간의 측도는 속도에 의존한다. 즉, 속도가 증가하면 시간은 늦어지고 거리(길이 또는 크기)는 줄어든다. 이는 1972년에 설명되었는데, 두 미국 과학자가 원자시계를 장착하고 제트기로 전 세계를 비행하였다. 여행을 한 후에 같은 시간을 표시하는 지상의 일반시계는 제트기를 탑승한 시각이 890억분의 1초 느리게 보여주었다. 선상가속기에 의한 다른 검증 결과 아인슈타인의 특수이론의 공식은 $E=mc^2$이라 보여주었다. 멀지 않은 미래에 아인슈타인의 일반 이론이 검증될 것이다. NASA와 공동 연구 중인 스탠포드 대학의 과학자들[42]은 우주 왕복선 발사대를 계획하고 있다. 왕복선은 중력이 공간과 시간의 곡률을 야기한다는 아인슈타인의 신념을 검증하게 될 특수한 자이로스코프를 운반하게 될 것이다. 아인슈타인은 별과 행성 같은 거대 물체는 공간과 시간 둘 다 굴곡지게 한다고 주장했다. 그리고 크든 작든 모든 물체의 운동을 지배하는 것이 이 곡률이다. 양쪽 어느 방향의 결과이든 과학의 세계에서 엄청난 것이 창조될 것이다.

42) 스탠포드 대학의 과학자들은 30년 이상 이 실험을 하고 있다.

삼각형 퍼즐 만들기
(creating triangles puzzle)

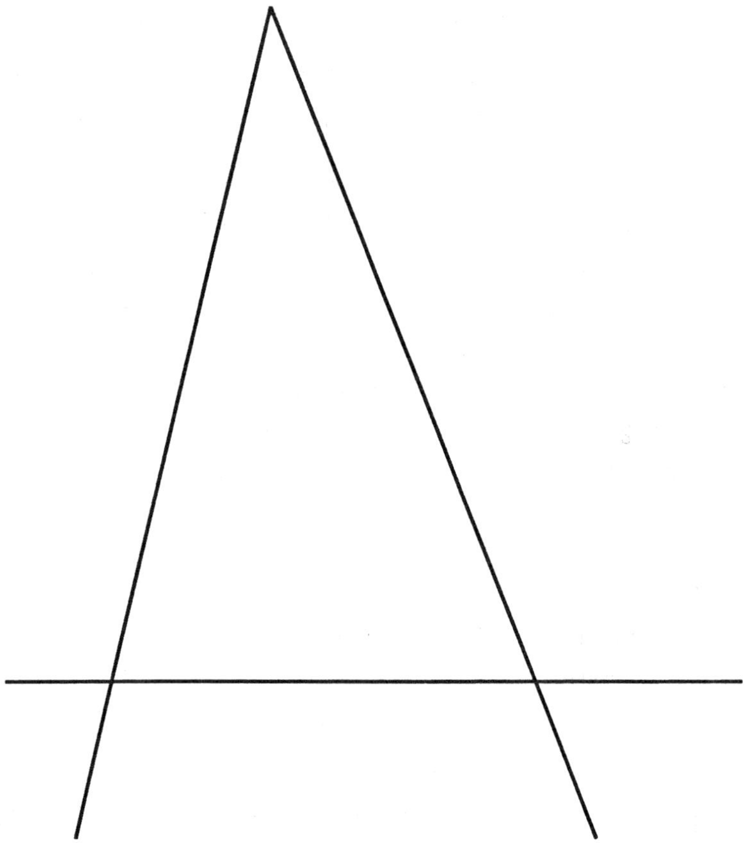

위 그림에 두 개의 직선을 붙여 10개의 삼각형을 만들어라.

→ 해답은 부록을 참조하기 바랍니다.

페르마의 마지막 정리-증명된 것인가 아닌가?

(Fermat's last theorem-proven or unproven?)

가장 최근에 풀린 유명한 수학의 난제 중의 하나가 페르마의 마지막 정리이다. 페르마(Pierre de Fermat, 1601~1665)는 직업이 변호사였고, 여가시간을 이용하여 수학을 연구하는 데 그의 시간을 보냈다. 그의 저서의 한 모퉁이에 그는 다음과 같이 기술하였다.

한 수의 세제곱을 세제곱한 두 수로 나누는 것, 네제곱, 일반적으로 한 수의 어떤 멱승을 두 수의 같은 멱승으로 나누는 것은 불가능하다. 그리고 나는 이 사실에 대한 놀라운 증명을 분명히 찾아냈으나 여백이 부족하여 기록하지 못했다.

다시 쓰면, 만약 n이 2보다 큰 자연수이면, $a^n + b^n = c^n$을 만족하는 양의 정수 a, b, c가 존재하지 않는다.

IF $n > 2$, $\nexists$ **positive whole numbers,** a, b, **and** c, **so that**

$$a^n + b^n = c^n$$

그가 사망한 후 이 노트가 발견되었고, 당연히 도전은 수학자들의 몫이었다. 그러나 그 후 수세기 동안 증명 또는 반증에 대해서 가장 유능한 수학자들에게도 잡히지 않았다. 페르마의 마지막 정리를 증명하기 위한 노력의 용트림을 이끌어낸 이론들이 정리 그 자체보다 더 중요하게 되었다. 어떤 사람들은 페르마가 증명하지 못했을 것이라 생각하기도 하나, 그의 동료들을 골탕먹이고자 일부러 증명을 감추었다고 생각한다. 그럼에도 불구하고, 이 정리는 지난 350년간 중요한 수학적 아이디어들과 발견들을 풍성하게 하는 자극제였다. 세계 수학 공동체는 프린스턴 대학의 수학자 와일스(Andrew J. Wiles)의 200쪽 논문인 모듈러 타원곡선(Modular Elliptic curves)과 페르마의 마지막 정리에 대한 엄청난 흥분과 열정을 토로하였다. 1993년 케임브리지에서 그의 연구 논문에 대해 발표할 때, 그는 시무라 타니야마-웨일(Shimura Taniyama-Weil)의 추측을 증명했다고 마지막 강연에서 힘주어 말했는데, 수학자들은 페르마의 마지막 정리를 증명하기 위한 열쇠를 지니게 되었다고 느꼈다. 수학적 굴레에서 느낌이라는 것은 와일즈의 연구 업적이 페르마의 마지막 정리를 해결하는 것같이 매우 긍정적이다.

뫼비우스 띠, π 그리고 우주대작전

(Möbius strip, π & Star Trek)

수학은 공상과학 영화의 극작가들이 구상할 수 있는 4차원, 뫼비우스 띠, 초월 공간, 클라인의 병, π 같은 풍부한 아이디어를 제공한다. 뫼비우스 띠의 개념은 독일의 수학자 뫼비우스(Augustus Möbius, 1790~1868)에 의해 처음 알려졌다. 미국 NBC 텔레비전 과학 시리즈 우주대작전-다음 세대(Star Trek-The Next Generation)의 타임 스퀘어(Time Squared)에서 뫼비우스 띠가 가장 중요한 열쇠 역할을 했다. 이 에피소드에서 뫼비우스 띠를 시간에 적용하였다. 우주선 엔터프라이즈호는 뫼비우스 띠 같은 형태가 되어야만 하는 "특정 시간대"에 돌입했다. 그들은 선장이 해답을 발견하기 전까지 동일한 사건의 연속적으로 끝없이 반복되는 시간의 뫼비우스 컨베이어 벨트에 갇힌다.

3.14159265358979323
84626433832795028 84
19716939937510582 09
74944592307816406...

다른 우주대작전(Star Trek) 에피소드에서 수학은 악역이기보다는 영웅이었다. 스팍(Spock)이 컴퓨터에게 π의 값을 달라고 요청하면, 악마 같은 컴퓨터가 π를 대조함으로써 숫자들을 화면에 돋보이게 한다. 당연히 π는 무리수이기 때문에 컴퓨터는 승무원이 중단을 요구할 때까지 계속해서 연산해낸다. 다른 극작가들도 그들의 작품을 창안하는 데 수학적 아이디어들을 사용하길 희망한다.

펜로즈 타일
(Penrose tiles)

타일 같은 현상은 거북등판, 물고기 비늘, 심지어는 우리의 피부에 타일을 깔아 꼭 들어맞게 놓은 것처럼 도처에서 찾아볼 수 있다. 수세기에 걸쳐 예술가들은 모자이크 마루, 그림과 벽에 모자이크 세공을 이용하여 왔다. 이슬람교 예술가들은 모자이크 세공에 관한 기하학적 디자인을 연출하는 달인들이었다. 에셔(M. C. Escher)는 새, 사람, 동물, 물고기처럼 살아 움직이는 것을 나타내기 위한 방법으로 대상물에 타일 처리하여 그들의 작품을 살아있게 표현하거나 부풀어 보이게 하였다. 모자이크 세공의 이 모든 형태들을 정규주기 타일링(regular periodic tilings)이라 부른다. 주기적 타일링에서 디자인의 기본 양식은 눈을 수평, 수직으로 움직일 때 본바탕이 반복적으로 보인다.

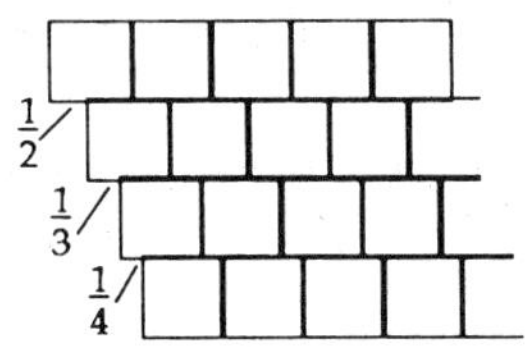

왼쪽에 있는 예제는 비주기적 타일링(non-periodic tiling)으로 정사각형의 타일을 층층이 쌓아 만들었다. 오른쪽은 직각삼각형을 이용하여 만든 비주기적 타일링의 예이다.

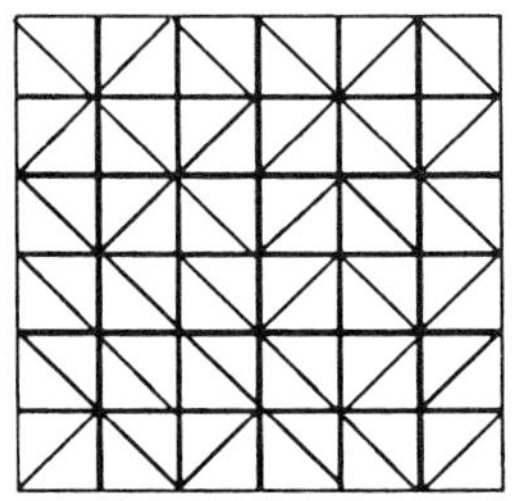

수학자들은 만약 비주기적 타일링을 특별한 형태로 만들 수 있다면 주기적 타일링도 이와 똑같은 형태[43]로 만들 수 있다고 믿었다. 1964년 단지 비주기적 타일링만 되는 타일의 집합을 찾아냈다. 이 집합은 20,000개의 서로 다른 모양의 타일로 구성되어 있었다. 이 발견과 더불어 가장 적게 소요되는 다른 것들이 따라 나왔다. 1974년 영국의 수리물리학자 펜로즈(Roger Penrose)[44]는 평

43) 비주기적 타일링의 예들은 정사각형을 쌓아 만들었고 직각삼각형들이 주기적 타일링으로 재배열될 수 있다.
44) 에셔 같은 예술가에 의해 이용되었던 불가능한 삼각대(impossible tribar)는 펜로즈에 의해 창안되었다. 그는 또한 트위스터 이론(twistor theory)에 일가견이 있다. 비록 트위스터는 보이지 않지만, 그는 공간과 시간은 트위스터의 상호작용에 의해 섞여 있다고 믿는다.

면에서 서로 다른 비주기적 타일링을 무한히 만들 수 있는 단 두 개의 타일로 구성된 집합을 발견하였다. 그는 그의 타일을 다트(darts)와 연(kites)이라 명명하였다.

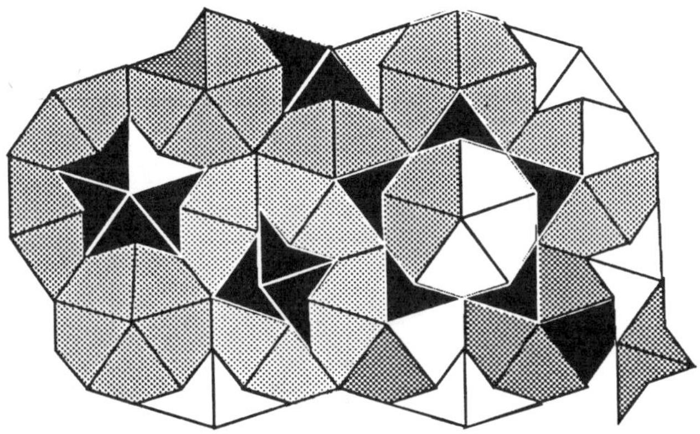

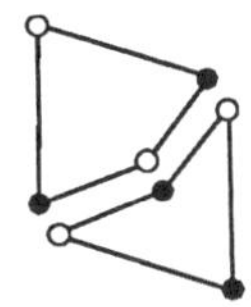

그들은 마름모[45], 황금비율과 황금삼각형을 이용하여 그림에서 보는 것처럼 만들었다.

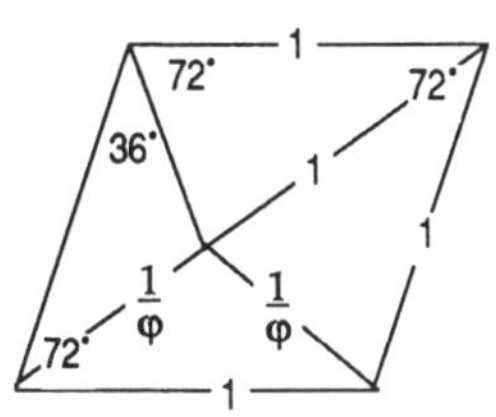

다트와 연은 그림에서 보는 것처럼 대응되는 원과 꼭지점을 반드시 연결하여야 한다. 다음에 설명된 그림들은 다트와 연으로 만들 수 있는 모든 펜로즈 타일링에 나오는 7가지 종류의 정점 클러스터이다.

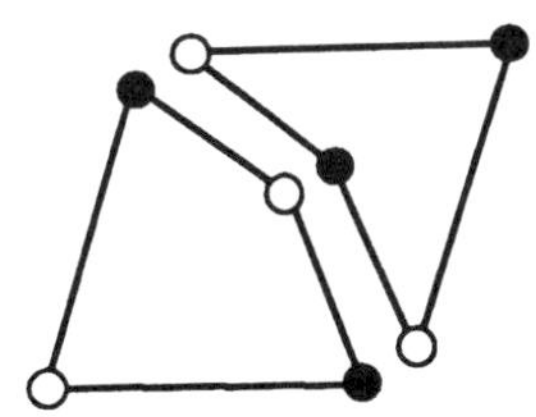

45) 마름모는 주기적으로 타일한다. 다트와 연으로 만들어진 마름모꼴은 나란히 놓아 주기 타일링을 만들 수 있다. 그래서 펜로즈 타일은 이런 방법으로 놓여진 마름모의 사용을 피하였다.

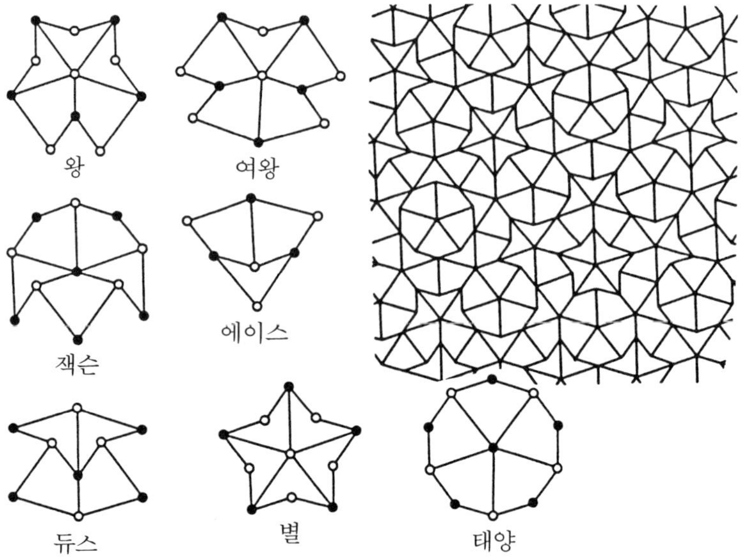

다트와 연을 이용하는 비주기적 타일링과 더불어 여기서 보여주는 타일링은 다음에서처럼 다트와 연으로 개발될 수 있는 마름모들로부터 형성된다.

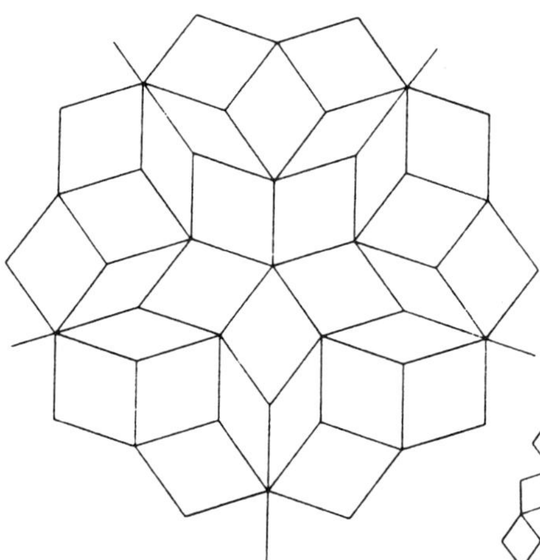

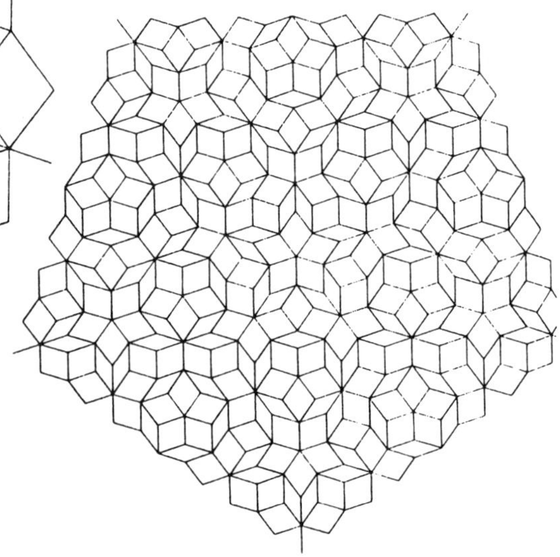

비록 펜로즈 타일은 주기적 타일링 형태는 아니지만, 그들은 5중 대칭과 10중 대칭이라 부르는 대칭형을 지니고 있다. 예를 들면, 펜로즈 타일을 슬라이드 위로 등화시키고 1/5 회전시키면 원래 패턴과 정확히 일치한다.

수학적 범주를 벗어난 영역에서 수학적 아이디어들이 흥미를 자아내는 것을 잘 찾아볼 수는 없다. 그러나 펜로즈의 흥미로운 발견은 예외였다. 1982년 비수학적 세계에 문을 두드리고 알려지게 된 실질적 응용이 발견되었다. 화학자 쉐크만(Daniel Schechtman)은 새로운 초강력 합금을 만들기 위하여 망간과 알루미늄을 연결하는 방법을 찾아냈다. 그러나 그가 발견한 크리스탈은 존재 법칙인 발로우 법칙(Barlow's law)[46]을 위배하는 것으로 나타났다. 이 합금의 크리스탈은 5중 대칭을 갖고 있다. 결과적으로 과학자들은 크리스탈은 결코 5중 대칭을 이루지 않는다는 것을 알고 있기 때문에 쉐크만의 결과에 관심이 없었다. 이 새로운 합금에 이르러, 크리스탈의 축 둘레를 1/2, 1/3, 1/4, 1/6 돌려 회전하면 동일한 패턴들이 생긴다. 물론 1/5 돌려 회전하면 수학적으로 불가능[47]하다고 믿었다. 과학자들이 펜로즈의 2차원 타일과의 관련성을 깨닫기 시작할 때, 그들은 그의 아이디어를 이용했고 확실한 크리스탈의 구조를 묘사하기 위하여 펜로즈 타일의 3차원 모델을 창안했다.

펜로즈 타일은 많은 아이디어, 매력적인 수학적 암시, 그리고 "새로운 세계"에 자극을 주었다. 이 두 개의 간단한 모양이 무한개의 서로 다른 모자이크 세공을 창안하는 것에 대한 밑바탕으로 작용한다. 여러분 자신의 펜로즈 타일을 창안하여 다트와 연이 서로 꼭 들어맞는 성질과 다양한 방법들을 찾아보라.

수학자들은 비주기 타일링을 만드는 수많은 타일의 집합들을 찾아냈다. 그러나 아직까지도 미해결 문제 – 단지 평면을 비주기적으로 타일할 수 있는 하나의 모양으로 된 타일이 존재하는가?– 가 있다.

46) 발로우 법칙은 수학적 정리로 5겹 대칭은 평면과 공간에서 주기적 타일링으로는 불가능하다고 기술된다. 분명히 그들의 연구에서 이 정리를 이용하는 과학자들은 크리스탈의 비주기적 가능성을 고려하지 않았을 것이다.
47) 분명히 이 논제는 왜 정5각형으로 평면을 모자이크 세공할 수 없는지와 유사하다.

수 체계의 자릿값-어디에서 나왔는가?
(place value number system-Where did it come from?)

오늘날 우리는 의심할 여지없이 자릿값 개념을 택하여 사용하고 있다. 십진표기법으로 숫자를 쓰려 하고, 본능적으로 숫자를 세는 당연한 방법을 생각한다. 태초에 마크나 막대기가 양을 나타내기 위하여 사용될 때부터 자릿값 개념은 십자군 원정시대(B.C. 2000부터 B.C. 1000)에 바빌로니아인들에 의해 고안되기까지 약 28,000년이 경과되었다는 것을 알고 나면 매우 놀랄 것이다. 처음 자릿값 체계는 십진수가 아니라 60진수 형태였다는 것도 매우 놀라운 일이다. 28,000년이란 긴 세월 동안 수치적 양에 대한 수많은 다양한 기호들이 서로 다른 문명하에서 개발되었다. 양을 나타내기 위한 자릿값 체계가 없으면 수량의 총계에 다다를 때까지 기호를 반복적으로 사용하는 것이 당연했다. 예를 들면, 이집트의 숫자는 원래 상형 문자체였고, 주로 반복적 원칙에 근간을 두었다. 수량을 기록하기 위하여 그들은 다음과 같은 기호를 반복했다. 𓏺=1, 𓎆=10, 𓍢=100, 𓆼=1000 등등. 이집트인들의 상형문자 체계에서 숫자 34에 대한 기호를 기록하기 위하여 우리는 𓎆𓎆𓎆𓏺𓏺𓏺𓏺으로 쓴다. 알려진 것 중 가장 오래된 자릿값 체계는 수메르인의 60진법 수 체계에 기반을 둔 것으로 주로 바빌로니아인들이 사용했다. 0부터 59까지 숫자를 기록하기 위하여 60개의 기호가 필요한 대신 두 기호, 1=𒁹과 10=𒌋이면 충분했다. 이 수 체계에서 가장 어려운 것 하나가 영(zero)의 부재이다(만약 우리의 수 체계에서 영에 대한 기호가 없었다면, 202는 22, 2002, 220 등과 혼동될 수 있다는 것을 상상해 보자.). 만약 한 숫자가 자리지정자를 요구한다면 그 값은 자릿값의 내용으로부터 결정될 것이다. 궁극적으로 공간은 필기사들에 의해 자리지정자로 남겨진다. 이 체계는 한층 향상된 것이지만, 영으로 끝나는 숫자 문제를 해결하지 못했으며, 다시 그들의 값은 자릿값의 내용으로부터 결정되어야 했다. 기원전 4세기에서 기원전 1세기 사이 어느 땐가 영에 대한 자리지정자로  또는 로 개발되었다. 영의 발명과 더불어 바빌로니아인들은 분수에 대한 숫자 표기를 할 수 있었다. 기호 영으로 시작하는 숫자는 분수였음을 가리켜주었으며,  = 0° 15′ 20″ (0 + 15/60 + 20/360)이다. 무가치(nothing)를 나타내기 위한 기호 사용의 개념, 즉 제로 수량(zero quantity)은 영에 대한 기호로 즉시 착상되거나 연결되지 않았다.

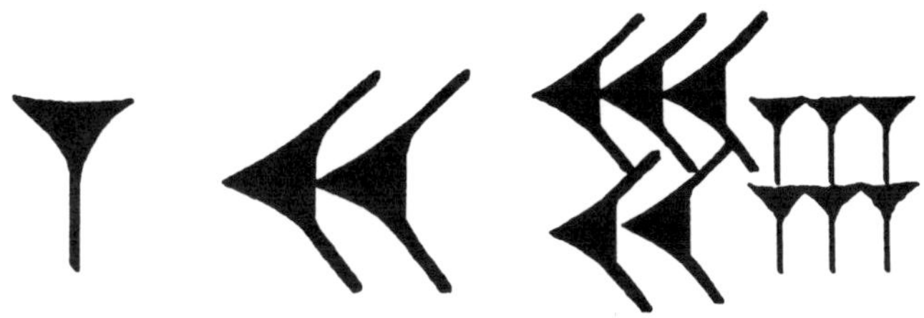

세 번째 자리		두 번째 자리		첫 번째 자리
1×60^2 3,600	+	20×60^1 1,200	+	56×60^0 56 = 4,856

세 번째 자리		두 번째 자리		첫 번째 자리
1×60^2 3,600	+	0×60^1 0	+	5×60^0 5 = 3,605

십자군 원정시대의 첫 천년 어느 때 바빌로니아 학자들은 처음 진정한 수 체계 자릿값을 개발했다.

이 아이디어는 시간의 흐름과 함께 발전되었다. 처음은 그리스인과 나중에는 아랍과 유대 천문학자들이 설형문자 숫자 대신에 그들의 알파벳 숫자를 적용하여 천문학적 목록을 작성하는 데 바빌로니아인의 표기법을 채택하였다. 기원 후 500년이 지나서야 힌두교인들이 10진수 체계에 대한 자리표기를 발명하였다. 그래서 과거 아홉 개의 알파벳 문자는 버려졌고, 기호가 표준화되고 자릿값이 통일되었다. 오늘날도 여전히 바빌로니아인들의 60진수 체계의 증거들이 발견된다. 60진수 단위들은 각도(각, 분, 초)와 시간(시, 분, 초)을 측정하는 데 사용되었다. 만약 진수체계가 고안되지 않았다면, 로마 숫자와 유사한 수 체계를 이용한 끔찍한 계산 작업을 상상해 볼 수 있을까? 그리고 만약 이진수 체계가 아니었다면 어떻게 컴퓨터가 개발되고 프로그램 되었을까?

일의 자리	60번째 자리	3,600번째 자리	216,000번째 자리
0×60^{0}	2×60^{-1}	30×60^{-2}	$9\times 60^{-3} = 0+\frac{2}{60}+\frac{30}{36,000}+\frac{9}{216,000}$

만약 자릿값에 관한 진수를 선택하는 아이디어의 점진적 발전을 포함하지 않고 한 집단의 결과로 남았다면, 10진수는 사람들이 선택하지 않았을 것이다. 예를 들면, 18세기에는 뷰퐁(Comte George Louis Leclerc de Buffon)이 제안한 12진수가 널리 채택되었다. 12는 10진수에 대비하여 약수를 4개 가지지만, 유명한 수학자 라그랑지(Joseph Louis Lagrange)는 모든 분수 체계는 기약 분수로 만들 수 있어 유일한 수로 표현할 수 있기 때문에 하나의 소수 진수체계를 주장했다. 예를 들면, 10진수 체계에서 0.40은 최소한 세 개의 분수 표현이 가능하다.

$$\frac{40}{100} = \frac{4}{10} = \frac{2}{5}$$

소수(prime) 진수에서 분수가 소수(decimal) 형태로부터 전환될 때, 분모는 단지 그 소수의 인수로 구성된다. 그러므로 소수 진수는 그것과 같은 가능한 분수로 줄어들 것이다. 예로 $.24 = \frac{24}{7^2}$는 더 이상 기약분수로 고칠 수 없지만, $.020 = \frac{20}{7^3}$은 $\frac{2}{7^2}$로 줄일 수 있다. 만약 10진수에 대해 마지막으로 투표하는 것이 열 손가락이었다면 아마도 도울 수는 없지만 의아해할 것이다.

여러분이 태어난 날은?

(On which day were you born?)

우리는 어떤 일이 일어났거나 일어나게 될 일에 대한 요일을 쉽게 결정할 수 있다.

월 수	
1월	1
2월	4
3월	4
4월	0
5월	2
6월	5
7월	0
8월	3
9월	6
10월	1
11월	4
12월	6
윤년이면, 1월은 0이고 2월은 3이다.	

요일 수	
일요일	1
월요일	2
화요일	3
수요일	4
목요일	5
금요일	6
토요일	7

세기 수
1752년 9월 16일부터 1700년까지 요일에 4 더하기
1800년부터 1899년까지 요일에 2 더하기
1900년부터 1999년까지 요일에 0 더하기
2000년부터 2099년까지 요일에 6 더하기
2100년부터 2199년까지 요일에 4 더하기

예제 : 1990년 8월 27일 테스트

단계

1) 태어난 해 1990년에 마지막 두 수, 즉 90을 택한다.
2) 4로 이 수를 나누고 나머지는 무시한다. $90 \div 4 = 22$ (그리고 나머지 2는 무시한다).
3) 월 단위 차트로 가서 8월에 해당하는 수를 찾는다. 그 수는 3이다.

4) 해당 월의 날은 27일이다. 이 수에 1단계에서 3단계까지 얻은 수들을 모두 더한다.

   $27 + 90 + 22 + 3 = 142$를 얻는다.

5) 이 총합을 7로 나눈다. 우리는 $142 \div 7 = 20$에 나머지 2를 더한다(주의 : 만약 나머지가 0이면 7을 나머지 수로 사용한다).

6) 세기 차트로부터, 1990년에 대한 세기의 수를 찾는다. 우리는 그 수 0을 찾는다.

   5단계로부터 이 수를 나머지에 더한다.

나머지 + 세기 수 = 2+0=2.

합 2는 우리에게 한 주의 요일을 말해준다. 요일 차트에서 수를 찾는다. 2는 월요일에 대한 수이다.

여러분이 태어난 날은 언제인가? 어떻게 이렇게 되는 것일까?

초정육면체의 투시도

(the projection of a hypercube)

평면 사영 기하는 한 물체가 다른 평면으로 투시될 때 변하지 않고 남아 있는 2차원 대상의 성질들을 연구한다. 예를 들면, 한 평면의 모양들이 한 점을 통하여 다른 평면으로 투시될 때 다른 것들은 변하지만 이 물체들의 어떤 특성들은 변하지 않고 유지된다. 선분은 선분으로, 삼각형은 삼각형으로 투시되지만 원은 반드시 원으로 투시되지 않는다. 투시도의 점에 따라 그들은 타원이 되기도 한다. 모든 경우에 거리, 각의 크기, 합동성은 보존되지 않는다.

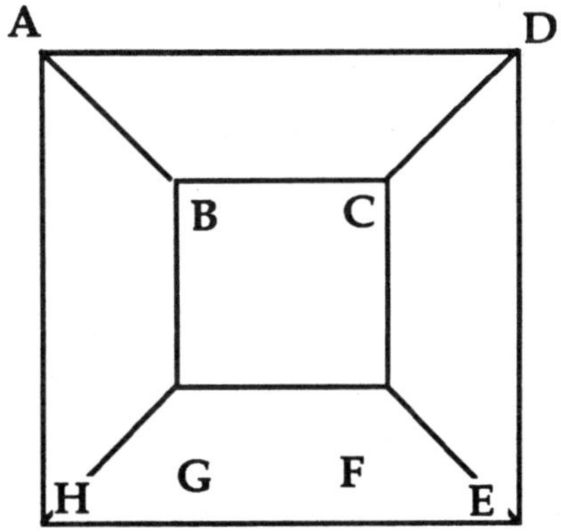

6개의 정사각형은 *ABCD, ABGH, HGFE, CDEF, ADEH,* 그리고 *BCFG*

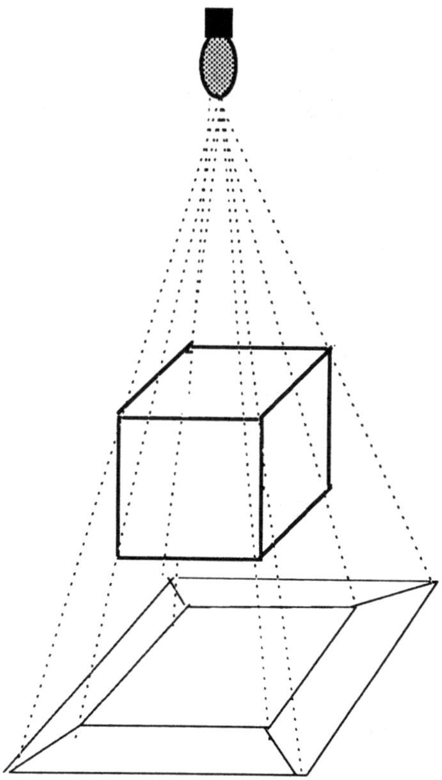

3차원 물체의 흥미로운 성질들이 평면상으로 사영될 때 나타난다. 그림에서 보이는 것은 3차원 정육면체의 상이 2차원 평면으로 변환된 것이다. 결과 정육면체의 6개 정사각형들은 동시에 볼 수 있다. 실로 좀 더 여러분의 상상력을 증진시키는 어려운 과제로 초 정육면체를 3차원 공간으로 투시된 모습을 상상할 수 있겠는가?

아인슈타인의 "은폐된 진실"?

(the Einstein "cover-up"?)

1990년 2월 미국과학진흥협회(American Association for the Advancement of Science) 회의에서 아인슈타인의 이론에 대해 전적으로 신뢰를 받았는지에 대한 열띤 토론이 있었다. 트로멜과 플로이츠(Senta Troemel-Ploetz)의 책 『아인슈타인의 그림자: 밀레바 아인슈타인-마리치의 비극적 생애』(In the Shadow of Albert Einstein: The Tragic Life of Mileva Einstein-Maric)는 학자들 사이에 열정적인 관심을 불러일으켰다. 아인슈타인과 마리치는 1896년 스위스 연방 공과대학에 다닐 때 만났다. 그들은 1903년에 결혼했고 1914년에 이혼했다. 아인슈타인의 연구는 공동 노력을 통한 결과였다고 주장하며 다음과 같이 기술하였다.

$$E=mc^2$$

1) 그들은 거의 같은 과목을 수강했다.
2) 그들은 최종 졸업 논문을 같은 분야에 대해 썼다.
3) 1900년 둘 다 마지막 시험에 떨어졌으나, 아인슈타인은 졸업했다.
4) 1982년까지 스위스의 대학들은 남·여학생들에 대하여 다른 학사규정을 인정했다.
5) 마리치는 너무나 뛰어났기 때문에 이런 명문 남자 대학원에서 물리학을 공부할 수 있었다.
6) 전하는 바에 의하면 마리치는 아인슈타인이 명성을 날리게 될 매우 중요한 연구 결과를 아인슈타인과 그녀가 최근에 얻었다는 것을 그녀의 아버지에게 말했다. 같은 해 아인슈타인은 특수 상대성, 브라운 운동, 광전 효과(이 연구 결과로 1921년에 아인슈타인이 노벨상을 수여받음)에 대한 논문을 발표하였다.
7) 아인슈타인은 노벨상의 부상으로 받은 전액을 정신질환을 앓고 있는 그들의 아들 치료에 쓰기 위해 마리치에게 주었다.

8) 아인슈타인이 마리치에게 보낸 41통의 편지에 "우리의 조사"와 "우리의 연구"라고 계속 썼다.

9) 마리치는 아인슈타인-하브리취(Einstein-Habricht)의 이름으로 특허권을 취득한 것으로 극소 전기 흐름을 측정하기 위한 기계의 개발을 위해 물리학자 하브리취(Paul Habricht)와 공동 연구했다.

10) 그 당시에 남자를 위하여 여자의 연구 업적을 인정해 주는 것이 일반적이었고 그게 용인되었다고 저자는 지적한다. 더불어 대학 임용에 대한 기회를 높이기 위해 마리치의 공헌 비밀을 지키기로 부부가 서로 인정했을 것이다.

수학적 속임수
(the mathematical shuffle)

숙련된 손으로 한 벌의 카드를 사용하여 "마술"을 부릴 수 있다. 예를 들면, 52장의 카드 한 벌은 원래의 순서를 교묘하게 8개의 완전 카드 떼기로 돌릴 수 있다. 완전 카드 떼기(perfect shuffle)는 한 벌의 반을 쌓는 것을 요구한다. 그러나 스탠포드 대학의 다이아코니스(Persi Diaconis)같이 수학에 능통한 마술사가 연기를 보일 때, 어떤 크기의 카드 숫자에 대해 반복적인 완전 카드 떼기[48]를 연출하여 정렬할 수 있는 모든 방법에 대해 꼭 들어맞도록 하나의 공식을 세운다. 불행히도 이 묘기는 어렵다. 컴퓨터의 힘과 명석한 가정을 통한 수년간의 연구 결과로 공식이 세워졌고(컴퓨터를 이용하여)[49] 증명되었다. 수학에서 많은 발견들처럼 하나의 결과는 다른 수학적 사실들과 연결되었다. 이 경우 카드 한 벌의 각 사이즈에 대한 가능한 정렬이 군론(group theory)과 연결된다고 판명되었다.

48) 두 가지 완전 카드 떼기가 있는데 하나는 첫 카드가 첫 번째 자리에 남아있고, 다른 하나는 첫 번째 자리에 두 번째 카드가 오는 것이다.

49) 벨 연구소의 다이아코니스(Persi Diaconis)와 그라함(Ronald Graham)과 미 오리건 대학의 캔터(William Kantor)는 공동 연구를 통하여 배열 공식을 발견하였다.

수학과 미신

(mathematics & superstitions)

모든 연령에 걸쳐 사람들은 숫자에 특별한 의미를 부여한다. 일부 사람들은 어떤 수는 특정한 수량을 묘사하는 것뿐만 아니라 행운이나 다른 기운을 갖고 있다고 믿는다. 많은 사람들은 행운의 수를 갖고 있고 다양한 문명에 걸쳐 13이 불행을 의미하는 것처럼 숫자를 찾는다.

피타고라스학파 사람들은 숫자는 우주를 지배한다고 느꼈다. 그들은 전수에 특별히 중요한 의미를 부여했고, 만약 그것들의 사용을 마스터할 수 있었다면 여러분은 우주의 행로를 이해하고 영향을 줄 수 있었다. 심지어 숫자들은 이성, 건강, 정의, 결혼 등에 영향을 주었다.

예를 들면,

1은 모든 수의 기원이었다. 짝수는 여성, 2는 첫 번째 짝수로 견해의 다양성을 상징했다. 3은 첫 번째 남성 수였고 이 수는 1과 2, 단일성과 다양성으로 구성되었기 때문에 조화로움으로 여겨졌다. 4는 완전 정사각형으로 정의를 나타내었다. 5는 첫 번째 여성과 남성으로 구성되었기 때문에 결혼을 대표했다.

만다라(mandala)는 고대 종교적 심벌로 숫자 4가 그 근본이었다. 통상 정사각형과 같이 원 또는 4등분하거나 4를 곱한다.

수학, 프랙탈 그리고 용
(mathematics, fractals & dragons)

프랙탈은 자연의 기하로 언급되기에 이르렀다. 비록 자연에서 나타나는 유클리드 기하학의 대상들이(육각형, 원, 입방체, 4면체, 정사각형, 삼각형 등등) 엄청나게 많지만, 자연의 무작위성은 유클리드 기하학적 설명으로 충분하지 않는 대상들을 양산하는 것처럼 보인다. 이 경우에 해당되는 것으로 프랙탈이 가장 훌륭한 묘사 대상이라 볼 수 있다.

유클리드 기하는 크리스탈과 꿀 벌집 같은 대상을 설명하기에는 훌륭한 이론이지만, 유클리드 기하 영역에 있는 팝콘, 구운 상품, 나무껍질, 구름, 생강 뿌리, 해안선 같은 대상을 잘 설명해 줄 수 없어 난처한 지경에 이르곤 한다. 유클리드 기하의 기원은 고대 그리스(B.C. 300년경에 유클리드는 『원소』(Elements)를 저술하였다)이지만, 프랙탈은 1800년대 후반에 나왔다. 사실 프랙탈이란 용어는 1975년에 맨델브롯(Benoit Mandelbrot)에 의해 신조어로 만들어졌다.

프랙탈은 기하학적 범주와 무작위성 범주의 두 영역으로 나눌 수 있다. 프랙탈의 성질들은 다양하다. 예를 들면, 평면상에서 프랙탈의 차원은 분수(fractional) 차원으로 이는 1차원과 2차원 사이의 차원을 나타내며, 공간에서 프랙탈은 2차원과 3차원 사이의 분수 차원을 갖는다. 프랙탈의 세계에서 더 이상 2차원, 3차원을 말할 필요 없이 1.75차원 또는 2.3차원으로 말하는 것이 더 바람직하다. 모래의 모든 퇴적물과 단위가 측정되고 이들 단위 수는 마치 용 모양을 그리는 곡선처럼 끊임없이 변하기 때문에 프랙탈 기하에서 해안선은 길이가 무한하다고 간주된다.

프랙탈에는 수많은 모양과 용도들이 있다. 이 프랙탈의 집합은 그 크기가 확장됨에 따라 그들의 세부적인 것들은 잃지 않는 성질을 갖고 있다. 사실 구조는 원래의 프랙탈과 동일하다. 예제는 세자로(Cesaro) 곡선에 대한 그림이다.

세자로(Cesaro) 곡선

프랙탈에 대한 새로운 응용들이 꾸준하게 속속들이 밝혀지고 있다. 프랙탈은 점화식 함수(예를 들면, 피보나치수열은 앞 두 항을 더하여 생성되기 때문에 점화 수열이다)이기 때문에 컴퓨터 프로그램이 이 프랙탈을 생성하는 이상적인 방법이다. 1986년 댈러스의 픽사 회사(Pixar Company)에 의해 전시된 엄청난 그래픽뿐만 아니라 컴퓨터는 우주대작전 II (Star Trek II)의 칸의 분노(The Wrath of Khan)에서 새로운 행성의 탄생과 제다이의 귀환(The Return of the Jedi)에서 우주 공간에 행성이 떠다니는 것 같은 영화 속에서 프랙탈의 풍경과 장면을 생성하는 데 이용되었다. 심지어 프랙탈은 다른 생태계(미 조지아 주 남동부에 있는 오커퍼노키 습지[50])의 진화를 묘사하고 예측하는 데 이용되기도 하였다. 사실 프랙탈과 함께 생태계의 작용은 환경에서 산성 강우와 또 다른 공해의 전파 범위를 결정하는 근간이 된다.

50) 뉴욕의 홉스트라 대학의 수학자 해스팅(Harold Hasting)은 오커퍼노키 습지에서 생태계의 역동성을 모델링하기 위해 프랙탈을 이용하였다. 식물과 삼나무 지도가 무작위 프랙탈 지도와 비교되었다. 모델링 결과 어떻게 광범위한 과거 역사를 들추지 않고 한 종이 다른 종과 경쟁하여 생존하는지 보여주었다.

프랙탈은 완전히 새롭고 흥미로운 기하학 분야를 분명하게 개척하였다. 이 새로운 수학 영역은 우리 일상생활의 많은 분야, 즉 자연 현상의 묘사, 영화 촬영소, 천문학, 경제학, 기상학, 생태학을 다루고 있고 멀리 동떨어진 성질들을 갖는 비교적 좀 별난 대상을 생성하기도 한다. 프랙탈은 그들의 응용이 너무나 광범위하고 그 특성이 너무나 매혹적이기 때문에 특별히 더 재미있다. 여기서 우주를 항구적으로 변화시키는 것을 묘사하는 기하를 소개한다.

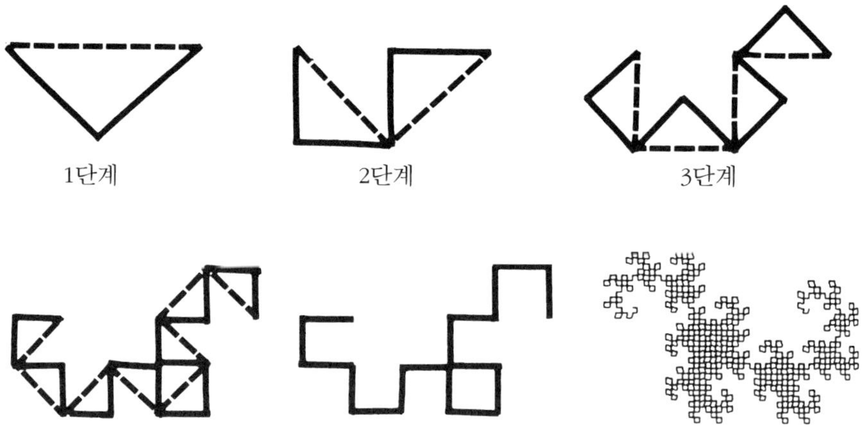

직각 이등변삼각형을 이용하여 용 모양의 곡선을 만드는 과정
점선은 제거된 빗변을 나타내 준다.

용모양의 곡선은 원래 물리학자 하이웨이(*John E. Heighway*)에 의해 발견되었다. 그것을 생성하는 방법은 여러 가지가 있다. 여기서 사용된 방법은 눈송이 곡선을 생성할 때와 똑같은 방법이다. 눈송이 곡선에서 우리는 정삼각형으로 출발하여 삼등분된 각 변에 작은 정삼각형을 계속 더해서 만들었다. 이 용 모양의 곡선에서는 직각 이등변삼각형에서 빗변을 제거하면서 시작한다. 다리의 반대쪽 편은 다리를 생각하여 새로운 빗변과 그 빗변을 제거하는 것을 고려하여 또 다른 직각 이등변삼각형을 만든다. 지금부터 약간 다른 기하학적 모형과 유사한 절차를 고안하면서 여러분 자신의 프랙탈을 만들어 보라.

정사각형 겹치기 문제
(overlapping squares problem)

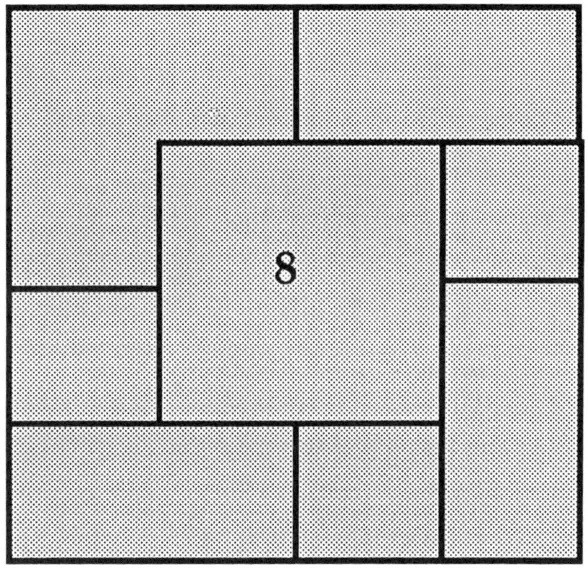

여덟 개의 합동인 정사각형들이 다른 것 위에 놓여 있다. 만약 숫자 8로 명시된 정사각형이 마지막으로 놓였다면, 다른 7개의 정사각형들이 그림에서 배열된 것처럼 처음부터 놓인 순서를 결정해 보자.

→ 해답은 부록을 참조하기 바랍니다.

일본도의 기하급수적 파워
(the exponential power of Japanese swords)

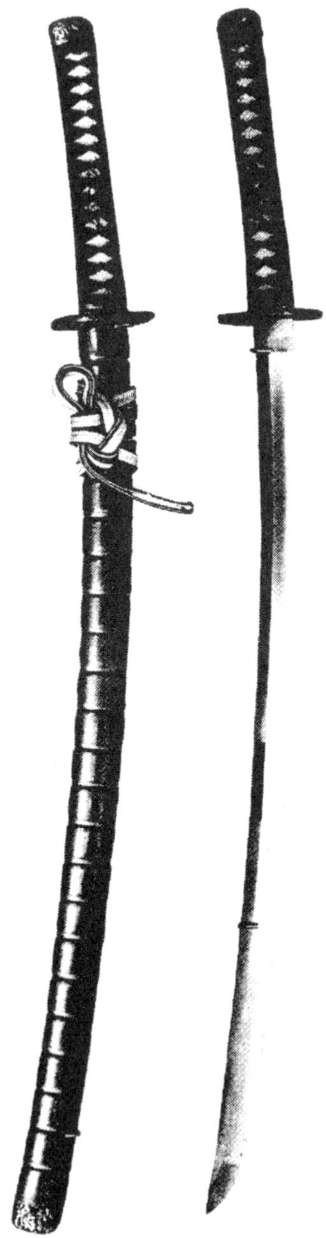

일본에서 생산되는 칼을 만드는 기법은 옛날부터 비밀리에 아버지에서 아들에게 또는 스승과 제자 사이에 전수된 축적된 전문 직종이었다. 도검공은 특정한 종교의식과 전통을 준수하였고, 의식복을 입었다.

우선, 도검공은 강철 띠를 녹여 다룰 수 있는 철장대로 만드는 특별한 기술을 가져야만 했다. 다른 강철 받침대 위에 올려놓고 6~8인치 길이와 1.25~2인치 너비의 특정한 치수의 봉을 용접한다. 칼은 유연하면서도 강력해야 하므로 층을 이루며 제작되어야 한다. 그 다음 접고, 용접하고 단조하여 하나의 치수로 만든다. 기름칠하는 것과 가능한 결함을 피하기 위하여 금속에 결코 손이 닫지 않게 주의력을 집중한다. 접어 겹치기, 용접하기, 단조하는 과정이 반복적으로 수행된다. 사실 22번이나 반복되며 강철의 층이 $2^{22}=4,194,302$ 되는 것을 만든다. 각 봉을 단조하는 과정에 물과 기름을 번갈아 가면서 식히며, 다음에 망치로 원하는 길이와 모양의 칼을 뽑아낸다.

역 눈송이 곡선
(Anti-snowflake curve)

눈송이 곡선[51]을 만드는 과정의 역순을 시행하면 어떤 일이 발생하는지 알아보자.

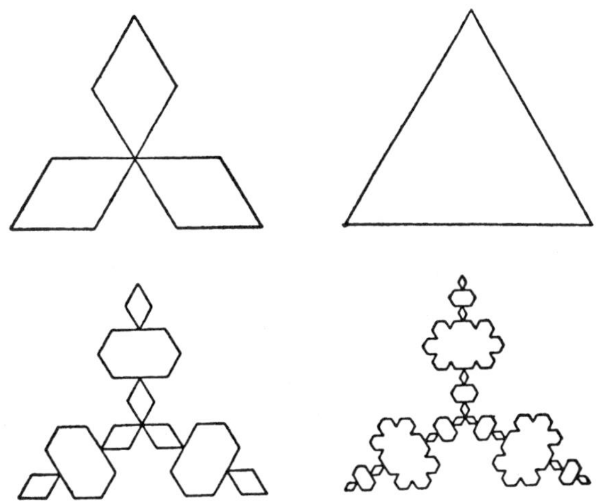

눈송이 곡선을 만들기 위하여 정삼각형으로부터 시작한다. 다음 삼각형의 각 변을 삼등분한다. 여기서 3등분한 각 변의 중앙을 기준으로 밖에 점을 찍어 새로운 정삼각형을 만들고 원래 삼각형 위에 올려놓아 내부의 변을 지운다. 각 변들을 삼등분하고 새로운 점을 그린 후 각각 정삼각형을 만드는 이 절차를 반복적으로 계속한다. 눈송이 곡선은 이런 과정을 계속해서 반복적으로 수행하면 만들어진다.

만약 삼각형의 외부에서 그리는 대신 내부에서 그리면 우리는 역 눈송이 곡선(anti-snowflake curve)이라 불리는 것을 만들 수 있다.

눈송이 곡선같이 역 눈송이 곡선도 무한대의 둘레를 갖지만 면적은 유한하다. 이 사실은 우리로 하여금 공간 제한 없이 종이 위에 곡선을 그릴 수 있게 해 준다.

51) 눈송이 곡선은 기하학적 프랙탈이다. 이것은 1904년 코쉬(Helge von Koch)에 의해 처음 사용되었는데 유한 영역에서 무한 길이를 갖는 곡선을 연구하는 과정에서 나타났다. 이것을 코쉬 곡선(Koch curve)이라 부른다.

수학의 혼합과 야구공-첨단기술의 야구공
(Mixing mathematics & baseball-high tech baseball)

1895년에 뉴욕 헤럴드지는 첫 번째로 야구 통계를 기사화했다. 이들 초창기 보도들은 각 선수들의 기록한 점수와 아웃된 기록을 종합하였다. 이 초창기 분석은 오늘날 컴퓨터화된 통계적 분석 야구 데이터의 선구자가 되었다.

오늘날 데이터는 득점, 4구, 투수의 보크, 희생 플라이의 범위를 포함하는 것을 알 수 있다. 고려해야 할 것들이 너무 많다. 예를 들면, 통계에 대한 기준이 득점을 사용했다면, 홈런은 홈베이스를 도루하는 것과 얼마나 차별화할 것인가? 베이스에 있는 주자를 생환시키는 것은 무엇인가? 안타를 치는 것에 대해 3루타와 1루타는 어떻게 구분하는가?

피칭과 구장의 정보에 대해 무엇을 행하였는가? 선수의 배팅 능력 대비 도루 능력은 어떠한가? 컴퓨터와 선형계획법은 많은 값어치 있는 요소들을 가져다준다. 통계적 분석을 활성화하여 여러분이 얻는 것은 컴퓨터를 이용한 야구 데이터 분석(sabermetrics)[52]이다. 컴퓨터를 이용한 야구 데이터 분석법은 정보에 대한 최상의 분석을 위해 시도할 수 있는 가능한 모든 데이터의 전 영역을 연구한다. 돈(John Thorn)과 팔머(Pete Palmer)가 지은 『야구의 숨겨진 경기』(The Hidden Game of Baseball)란 책에서 득점하는 공격 작전을 분석하는 공식을 찾을 수 있다.

득점
= 0.46(1루타)+0.8(2루타)+1.02(3루타)+1.4(홈런)
+0.33(4사구+데드볼)+0.3(도루)−0.6(도루실패)
−0.25(범타 아웃)−0.5(견제구 아웃)

52) 컴퓨터를 이용한 야구 데이터 분석법은 미국 야구 연구 협회를 상징하며, 1971년 야구의 역사적 통계학적 연구를 위하여 설립되었다.

당연히 더그아웃에서 하나의 경기에 참여하는 모든 선수에 대한 가능한 이 데이터를 구하거나 재빠른 계산을 위하여 컴퓨터가 요구된다. 이것을 가져오는 것이 너무 거리가 먼가? 자, 그럼 해보자.

크레타인들의 숫자
(Cretan Numerals)

초기 유럽 문명 중의 하나가 기원전 2200년부터 기원전 1400년까지 크레타 섬에 세워졌다. 미노아인의 상형문자 Linear A는 아직도 해독되지 않고 있으나 그들이 개발한 또 다른 문자 형태는 현재 Linear B로 불리며 상형문자라 여기기보다는 도식적 기호를 사용하였으며, 벤트리스(A. Ventrist)에 의해 2차 세계대전 후 해독되었다. 고고학적 발굴에서 점토판과 항아리에 그려진 막대, 종교적인 서판, 도장, 부전과 청동 주괴들은 Linear A와 B의 예들이다. 점토판은 미노아인들이 회계 결산 체계를 강조하여 물품 목록을 작성하는 데 사용되었고, 점토봉은 아마도 회계 결산과 데이터 저장 장치 기능을 했을 것이다. 수 체계는 숫자를 표기하는 자릿값 체계라기보다는 기호의 반복에 의존하는 10진법 체계였다.

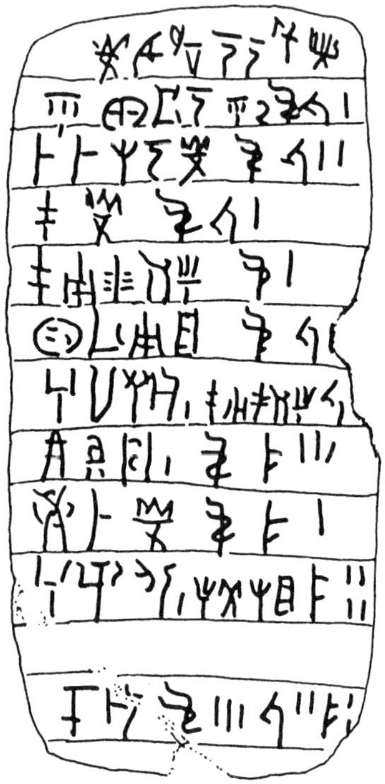

크노소스에서 출토된 서판

그들은

1에 대해 | 또는)

10에 대해서는 ● 또는 ○

100에 대해서는 / 또는 \

그리고 Linear A에서 1000에 대해서 ◈을 사용했다.

160을 쓰기 위해

더불어 출토품들의 표기 방법은 양방향(오른쪽에서 왼쪽으로, 왼쪽에서 오른쪽)인 서판이라는 것을 보여주었다.

에이다 바이런 러브레이스와 컴퓨터 프로그래밍
(Ada Byron Lovelace & computer programming)

세계 최초의 자동계산기인 해석기관(*Analytical Engine*)은 무엇을 계산하든 모호하지 않고 확실하다. 연산을 실행하는 어떤 방법을 입력하든지 우리가 알고 있는 무엇이든지 할 수 있다. 그것은 분석의 결과로 나오지만, 다소 분석적인 의외의 새로운 사실 또는 진실을 예상하는 능력은 없다. 이 해석기관의 능력 범위는 우리가 이미 익숙하게 잘 알고 있는 것을 보다 손쉽게 도와주는 것에 지나지 않는다.

— 에이다 바이런 러브레이스

이후에 나오는 도해는 수년에 걸쳐 고안되어 온 컴퓨터 언어의 몇 가지 배열을 보여준다. 아마도 외국어에 해당하는 만큼 수많은 컴퓨터 언어가 있을 것이다. 프로그래머가 그에게 필요치 않은 부적합한 특정 언어를 사용하여 작업할 때, 그 언어는 바뀌고 새로운 컴퓨터 언어가 생긴다. 그럼, 언제, 어디서, 어떻게 이 언어들이 탄생되었는가?

이야기는 찰스 배비지(Charles Babbage, 1792~1871)에 의해 고안된 최초의 컴퓨터로 계차기관(difference engines)과 해석기관(analytical engines)의 설계로부터 시작된다. 불행히도, 그 당시 기술적 수준은 계산하기 위하여 입력하고, 프로그램의 명령을 따르도록 프로그램을 짜는 그의 컴퓨터를 유지하기는 충분치 못했다.

비록 그녀의 이름은 수학사 책에서 잘 찾아볼 수는 없지만, 에이다 바이런 러브레이스(Ada Byron Lovelace)는 첫 번째 컴퓨터 프로그래머로 역사 속에 등장한다. 1821년에 오거스타 바이런과 영국의 시인 바이런(Lord Byron) 사이에 태어났으며, 에이다는 수학에 대해 지극한 관심과 열정을 가졌다. 여성은 종종 과학 공부를 못하게 하거나 제외시키던 그 당시 생활상에도 불구하고, 다행히 그녀는 수학적 질문을 추구하는 가족의 친구이자 그녀의 개인 교수로 드 모르강(Augustus De Morgan) 때문에 메리 솜머빌(Mary Sommerville)을 사귈 수 있었다.

ADA • **BASIC** ○ FACT • *CORAL* ◦ *LOT* •
SIMSCRIPT • COMIT • *ADAM* •
FORTRAN ○ **AESOP** • **COGENT**
AIMACO • ***ALTRAN*** • JOVIAL ○ ***DPS*** ○
SNOBOL • *META* • **DIAMAG** • DYSAC
FLOW-MATIC • ***DYNAMO*** • *FLAP* ○
SMALLTALK ◦ COBOL • **LISP** • **PAL**
BUGSYS • *AMTRAN* • **GPSS** ○ DAS
MAD • *COURSEWRITER* • ALGY • IT
FORTH • ***FORMAC*** • STRESS • ***ALGOL***
PASCAL ○ ***C*** • PRINT • LOLITA ○
MAP • *LOTIS* • ***TMP*** ○ BASEBALL • *GPL*
PILOT ○ **LOGO** • **PL/1** ◦ ***DIMATE*** •

수년에 걸쳐 개발되어 온 컴퓨터 언어의 이름 몇 가지

19세에 그녀는 킹 러브레이스(후에 백작이 된 수학자)와 결혼했고 두 아들과 딸 하나를 낳았다. 그녀의 남편은 그녀가 수학에 흥미를 갖는 것에 대해 적극적으로 지원을 해주었고, 그녀의 남편 도움과 그녀의 아이들을 키우는 데 어머니와 하인들의 도움을 받는 행운이 있었다. 이 사실은 그녀의 시간을 수학 공부를 추구하도록 해 주었다. 그러나 어떻게 그녀가 컴퓨터 프로그래밍에 참여하게 되었는가?

열 살 때, 러브레이스는 찰스 배비지를 처음 만났다. 그녀는 그의 실험실과 사회에서 런던의 자랑거리가 된 엄청난 기계를 보기 위해 어른들의 무리와 함께 갔었다. 그녀는 배비지의 기계와 연구에 대한 명석하고 사려 깊은 어려운 질문을 한 몇 명의 방문자 중의 하나였기 때문에 배비지에 대해 특별히 좋은 인상을 가졌다. 21살에 그녀는 배비지에게 편지를 써서 개인 교수를 구할 수 있도록 도움을 요청하였다. 1년 후 그녀는 배비지의 해석기관에 대하여 프랑스어로 발표된 첫 번째 논문 중 하나를 번역하는 일을 했다. 그녀의 일은 단순한 번역으로 끝나지 않고, 원고 내용보다 3배 이상의 길이로 주석을 포함하여 상세하게 번역했다. 그녀의 주석은 기계를 지원하는 수학에 대해 설명하였고, 역학적 기능을 묘사하며, 그 기계의 잠재적 사용 가치를 열거했다. 러브레이스는 아직 존재하지 않는 컴퓨터를 설명했다는 것을 기억하라. 심지어 그녀는 베르누이 수를 계산하는 이 가상의 기계에 대한 컴퓨터 프로그램을 쓴 것도 이 주석에 나타난다. 정부에서 이 연구 지원을 철회하자 프로젝트에 대한 재정적 문제를 더욱 악화시켰다. 이 기계들에 대한 새로운 연구가 결국은 중단되었고, 심지어 찰스 배비지도 계차기관의 소규모 버전에 대해 계속 연구했다. 이럭저럭 하는 동안에 무슨 이유에선지(컴퓨터 프로젝트를 살리기 위하여 돈을 마련하고자 했을까?) 불행히도, 러브레이스는 강박감에 사로잡혀 경마 도박자가 되어 엄청난 돈을 잃어버렸다. 그녀의 비극은 이에 그치지 않고 러브레이스는 암에 걸려 36살의 꽃다운 나이에 사망했다.

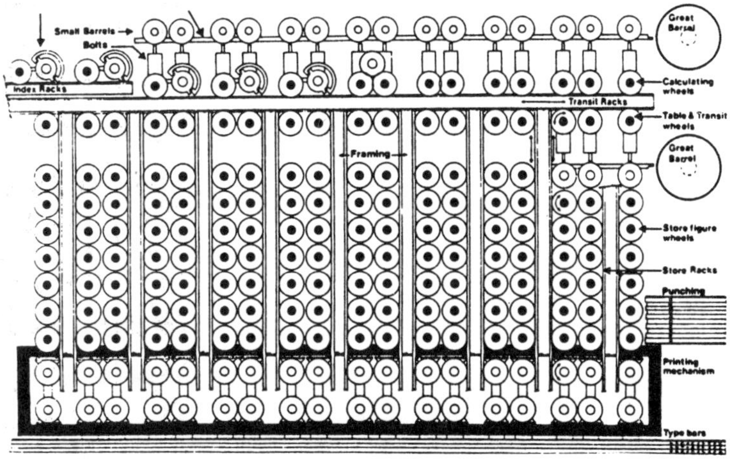

해석기관에 대한 평면도 연출

배비지의 설계는 분명히 오늘날 컴퓨터의 전신이었고, 고증을 통해 IBM사는 배비지와 러브레이스를 추모하기 위하여 해석기관의 작동 모델을 제작했다. 그녀의 프로그래밍 연구에 경의를 표하기 위하여 컴퓨터 언어 ADA는 그녀의 이름을 따서 명명되었다.

아리스토텔레스의 연구
(a work of Aristotle)

이 도해는 아리스토텔레스의 해석학(Analytics) 원고 중 남아 있는 일부이다. 이 주제는 기하와 논리학 사이의 연결 고리를 지목한다.

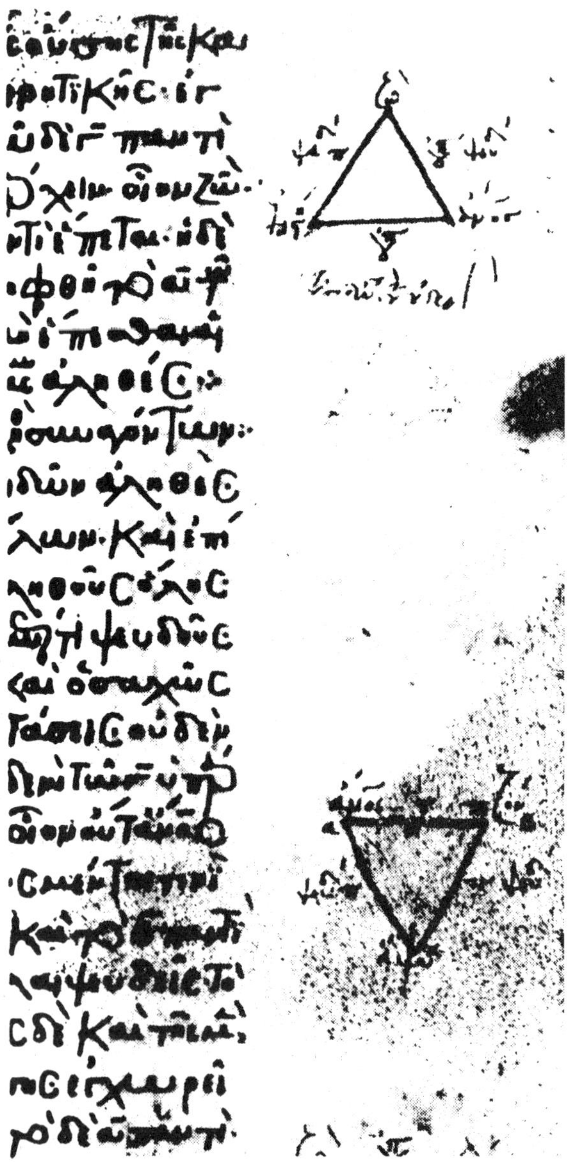

카메라 옵스큐라
(the camera obscura)

카메라 옵스큐라는 수세기 동안 사람의 마음에 경외심이 생기도록 붙잡아왔다. 심지어 오늘날 첨단과학 기술 효과와 더불어 카메라 옵스큐라는 믿기 어려운 상을 창조한다. 그것은 천문학자, 예술가, 사진사, 발명가와 마술가 등 세상의 모든 분야에서 활용된다.

암실(dark room)을 뜻하는 카메라 옵스큐라(Camera Obscura)는 애매한 발명품이다. 우리는 어떻게 카메라 옵스큐라가 발명되었는지 추측할 수 있다. 누군가 매우 작은 구멍을 통해 한줄기 빛이 투과되는 암실에 들어갔다. 양초를 갖고 방에 들어가서 문을 닫고 갑자기 양초를 끈다. 그러면 사람들은 빛의 광선이 빛나는 것을 실감하게 되고, 벽에 한 개의 상이 투영된다. 그들을 더욱 놀라게 하는 것은 벽에 구멍 밖의 풍경으로 맺힌 상이 위아래가 전도된 모습이다. 그래서 처음 카메라 옵스큐라는 어두운 방이나 상자에 빛이 들어오는 아주 작은 구멍이 뚫려 있어야 한다. 아주 작은 구멍을 통해 들어오는 빛은 바깥쪽 상을 전도시켜 역상으로 투시된다. 수세기에 걸쳐 다양한 모델들이 만들어졌다. 기원전 4세기에 중국의 묵가(Mohists)들은 광학 연구에서 카메라 옵스큐라를 실험했다. 그러나 8세기에 이르러 카메라 옵스큐라는 이슬람교 국가뿐만 아니라 중국에서도 광범위하게 사용되었다. 레오나르도 다 빈치는 이 장치에 푹 빠졌고 그가 1519년에 만든 카메라 옵스큐라의 작동 원리를 그림에서처럼 보여주는 도해도 있다.

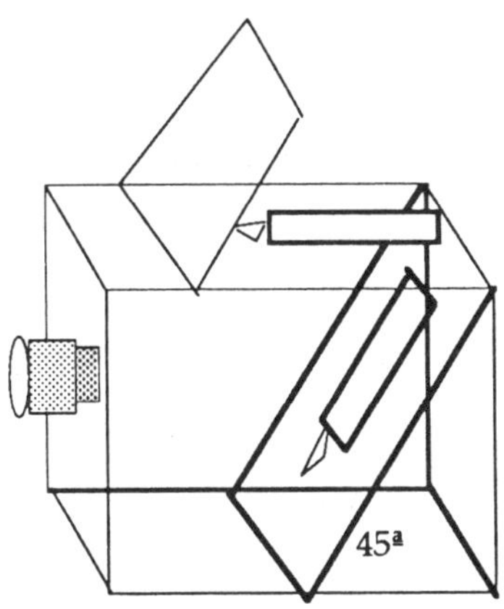

휴대용 카메라 옵스큐라

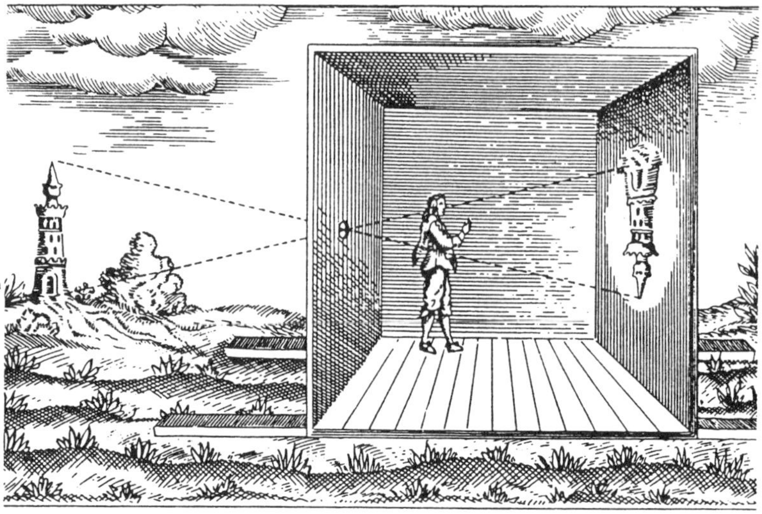

초창기 카메라 옵스큐라.
오늘날 세련된 형태로 포물선형의 칸막이와 자동화된 광학 유닛이 사용된다.

16세기까지 예술가들은 카메라 옵스큐라 밖의 물체가 투시된 이미지 자취를 추적하기 위해 사용하였다. 19세기에 이르러, 오목과 볼록렌즈와 거울이 전도된 상을 수정하기 위해 사용되었다. 1826년 조셉 니세프로 니엡스(Joseph Nicéphrore Niépce)는 빛에 민감한 종이를 사용하여 카메라 옵스큐라와 더불어 종이 위에 상을 투영시켰다. 그 결과 사진 카메라가 발명되었다.

카메라 옵스큐라의 의자 가마와 텐트 모델이
예술가들에 의해 이용되었다.

광학과 투시도의 과학적·수학적 아이디어를 이용하여 빛이 엄청나게 작은 구멍을 통과하는 이 기구는 그렇게 다양한 분야에 전용되었다. 천문학자들은 눈에 부담을 주지 않고 태양의 일식을 관측하기 위해 카메라 옵스큐라를 사용한다.

오늘날 전 세계적으로 단지 몇 곳에서만 카메라 옵스큐라를 경험할 수 있다. 그 하나가 미 캘리포니아 주 샌프란시스코 클리프 하우스에 있는 것으로 몇 가지 독특한 특징이 더해졌다. 광학 기구의 그 바늘구멍은 지붕에 있다. 전동장치로 된 카메라 옵스큐라는 18° 정도 상향 회전되고, 거울과 오목렌즈, 볼록렌즈들에 의해 밖의 장면을 반사하여 대략 4피트 직경 내의 포물형 스크린에 전사된다. 이 어두운 방에 들어가 카메라 옵스큐라를 경험하는 것은 거의 마술 같다. 처음에 동영상을 보는 것처럼 보이나 곧 여러분은 실제 밖에서 일어나는 것에 대한 그림임을 알게 될 것이다.

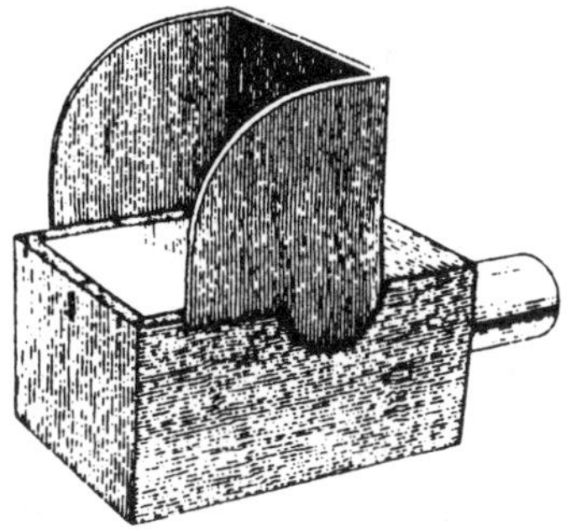

1830년경에 사용된 카메라 옵스큐라의 상자 모델

두 개의 플래그스텝으로 네 명의 애리조나 사람들이 제작한 이동 카메라 옵스큐라

진정 놀라운 것은 매우 작은 구멍으로 들어오는 빛의 투영에 의해 만들어진다는 것이다. 여러분이 직접 그것을 목격할 때 초창기 카메라 옵스큐라 발명자의 깜짝 놀라움을 인정할 것이다. 그리고 여러분은 왜 사람들이 그것을 마술 또는 일종의 마법이라고 믿는다는 것을 이해할 수 있을 것이다.

그리스 컴퓨터?

(a Greek computer?)

1900년, 크레타 섬 근처 안티 키테라 연안에서 옛날 난파선이 발견되었다. 도자기와 더불어 대리석 작품과 청동상, 이상한 청동 장치 한 개를 난파선 화물 속에서 발견하였다. 1951년 미 예일대학 교수인 데렉 프라이스(Derek de Solla Price)는 그 장치를 연구했다.

그는 그 장치가 만들어진 연대는 기원전 78년경이고, 그것은 과거, 현재, 미래의 태양과 달의 운동, 그리고 달의 모양을 표시할 수 있는 고대 그리스의 컴퓨터라고 기술하였다. 그는 지침, 눈금판, 그리고 서로 다른 속도로 회전하는 자루와 함께 평행 수준에서 다양한 크기로 맞물려 있는 30개 이상의 기어들로 구성되어 있다고 묘사했다. 그런 장치에 대하여 이 시기의 기록에서는 특별히 언급되지 않았지만, 유사한 기계장치는 키케로(Cicero)와 나중에 오비디우스(Ovid) 같은 다른 사람들에 의해 언급되었다. 키케로는 태양, 달, 그리고 다섯 개의 행성의 움직임을 모의실험하기 위하여 기원전 3세기경 아르키메데스에 의해 만들어진 장치라고 설명한다.

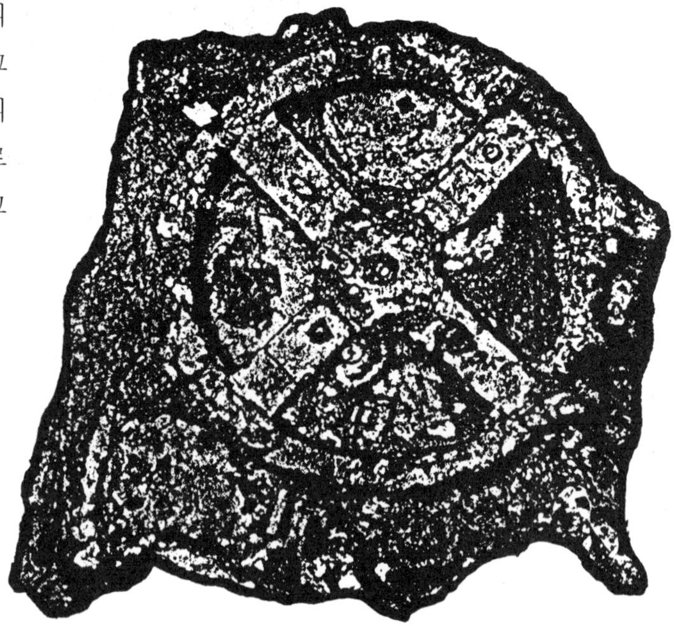

법 산술적 예술
(mod arithmetic art)

몇 가지 재미있는 디자인들이 법 연산 산술표가 원으로 전환되면서 만들어졌다. 여기 있는 예는 법(mod) 19의 곱셈표의 2행에 있는 수들로부터 생성된다(이 행은 19, 2로 항상 표기된다.).

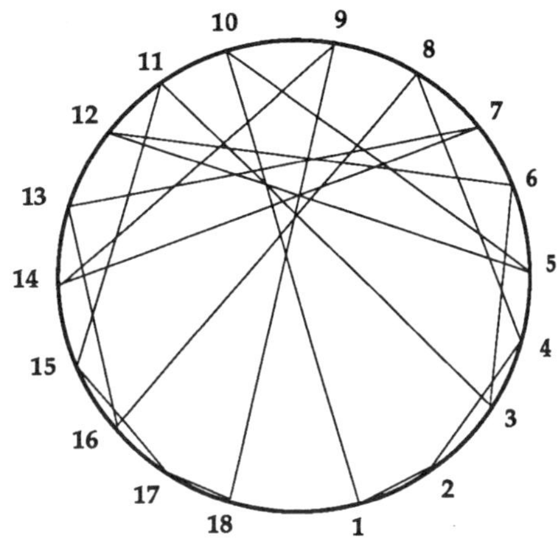

법 19에 의한 곱셈표

X	0	1	2	3	4	5	6	7	8	9	10	11	12	13	14	15	16	17	18
0	0	0	0	0	0	0	0	0	0	0	0	0	0	0	0	0	0	0	0
1	0	1	2	3	4	5	6	7	8	9	10	11	12	13	14	15	16	17	18
2	0	2	4	6	8	10	12	14	16	18	1	3	5	7	9	11	13	15	17
3	0	3	6	9	12	15	18	2	5	8	11	14	17	1	4	7	10	13	16
4	0	4	8	12	16	1	5	9	13	17	2	6	10	14	18	3	7	11	15
5	0	5	10	15	1	6	11	16	2	7	12	17	3	8	13	18	4	9	14
6	0	6	12	18	5	11	17	4	10	16	3	9	15	2	8	14	1	7	13
7	0	7	14	2	9	16	4	11	18	6	13	1	8	15	3	10	17	5	12
8	0	8	16	5	13	2	10	18	7	15	4	12	1	9	17	6	14	3	11
9	0	9	18	8	17	7	16	6	15	5	14	4	13	3	12	2	11	1	10
10	0	10	1	11	2	12	3	13	4	14	5	15	6	16	7	17	8	18	9
11	0	11	3	14	6	17	9	1	12	4	15	7	18	10	2	13	5	16	8
12	0	12	5	17	10	3	15	8	1	13	6	18	11	4	16	9	2	14	7
13	0	13	7	1	14	8	2	15	9	3	16	10	4	17	11	5	18	12	6
14	0	14	9	4	18	13	8	3	17	12	7	2	16	11	6	1	15	10	5
15	0	15	11	7	3	18	14	10	6	2	17	13	9	5	1	16	12	8	4
16	0	16	13	10	7	4	1	17	14	11	8	5	2	18	15	12	9	6	3
17	0	17	15	13	11	9	7	5	3	1	18	16	14	12	10	8	6	4	2
18	0	18	17	16	15	14	13	12	11	10	9	8	7	6	5	4	3	2	1

	1	2	3	4	5	6	7	8	9	10	11	12	13	14	15	16	17	18
2	2	4	6	8	10	12	14	16	18	1	3	5	7	9	11	13	15	17

이것은 법 19에 의한 2행의 곱셈표이다. 위 디자인을 만들기 위하여 1부터 18까지 숫자들이 원둘레에 동등한 간격으로 반시계 방향으로 배열한다. 그 다음 대응되는 수를 선분으로 연결한다.

1은 2, 2는 4, 3은 6, 4는 8, 5는 10, 6은 12, 7은 14
8은 16, 9는 18, 10은 1, 11은 3, 12는 5, 13은 7 등

그래서 다양한 방법으로 색을 칠하면 예술적 디자인이 만들어진다.

모형과 컬러 퍼즐
(shapes & colors puzzle)

각각 모양은 4개의 색칠한 것 중 하나로부터 나온다. 모든 행과 열에 4개의 서로 다른 모양과 서로 다른 색칠한 것이 오도록 격자에 그것들을 놓아 배열해 보자.

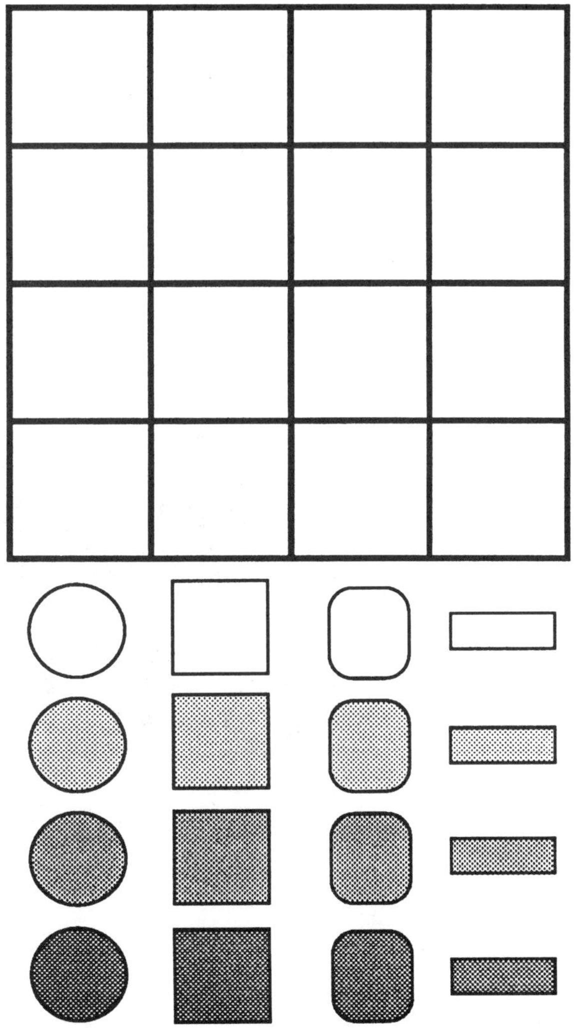

→ 해답은 부록을 참조하기 바랍니다.

$e^{\pi\sqrt{163}}$ = 정수?

($e^{\pi\sqrt{163}}$ = integer?)

세 무리수 e, π, 그리고 $\sqrt{163}$ 으로부터 적절하게 조합하면 정수를 만들 수 있다는 것은 놀라운 일처럼 보인다. 사실 인도의 수학자 라마루잔(Srinivasa Ramanujan, 1888～1920)은 $e^{\pi\sqrt{163}}$ 는 정수일 것이라 처음 추측하였다. 그리고 그 값은 아마도 262,537,412,640,768,743.9999 ⋯ 라 하였다.

1972년 컴퓨터를 이용하여 9의 2백만 자리까지 실행하였으나, 정수가 되는지 확인과정에서 끝없이 반복된다는 것을 알게 되었다.

마침내, 1974년 애리조나 대학의 브릴로(John Brillo)는 그 수는 262,537,412,640,768,744와 같다고 증명하였다.

262537412
640768744

사실 이 수는 정수가 아니다. 그리고 이 근사치는 1975년 4월 미국의 과학 간행물 수학분야에 일부로 이용되었다. 또 다른 가드너(Martin Gardner)의 짓궂은 장난에 대해 265쪽을 참조하라. 현 참조에 대해서는 가드너의 「시간 여행」(Time travel)의 136쪽을 참조하라.

파스칼(산술)의 삼각형 설계

(designs of the Pascal(arithmetic) triangle)

매력적인 디자인이 파스칼 삼각형의 숫자들을 다음과 같은 방식으로 덮을 때 번뜩이는 빛과 같이 떠오른다. 만약 숫자가 홀수이면, 연필로 원을 그리고 회색 칠을 한다. 짝수일 때는 그냥 원만 그린다. 산술적 삼각형에서 숫자들에 의해 형성된 패턴은 삼각형을 흘러내림에 따라 그 자체가 확대되고 팽창한다.

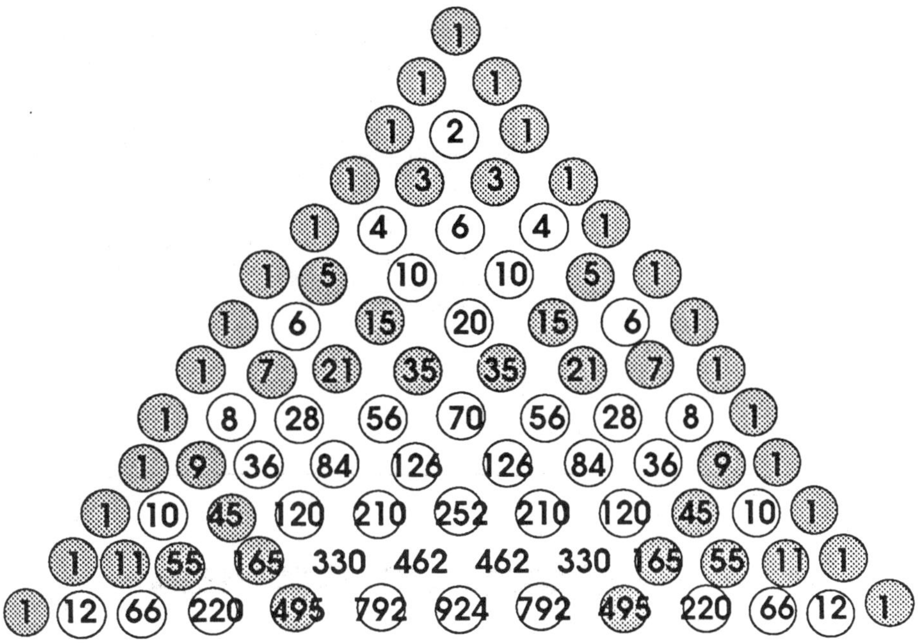

위의 패턴은 2의 배수에 대한 패턴으로 고려될 수 있고, 패턴이 보다 더 확장될수록 더욱 재미있다. 여러분은 다른 수의 곱에 원을 그릴 때 얻게 되는 형태가 어떤 타입인지 알고 싶을 것이다. 3의 배수에 대해 시도해 보라.

선착장 문제

(the dock problem)

이 선착장에 정박 장소가 부족하다. 이들 6대의 배들이 그림과 같이 정박해야 한다. 널빤지를 그들 사이에 설치한다. 선착장으로부터 걸어서 모든 트랩을 단 한 번만 건너 원래 선착장으로 돌아올 수 있을까? 해답을 구하기 위해 네트워킹을 시험해 보자.

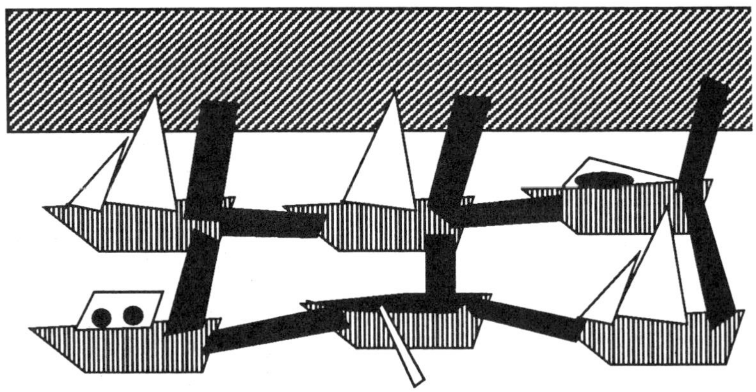

오일러(Leonard Euler, 1707~1783)는 쾨니히스버그 다리 문제를 풀기 위하여 네트워크의 아이디어를 사용했다. 네트워크는 문제를 풀기 위해 사용된 그림이다. 쾨니히스버그 다리 문제에 대하여 오일러는 원호로 다리를 표시하는 네트워크를 만들고 점은 다리가 만나는 지점을 나타냈다. 추적할 수 있는 네트워크는 기껏해야 두 개의 홀수 꼭짓점, 즉 하나는 들어가는 것과 하나는 나오는 것만을 가질 수 있다고 피력하였다. 이 네트워크에서 보는 것처럼 쾨니히스버그 다리 문제는 4개의 홀수 꼭짓점을 가져서 추적할 수 없다. 선착장 문제는 쾨니히스버그 다리 문제의 현대판 형태의 문제라 볼 수 있다.

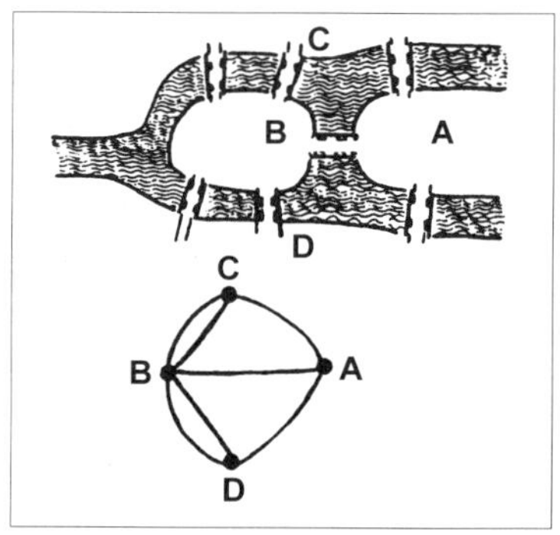

쾨니히스버그 다리 문제와 이것을 풀기 위한 네트워크

→ 해답은 부록을 참조하기 바랍니다.

러시아 농부의 곱셈

(Russian peasant multiplication)

비록 그 기원은 고대 이집트 시대까지 거슬러 올라가지만, 오늘날 이 곱셈 방법은 러시아 농부의 방법으로 알려졌다.

158 곱하기 39		
158	~~39~~	교차하지 않는 두 열의 숫자 총합 :
79	78	
39	156	78
19	312	156
9	624	312
4	~~1248~~	624
2	~~2496~~	+ 4992
1	4992	6162 답

절차

1) 두 열의 머리에 곱할 수 있도록 두 수를 놓는다.

2) 첫 번째 열의 수는 1이 나올 때까지 계속해서 2로 나누고 나머지는 무시한다. 두 번째 열에 있는 수는 첫 번째 열이 마지막 행이 나올 때까지 계속해서 2배 한다.

3) 첫 번째 열이 짝수인 수에 해당되는 두 번째 열의 모든 수는 줄을 긋는다.

4) 곱은 두 번째 열에 남아있는 수들을 더하면 된다.

물 주전자 문제

(water jug problem)

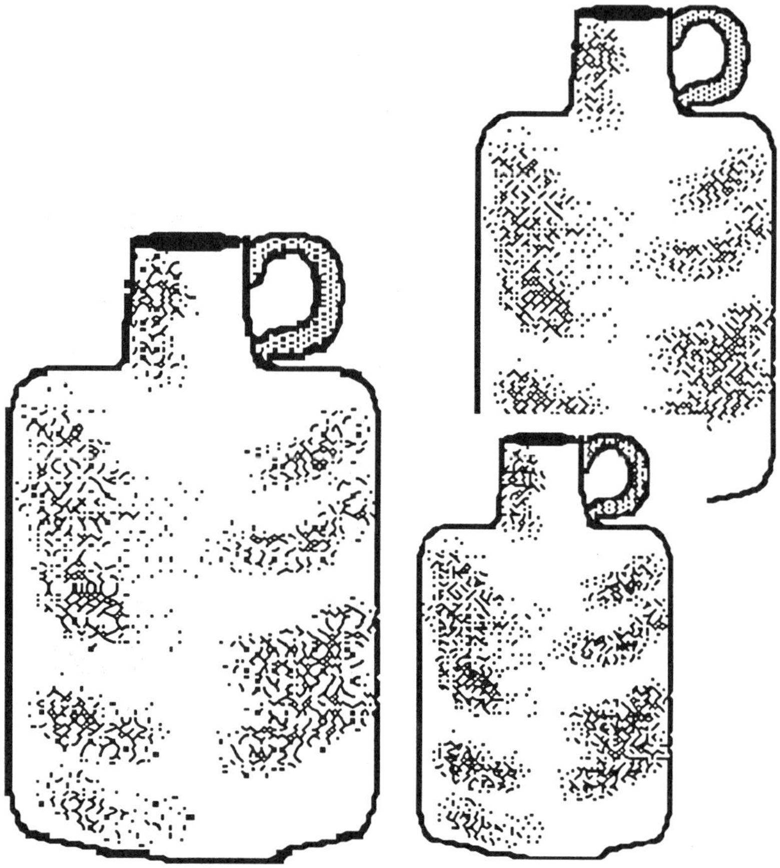

8리터 사이다를 채운 주전자와 빈 주전자 두 개가 있는데, 하나에 3리터, 다른 하나에는 5리터를 넣자. 사이다를 두 병에 똑같이 나누고자 한다. 각각 4리터씩 넣기 위해 어떻게 다루어야 할까?

→ 해답은 부록을 참조하기 바랍니다.

피보나치 매직

(Fibonacci magic)

피보나치 같은 수열과 관련된 "매직" 묘기가 여러 가지 있다. 피보나치수열은 1, 1, 2, 3, 5, 8, 13, …이다. 수열의 각 항은 앞에 두 항의 합이다. 이런 방식으로 만들어진 모든 수열은 피보나치 같은 수열로 언급된다.

임의의 두 수를 선택하라. 5와 7을 선택했다고 가정하자. 앞의 두 항을 더하면서 여러분이 원하는 만큼 새로운 항들을 써보자.

기술된 어느 두 수 사이에 선분을 그려라. 선분 위의 수들의 합은 항상 선분 밑의 두 번째 수에서 첫 번째 수로부터 두 번째 수를 뺀 값이 된다. 이 경우 555−7=548이다.

왜 이것이 항상 성립하는지 알아보자.

5
7
12
19
31
50
81
131
212

343
555
898

케플러의 원의 면적 유도하기

(Kepler's derivation for the area of a circle)

케플러(Johannes Kepler, 1571 ~ 1630)는 원의 면적을 구하는 공식을 어떻게 유도하는지 설명하는 대단히 재미있는 방법을 개발했다.

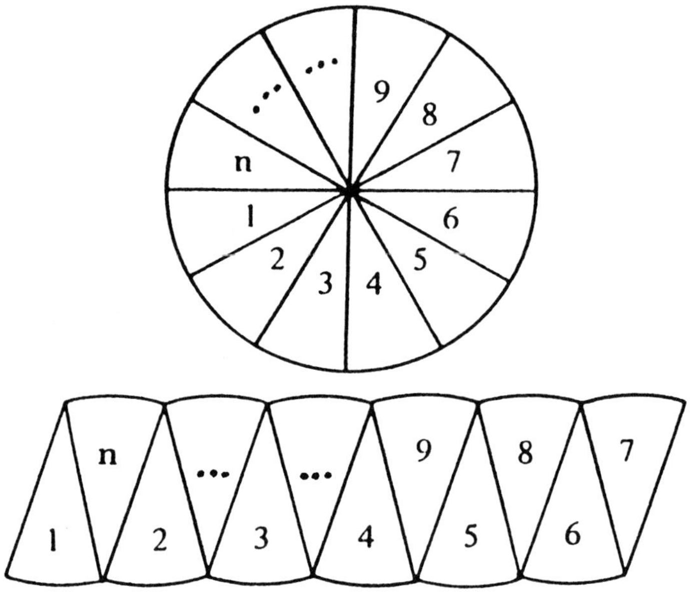

원을 모두 합동인 이등변삼각형으로 구성되는 n개의 부분 영역으로 나눈다고 가정하자. 이들 이등변삼각형들은 원래 원으로부터 나누어졌기 때문에 각각은 반지름과 동일한 높이를 갖는다. 그림처럼 모두 함께 나란히 놓으면, 그들은 평행사변형 형태를 만든다. 평행사변형의 면적은 밑변 곱하기 높이를 하면 얻어진다. 이 경우 밑변은 원주의 절반으로(1/2) 지름 곱하기 π 또는 $\frac{1}{2}d\pi = \frac{1}{2}2\pi r = r\pi$이다. 이 평행사변형의 높이는 이등변삼각형을 구성하는 것 중 하나의 높이, 즉 r이다. 그러므로 원의 면적= 평행사변형의 면적 $= (\pi r) \times r = \pi r^2$이다.

이중어 게임
(the game of doublets)

루이스 캐럴(Lewis Carroll, 1832~1898)은 『이상한 나라의 앨리스』의 저자로 그리고 그의 동료들에게는 찰리 다지슨(Charles Dodgson)으로 더 잘 알려져 있다. 『이상한 나라의 앨리스』와 『투명 유리 속의 앨리스』 뿐만 아니라, 그는 또한 많은 수의 수학 책들을 저술하였다. 수학의 영향은 캐럴의 저서 곳곳에서 찾아볼 수 있다. 그는 분명히 오락적 형태에서 수학적 아이디어를 제안하는 교묘한 솜씨를 갖고 있었다.

이중어(doublets)는 캐럴이 창안한 매우 인기 있었던 단어 게임이다. 이 게임은 CAT과 DOG와 같이 크기가 같은 두 단어로 시작한다. 한 번에 한 자씩만 바꿔 같은 길이의 다른 연속되는 단어들을 만들게 하는 단어 바꾸기 놀이이다.

CAT
BAT
BAG
BOG
DOG

게임의 대상은 가장 최소의 단어수로 변환하는 것이다.

영국의 『베니티 페어』(Vanity Fair)는 해외 유명 인사들의 사진들을 자주 싣는 월간잡지로, 이 잡지에서 이중어 게임 대회를 개최했다. 그들의 첫 번째 경기는

PROVE **GRASS** *TO BE* **GREEN**
EVOLVE **MAN** *FROM* **APE**
RAISE **ONE** *TO* **TWO**
CHANGE **BLUE** *TO* **PINK**
MAKE **WINTER** *TO* **SUMMER**
PUT **ROUGE** *ON* **CHEEK.**

여러분을 빙빙 돌리면서 헷갈리게 할 수 있다. 즐겨보자!

음계-청각에서 수학
(musical scales-mathematics to the ears)

빛의 속도 c, π, e, φ 그리고 아보가드로 수는 모두 자연의 상수들이다. 이들은 기하학적, 물리적, 화학적, 또는 상업적으로 우리 세계의 다양한 대상들을 정의하는 방정식과 공식에서 결정적인 역할을 하는 수들이다. 이 유명한 상수들 중에서 옥타브의 개념은 특별한 자연의 상수에 포함된다. 옥타브는 음악 세계에서 매우 중요한 부분을 차지한다. 그것은 음계의 단위나 음정을 설정한다. 지름에 대한 원주의 비율로서 상수 π를 만드는 것처럼, 현악기의 줄에 대하여 한번 뜯은 줄의 진동수의 비율은 그 길이의 절반으로 1/2이다. 이들 음표는 같은 음을 갖고 있고, 1옥타브[53]의 길이를 형성한다. 짧은 줄은 원줄보다 초당 총량의 두 배를 더 많이 진동한다. 음표의 수 또는 한 옥타브의 세분은 임의적이다. 이것은 여러 가지 요인들에 의해 영향을 받는다. 특정한 음계를 만들어 낼 때 연주되는 다양한 요소들을 생각해 보자. 음정 또는 음표는 한 음계를 구성한다. 각각은 특정한 주기[54]를 갖는다. 이미 언급한 것처럼 한 음표의 주기가 다른 음표[55]의 두 배가 되면 두 음표는 한 옥타브씩 분리된다. 잘 훈련하면 우리의 귀는 한 옥타브에서 약 300개의 다른 음이나 음표를 들을 수 있다. 그러나 전통적인 악기는 그 많은 음표들을 만들지 못하기 때문에, 이 많은 음표와 더불어 음계를 만들기 위해서는 우스꽝스럽게 연주를 해야 될 것이다. 예를 들면, 만약 한 옥타브에 300개의 음표가 있었다면, 한 옥타브의 피아노는 2400개의 건반이 있어야 한다. 건반을 따라 왔다갔다 뛰어 다니며 연주하는 피아니스트를 상상할 수 있겠는가?

53) 옥타브란 용어는 8에 대한 라틴어에서 왔다. 온음계는 7개의 서로 다른 음표 C에서 B, 그리고 고음 C로 구성되어 있고, 옥타브는 8번째 음표이다.

54) 주기는 초당 진동수이다. 비록 우리의 귀는 가능한 서로 다른 모든 음들을 식별할 수 있는 능력을 갖고 있지 못하지만, 음과 주기 수와는 일대일 대응이 성립한다.

55) 한번 뜯은 현악기 줄은 일정한 음표를 만든다. 즉 C는 초당 264회 진동한다. 줄의 길이가 절반으로 줄어들었을 때 그 옥타브는 초당 528회 진동하며 만들어진다.

그래서 가능한 음표의 수는 인간의 생리학적인 청력과 악기의 성능에 의해 제한된다. 어떻게 300개의 다른 음들 중에서 음계를 구성하기 위해 선택되었는가? 음계의 음표를 선택하는 것은 계수법 체계를 선택하는 것과 유사하다. 무슨 진수법이 사용되고, 숫자를 표현하기 위해 어느 기호가 만들어지는가? 음계와 함께 한 옥타브의 줄을 선택해야 하고 세분화된 수(음표는 음계를 구성한다)가 결정되어야 한다. 계수법 체계와 더불어 우리는 다양한 문명에서 서로 다르게 발전되어 온 이러한 음계들을 찾아볼 수 있다. 고대 그리스인들은 음계의 7개 음표를 표현하기 위해 그들의 알파벳 문자들을 사용했다. 이 음표들은 음계(modes)라 불리는 그룹으로 넣어 4음 음계(완전 4도)로 분류되었다. 음계는 현대 서양의 장조와 단조의 전신이다. 중국인들은 5음 음계(5개 음표)를 사용했다. 인도에서는 음악에 있는 기초 멜로디인 라가스(Ragas)로 정의되는 특정한 범위 내에서 즉흥 연주한다. 미분음(스루티 srutis)을 한 옥타브 음정거리로부터 66개까지 나눌 수 있다고 주장했지만 극소수의 청취자만이 이런 미세한 등급의 음정을 구별할 수 있다. 한 선법이나 음계는 표준적으로 22개의 수르티로 7개 기본음과 미분음 두 개로 구성되어 있다.

페르시아 음계는 옥타브를 17 또는 22개 음표로 나눈다. 옥타브는 일정하게 주어지지만 다른 음악적 체계가 발전되어 왔으며, 하나의 문화에서 나온 악기는 다른 음악을 연주하기 위해 반드시 사용되어지지는 않는다.

* * *

악기, 항아리, 동상, 그리고 성악가와 연주자들을 묘사하는 프레스코화의 고고학적 유사 이전의 출토품들이 발굴되었다. 이라크에서 발견된 점토판에 새겨진 수메르인의 음악으로 8음표의 음계(B.C. 1800년경), 돌에 새겨져 기록된 것과 고대 그리스의 파피루스 종이에 기록된 조각인 그리스어 원본(A.D. 100년경), 그리스어로 쓴 음표의 원고(A.D. 300년경), 8세기 스페인에서 불렀던 이슬람과 아랍의 원고 등의 예들에서 찾아볼 수 있듯이 수많은 고대시대에 기록된 음악들이 있다.

기원전 6세기, 피타고라스와 피타고라스학파에서는 음악과 수학을 최초로 연관지려고 하였다. 피타고라스학파 사람들은 어떤 방법으로든 숫자는 모든 사물을 지배한다고 믿었다. 음표의 옥타브, 음표의 주기성, 그리고 현악기의 음표 사이의 비율을 발견했을 때 그들의 기쁨을 상상해 보아라. 그들은 현의 길이에 따라 한번 현을 뜯을 때 일어나는 음표로 전 음계는 현의 길이[56]의 정수비에 따라 만들어진다는 것을 발견하였다.

음계는 음악을 만들기 위하여 필요할까? 그렇다면, 새소리는 어떤가? 그러나 대부분 이야기의 구술 연출 또는 음정은 각 구어적 의사소통을 조금 변화시킨다. 작곡을 하기 위하여 음계는 필수적이다. 음표는 음악적 언어로 적혀있고 심지어 방정식과 기호들은 수학적 언어로 기록된다.

56) 예들 들면, 음표 C를 만드는 현으로부터 시작하여 C의 길이의 16/15은 B를 만들고, C의 6/5는 A, C의 4/3은 G, C의 3/2는 F, C의 8/5는 E, C의 16/9은 D 그리고 C의 2/1는 저음 C를 만든다. 뿐만 아니라, 그들은 천체가 음악 소리를 만들어서 행성들도 그들 고유의 음악을 갖고 있다고 믿었다. 이 아이디어는 "천체의 음악"으로 알려졌다. 케플러는 천체의 음악을 믿었고, 사실 알려진 모든 행성들의 음악을 기록했다. 오늘날 천문학자들은 태양풍으로부터 무선 신호를 받는다. 이 소리들은 증가된 속도에서 종합할 때 휘슬, '펑'하는 소리, 우는 소리, 고음의 잡음들보다 화음을 이룬다. 과학자들은 또한 다양한 주기에 따라 진동하는 것을 추측하여 태양으로부터 진폭을 관측하였다.

역동적인 직사각형
(dynamic rectangles)

역동적인 직사각형은 아래 그림에서 설명되는 것처럼 단위 정사각형에서 생성되는 직사각형들이다. 이 직사각형족에 속하는 것들로는 황금직사각형과 제곱근 직사각형들이 있다. 이들 직사각형이 특별히 흥미로운 것은 그들 각각이 자연(특히 성장 패턴 영역에서)과 예술 디자인(특정한 비율과 비례식을 요구하는 디자인)에서 많이 응용되는 역동적인 나선(로그 나선)을 형성한다는 것이다.

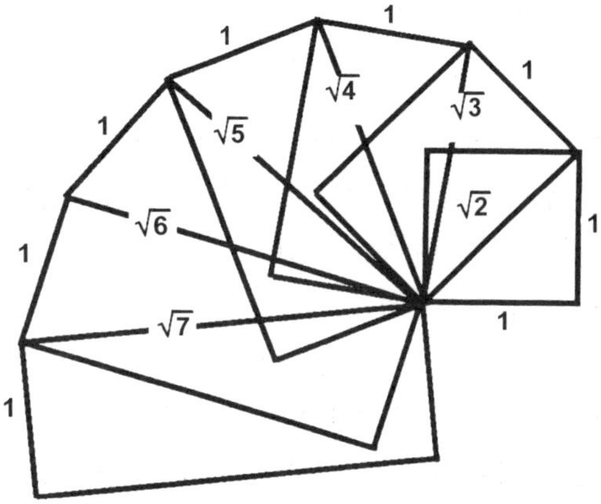

각 역동적인 직사각형들은 또한 직사각형 모양의 나선을 만들어낸다. 아래 그림에서 보는 것처럼 그 모양은 $\sqrt{2}$ 직사각형이다.

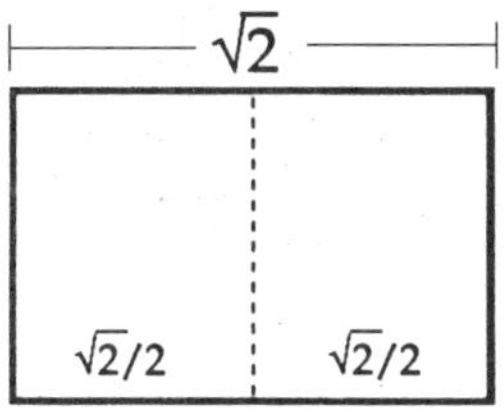

$\sqrt{2}$에 대한 직사각형 모양의 나선은
아래 오른쪽 모퉁이 그림에서 설명된다.

직사각형 모양의 나선은 변의 길이가 1대 $1/\varphi$(즉 황금비의 역 $\approx \dfrac{1}{1.618\ldots} \approx 0.618034$), 나선의 길이는 황금비 φ와 같다.

$\sqrt{2}$ 역동적인 직사각형은 그 절반이 전체 직사각형과 닮은꼴인 유일한 것이기 때문에 특별히 관심이 많다.

역동적인 직사각형들로부터 만들어진 디자인

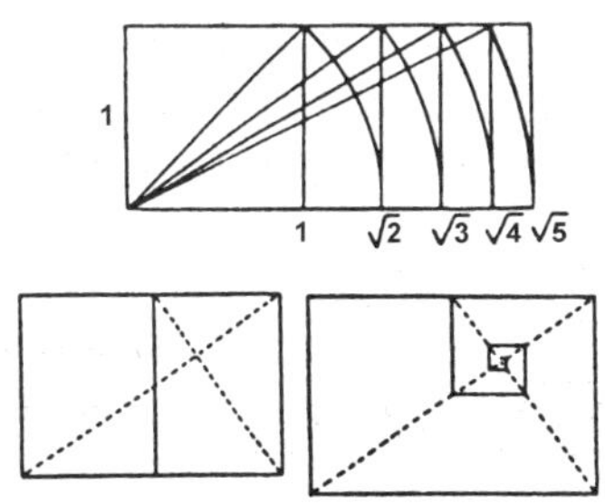

직사각형 모양의 나선

불규칙한 수학적 모자이크 만들기

(creating irregular mathematical mosaics)

최근 수학자들은 다른 다각형을 이용하여 평면을 모자이크 세공하는 다양한 방법을 발견했고 디자인했다. 여기에 그들이 찾아낸 몇 가지 예들을 제시해 놓았다.

- 변이 6개 이상인 볼록 다각형 : 평면을 모자이크 세공할 수 없다.
- 3변형 볼록 다각형 : 어떤 형태의 삼각형도 평면을 모자이크 세공하는 데 이용될 수 있다.
- 4변형 볼록 다각형 : 어떤 형태의 볼록 4변형도 회전, 반사, 평행이동을 이용하여 평면을 모자이크 세공할 수 있다.
- 5변형과 6변형 볼록 다각형 : 단시 특정한 볼록 5각형과 6각형만 모자이크 세공할 수 있다. 볼록 육각형과 5각형들을 분석하여 분류해 놓았다. 몇 가지 예를 들면 그림에서 보는 것과 같다.
- 볼록 다각형이 아닌 경우 : 문제를 보다 흥미롭게 만들기 위하여 볼록 다각형이 아닌 경우를 생각해 보자. 5변-오목다각형(pentaminoes) 또는 임의의 다변-오목다각형(polyominoes)[57] 같이 합동이지만 볼록 다각형이 아닌 것을 상대로 보다 많은 연구가 진행 중이다. 또는 정삼각형을 붙여 만든 도형(폴리아몬드, polyiamond[58])이나 폴리헥세스(polyhexes)[59]는 어떤가? 해결해야 할 것들이 너무 많이 남아 있다. 한 가지 분명한 것은, 너무나 많은 아름다운 수학적 모자이크가 만들어질 것이라는 것이다.

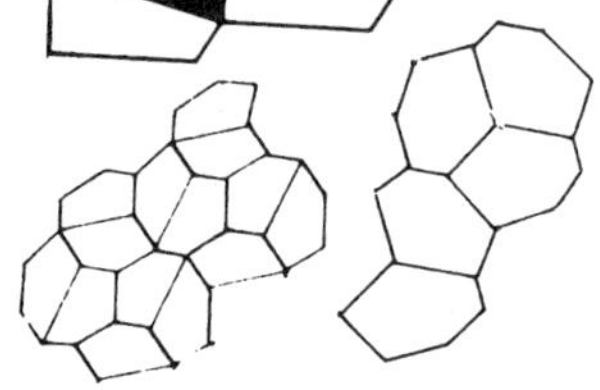

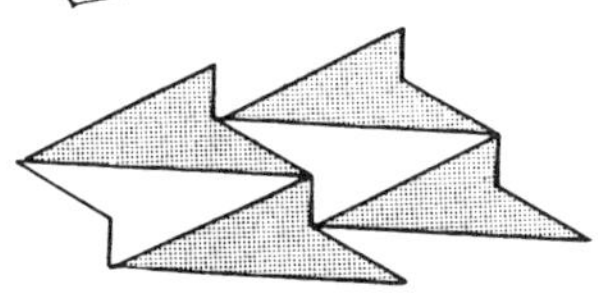

57) 다변-오목다각형은 합동인 정사각형으로부터 만들어진다.
예를 들면, 펜토미노(pentomino)는 다양한 방법으로 합동인 정사각형을 함께 연결하여 만든다.

펜토미노를 이용한 모자이크 세공의 한 예

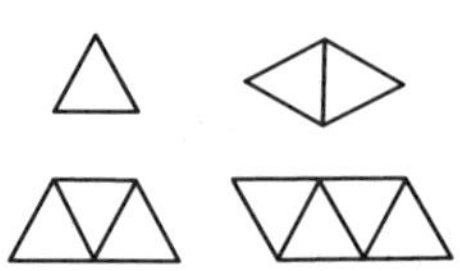

폴리아몬드의 예

58) 폴리아몬드는 합동인 정삼각형을 연결하여 만든다.

59) 폴리헥세스는 정육각형으로부터 만들어진다.

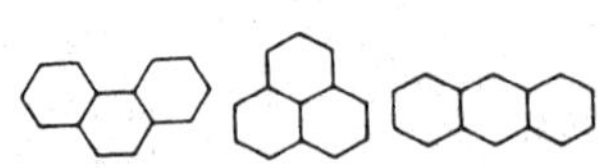

3-육각형은 각각 독립적으로 평면을 모자이크 세공한다.

지구 에워싸기
(encircling the Earth)

로프 한 줄이 정확히 적도를 따라 지구를 에워싼다고 가정하자. 만약 추가로 로프의 길이를 1야드 더한다면, 그 길이가 현저하게 다르게 나타날까? 이 새로운 로프는 각 지점에서 지구로부터 얼마만큼 떨어지는가?

※ 적도의 둘레는 25,000마일이라 가정한다.

⟶ 해답은 부록을 참조하기 바랍니다.

만칼라 게임

(the game of mancala)

만칼라는 3500년 전 고대 이집트에서 기원된 보드 게임의 일종이다. 이집트 쿠푸(Giza의 대(大)피라미드를 건설한 이집트 제 4왕조의 왕)의 피라미드와 다른 사원의 출토품에서 게임 보드들이 돌에 새겨져 발견되었다. 수천 년 동안 이슬람교인들은 그들이 정복한 지역에 이 게임을 전파하였다. 만칼라는 이동을 뜻하는 '나콸라(naqala)'라는 아랍어로부터 그 이름이 유래되었다. 그 이후 아프리카 노예들이 수리남과 서인도에 게임을 가져왔다. 19세기에 이 게임은 카이로의 카페에서 광범위하게 확산되었다. 유럽인들이 만칼라를 배우게 된 곳이 바로 서기였다. 오늘날 중앙아시아, 동남아시아와 아프리카의 많은 나라에서 이 게임이 성행되고 있으며 역사적으로 볼 때 아마도 지금까지 꾸준히 지속되어온 게임 중 하나일 것이다.

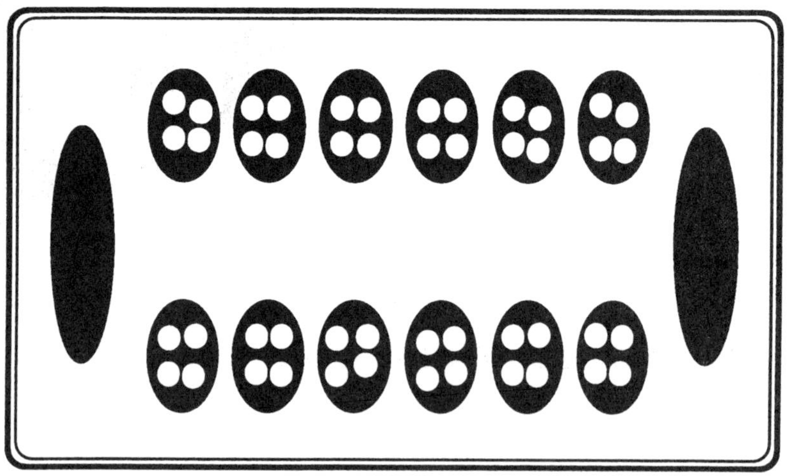

만칼라 게임 시작 전 배치도

그렇게 수천 년 동안 이 게임이 존재해온 이유는 200가지가 넘는 버전 때문일 것이다. 만칼라의 가장 큰 장점 중 하나는 나무 또는 세라믹보드와 구성품들을 갖고 놀이를 하든, 어느 곳에서도 게임을 할 수 있다는 것이다. 그 보드는 모래, 땅, 종이 위에서도 쉽게 구현할 수 있으며 돌, 염주, 콩, 조개껍데기나 주화는 말로 사용할 수 있다. 만칼라는 두 사람이 게임하는 놀이이다.

여기 동아프리카에서 행해지는 만칼라의 한 버전을 소개한다.

보드

보드는 놀이하는 지역에 열두 개의 파낸 구멍과 잡은 말을 놓아두는 구멍으로 서로 다른 쪽에 한 개씩 두 개의 구멍이 있다.

4개의 말들이 12개의 구덩이에 각각 놓여있다.

이동

각 경기자는 자기쪽에서 움직이기 위한 구멍의 말들을 선택한다. 시계방향으로 움직여, 경기자는 자기가 갖고 있는 모든 말들이 없어질 때까지 비어 있는 구멍 다음에 각 구멍에 말들을 놓는다. 길을 따라 건너뛰는 구멍은 없고, 또한 하나 이상 말들을 받을 수도 없다. 예를 들어, 만약 한 구멍에 14개의 말이 들어 있다면 경기자는 반시계 방향으로 선행하여 각 구멍에 말을 놓을 수 있고, 심지어 상대방 쪽에도 놓을 수 있으나, 경기자는 말을 채우기 전까지 반드시 비어 있는 구멍은 건너뛰어야 한다.

게임의 대상

게임의 대상은 상대방의 말들을 포획하는 것이다. 말들은 상대편 쪽의 1개 또는 2개의 말을 포함하는 구멍에 여러분의 손이 닿아 그 마지막 말을 취함으로써 포획된다. 여러분은 이 말들을 포획하고 여러분의 저장소에 그들을 놓는다. 상대방의 구멍에서 말들을 포획한 후, 경기자는 만약

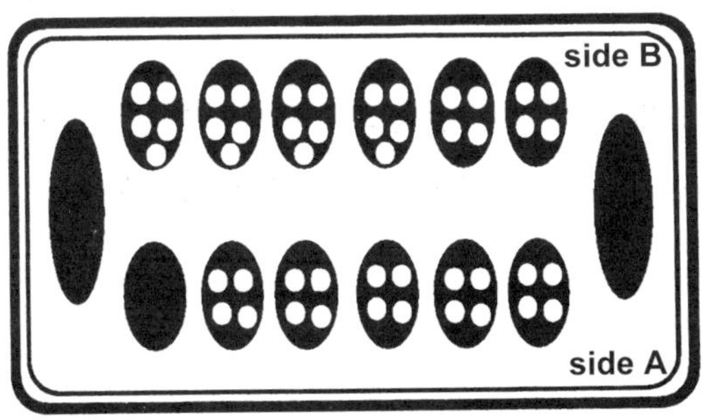

위 보드는 A 경기자에 의한 첫 번째 이동을 보여준다.

말이 상대편 쪽에 있고 둘 또는 세 개의 말이 있다면 앞쪽의 구멍으로부터 말들을 취할 권리가 있으며 구멍에 2 또는 3개의 말이 놓여 있는 한 상대방의 연속되는 구멍 속의 말들을 포획하기 위하여 계속할 수 있다.

특별한 규칙

경기자는 상대방의 모든 구멍을 비어 있게 하지는 못하지만 경기는 허락된다. 경기자는 상대방이 움직이지 못하도록 항상 노력해야 한다.

만약 상대방의 구멍들이 이미 비어 있다면, 여러분이 움직이는 동안에 상대방의 구멍에 최소한 한 개의 말이 남아있도록 주의해야 한다.

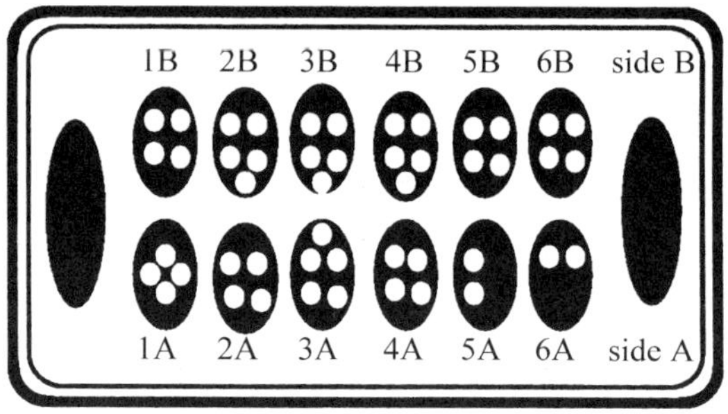

윗 보드에서 경기자 B는 3B 구멍에서 그의 말을 움직일 수 있고 5A 구멍의 말들을 포획할 수 있으며 또한 앞의 구멍 6A의 말도 포획할 수 있다.

게임 끝

게임은 한 경기자의 모든 말들이 포획되어 소진되었을 때, 그의 이동이 끝난다.

그 다음, 자기 쪽에 남아 있는 말을 가진 경기자는 보관함에 그 말들을 놓고 그것들을 전부 자기의 총계에 포함한다.

가장 많은 말을 갖고 있는 자가 승자가 된다.

수세기에 걸쳐 진화되면서 만칼라는 보다 많은 말들을 추가하거나 규칙을 개정하여 다양하게 변화되었다.

이집트인의 분수와 호루스의 눈

(Egyptian fractions & the eye of Horus)

이집트인들은 분자가 1인 분수를 표기하기 위한 방법을 개발하였다. 입을 의미하는 이집트인의 기호 는 이들 분수를 표기하기 위하여 사용되었다. 이 기호를 수치적으로 사용할 때 그 의미는 "부분"을 나타내고 분수 1/3를 표기할 때 선분으로 수치적 양 만큼 그 위에 표기하였다. 이집트인의 1/3은 다음과 같이 표기된다.

$\frac{1}{3}$  $\frac{1}{5}$  $\frac{1}{10}$  $\frac{1}{100}$ 

분모가 1이 아닌 분수를 표기하기 위하여 그들은 $\frac{1}{2}+\frac{1}{10}$로 다시 썼다. 자주 사용되었던 분수에 대해서는 특별한 상형문자를 개발했다.

$\frac{1}{2}$  또는 

$\frac{3}{4}$ 

$\frac{2}{3}$  또는  또는 

분수가 액체, 곡물, 농산물들에 대한 부피를 표현하기 위해 사용될 때는 호루스의 눈 부분으로 특정한 분수값을 표시했다. 이런 관습의 기원은 누트(Nut, 하늘의 여신), 이시스(Isis, 농사와 수태를 관장하는 여신), 네프티스(Nephthys), 토트(Thoth), 세트(Set), 오시리스(Osiris)와 호루스 신들의 신화와 얽혀있다. 다음 도표는 분수값 - $\frac{1}{2}$, $\frac{1}{4}$, $\frac{1}{8}$, $\frac{1}{16}$, $\frac{1}{32}$, $\frac{1}{64}$을 설명해 주는데, 이집트인들은 호루스의 눈의 각 부분과 결합하여 표현하였다.

$\frac{1}{2}$	$\frac{1}{4}$	$\frac{1}{8}$	$\frac{1}{16}$	$\frac{1}{32}$	$\frac{1}{64}$

파스칼의 놀라운 정리

(Pascal's amazing theorem)

프랑스의 유명한 수학자 파스칼(Blaise Pascal, 1623~1662)[60]은 다음 정리를 증명했다.

임의의 6각형은 어떤 원추곡선 안에 새겨진다. 각 변들이 선분 AB, BC, CD, DE, EF, AF로 확장시켜 만나는 세 교점을 각각 P, Q, R이라 하자. 이들 세 점은 항상 동일 직선상에 있다.

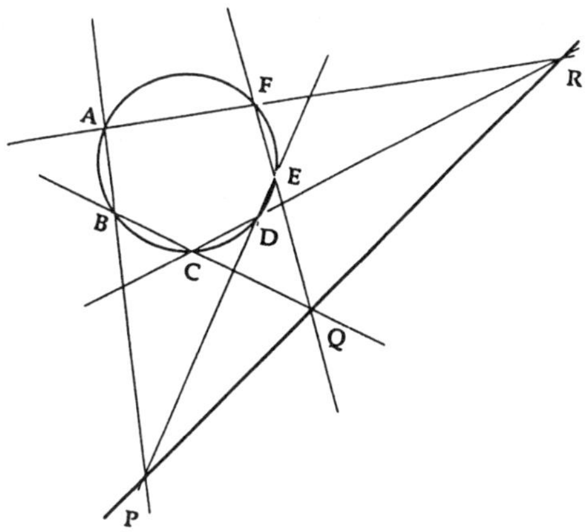

이 정리를 사용하여 파스칼은 원추곡선에 대해 우리가 이미 알고 있는 많은 것들을 유도하였다. 거의 400개에 달하는 따름정리가 이 정리로부터 증명되었다.

뿐만 아니라, 데자르그(Gerard Desargues)가 개발한 투시법의 아이디어를 이용하여 파스칼은 원뿐만 아니라 다른 원추곡선에 대한 정리들을 설명하였다.

60) 파스칼은 다양한 이론과 수학적, 과학적 발견들을 찾아낸 사람으로 잘 알려져 있다. 그의 주요 연구는 파스칼의 삼각형, 육선형, 유체이론과 수압이론, 확률론의 발견들처럼 광범위하게 포함된다. 더욱이 그는 18세에 덧셈 계산기를 만들기도 하였다. 그러나 1654년 기독교로 개종한 후 수학에 대한 연구는 더 이상 하지 않았다. 그의 에세이 *사고(Thought)*로부터 발췌한 것들을 살펴보면 수많은 수학적 참고문헌과 그의 다양한 논쟁과 요점들에 대한 예제들을 사용했다는 것을 알 수 있다.
"우리의 상상을 넘어서는 공간까지 생각을 확장하여, 사물을 본질과 비교하여 보면 단지 미분자들이 생기게 된다. 그것은 중심이 모든 곳이고, 원주는 존재하지 않는 무한한 구이다. 간단히 말해, 그것은 전능한 신의 가장 현저한 표시이고, 우리의 상상은 이 사고 안에서 그 자체를 상실한다. ...모든 사물은 무에서 진행되고 무한으로 향한다. 누가 이 놀라운 과정을 따라갈 수 있을까? 이들 경이로움을 창안해 내는 저자는 그것들을 이해하나 그 외 누구도 이해하지 못한다. 만약 영부터 4를 택한다면 영이 남는다는 것을 이해할 수 없는 사람들이 있다는 것을 나는 잘 알고 있다. 너무 많은 기쁨을 방해하고, 음악에서 너무 많은 조화로 불쾌하게 하는 것, 너무 많은 이윤을 무효화하는 것 등 우리는 빚에 대해 과대 지불 수단을 갖고자 한다."

절개 퍼즐(Dissection puzzles):

직사각형을 정사각형으로 절개하는 것을 포함하는 문제는 18세기 프랑스의 수학자 장 에티앙 몽트클라(Jeanne Etienne Montucla)까지 거슬러 올라간다.

이 특별한 형태의 문제는 미국의 퍼즐 전문가 샘 로이드(Sam Loyd, 1844-1911)와 영국의 퍼즐가 헨리 더드니(Henry Dudeney, 1847-1930)에 의해 확장되었다.

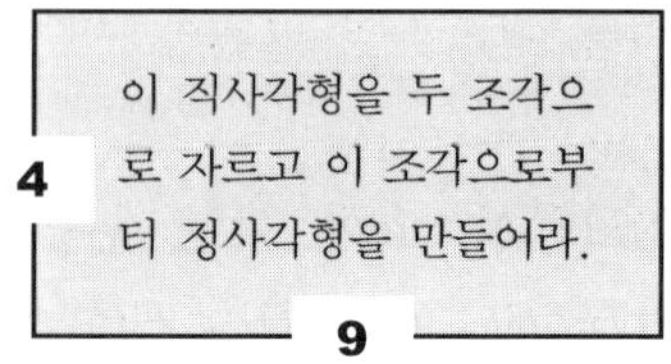

헨리 린그렌(Henry Lingren)은 이런 종류의 문제에 대한 전문가 중의 한 사람이다. 그는 기하학적 절개(Geometric Dissections)란 제목의 책에서 이런 종류의 문제를 대부분 기록하였다.

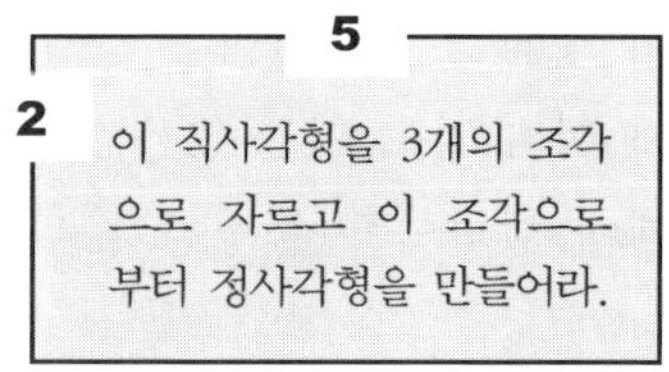

성냥개비 퍼즐(stick puzzle) :

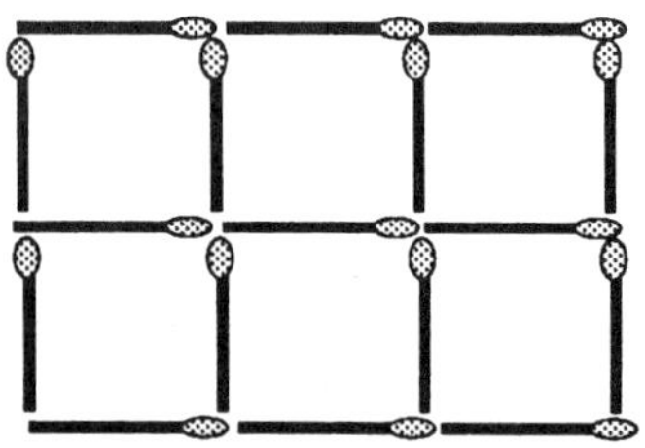

5개의 성냥개비를 제거하고 원래의 것과 똑같은 3개의 정사각형이 되도록 만들어라.

정육면체 퍼즐(cube puzzle) :

오른쪽에 보이는 입방체는 정육면체이다. 각 ABC가 몇 도인지 결정하여라.

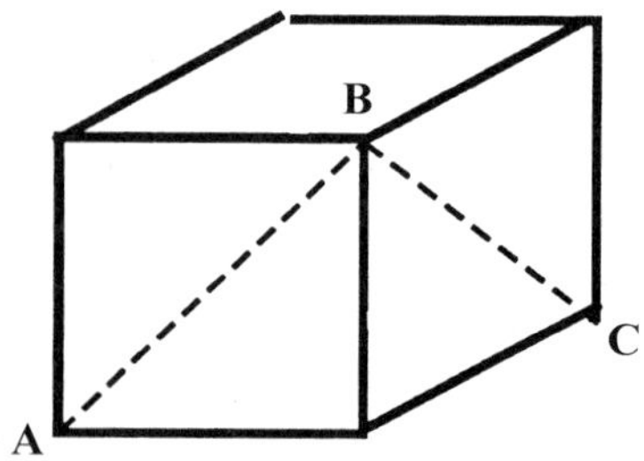

→ 해답은 부록을 참조하기 바랍니다.

수학과 종이접기
(mathematics & origami)

정사각형이 상자로 변형된다.
정사각형이 새로 변형된다.
정사각형이 뱀으로 변형된다.
정사각형이 코끼리로 변형된다.

사람들이 잘 알지 못했다면, 사람들은 마술 쇼와 위상수학[61]에 대해 이야기할 것이라 생각한다.

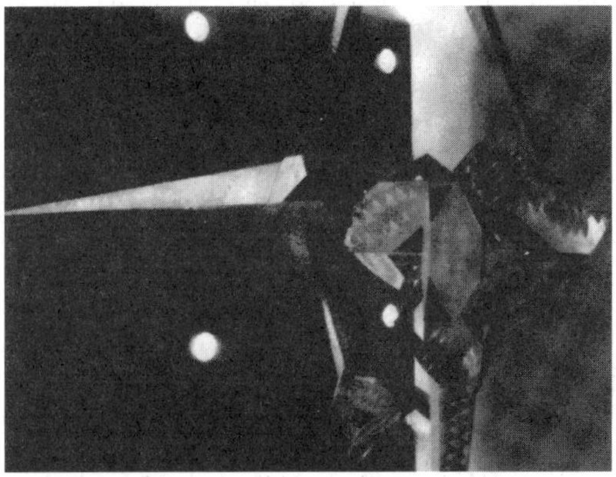

샌프란시스코 공항의 미항공 터미널의 종이접기 같은 조각

종이접기는 불교 수도승이 중국으로부터 한국을 거쳐 일본에 종이를 전파했던 서기 583년까지 거슬러 올라가는 예술의 한 형태이다. 그 당시 종이를 생산하는 데 매우 많은 비용이 들었기 때문에, 사람들은 종이를 조심스럽게 다루었고, 종이접기는 일부 의식의 핵심부분이 되었다. 종이접기 예술은 한 세대에서 다음 세대를 공유하며 전수되었다.

동물, 꽃, 보트, 사람들도 종이접기를 하여 모두 만들 수 있다. 종이접기(Origami)란 말은 ori- 접다, gami- 종이에서 유래되었다. 종이접기는 수세기에 걸쳐 팬들을 기쁘게 하기도 하고 좌절시키기도 했다. 오늘날에는 영국, 벨기에, 프랑스, 이탈리아, 일본, 네덜란드, 뉴질랜드, 페루, 스페인, 미국에 설립된 국제 종이접기 협회[62]가 있다.

61) 위상수학은 대상을 늘이거나 줄여서 찌그러뜨릴 때 변하지 않고 남아있는 대상들의 성질을 연구하는 특별한 부류의 기하학이다. 유클리드 기하와 다르게, 위상수학은 크기, 모양, 엄밀한 모양을 다루지 않는다. 이것이 왜 위상수학이 종이 찰흙 기하로 종종 언급되는지 그 이유를 설명해 준다. 늘이거나 줄일 수 있는 종이 찰흙 위에 존재하는 대상을 상상해보자. 이들이 변형되는 과정에서 우리는 변하지 않고 남아있는 특성을 연구한다.

종이접기에서 어떤 모형을 만들 때, 종이접기 전문가들은 정사각형 모양의 종이를 갖고 시작하고 그것을 그 사람의 상상력, 기술, 결정에 의해 단지 제한된 어떤 모양으로 변형한다.

직사각형 또는 다른 사각형과 달리, 아마도 정사각형은 4개의 서로 대칭인 선을 가지고 있기 때문에 종이접기의 근본 시작 단위로 선택되었을 것이다. 비록 다른 정다각형과 원들도 보다 많은 대칭선을 가지고 있지만, 그것들은 정사각형처럼 직각을 보유하지 않고 있으며, 다루기가 더 어렵다. 때때로 종이접기 전문가들은 또 다른 매체를 사용하기도 하지만, 진정한 종이접기 전문가들은 풀과 가위를 사용하지 않고 오로지 정사각형을 사용하여 연구한다.

종이접기 대상이 창작되고 난 후, 정사각형 종이에 표시된 주름 자국의 연구는 기하학적 대상과 성질들을 보다 잘 나타나게 할 수 있다.

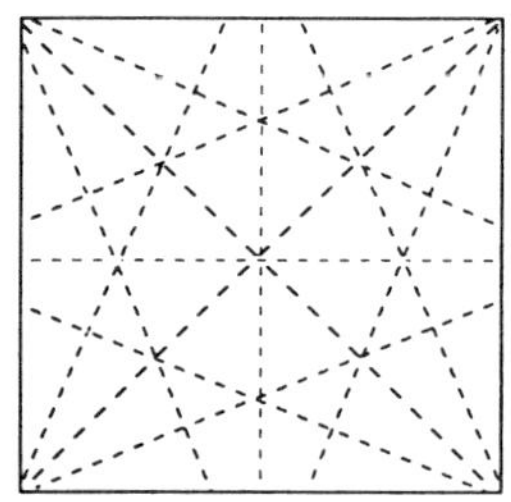

이 그림은 비행하는 새를 접을 때 정사각형 종이 위에 표시된 주름을 보여준다.

정사각형 위의 주름은 닮음에 대한 수학적 아이디어, 점대칭과 선대칭, 합동, 비율과 모양의 비례성, 기하학적 프랙탈의 모양과 유사한 점화(패턴 속의 연속적인 패턴의 반복)를 설명할 수 있다.

종이접기 창작의 발달과정 연구는 매우 분명하다. 사람들은 정사각형(2차원 대상)을 갖고 시작하고 다음에 정사각형을 조작하여 모양(3차원 대상물)을 만든다. 만약 그것이 새로운 창작품이라면, 종이접기 전문가들은 그 모양을 펼치고 정사각형 위에 표시된 주름을 연구한다. 이 과정은 차원 간의 이동을 포함한다. 주름은 대상물이 2차원 투시도를 평면, 즉 정사각형 종이에 나타낸 것이다.

62) 미국 종이접기 협회는 15 West 77th St. New York, NY 10024에 위치하고 있다.
영국 종이접기 협회는 12 thorn Road, Bramhall, Stockport, Cheshire SK71HQ에 위치하고 있다.

2차원 대상을 3차원 대상으로 그리고 그 반대로의 변형은 사영 기하학 분야와 연결된다.

『Folding the Universe』란 책에서 예술과 종이접기 과학의 대가인 저자 피터 앵겔(Peter Engel)은 다년 간 연구한 종이접기에서 독특한 발명품과 창작품을 출간하였다. 앵겔은 종이접기를 완전히 새로운 정착지로 끌어올렸다. 그는 종이접기, 수학과 극소화 문제로 유사성을 그리는 자연, 프랙탈과 혼돈 이론들 사이에 끈끈한 연결성을 강조하였다. 종이접기 창작은 재료의 유한한 양(즉, 고정된 차원의 정사각형)을 가지고 시작하고 원하는 형태로 진전시킨다.

종이접기는 하나의 르네상스를 경험한다. 그것은 초창기 종이 접는 사람들에 의해 개발되어 창립된 이래 긴 여로를 거쳤다. 오늘날 대가들에 의해 접힌 모양의 복잡성들은 진정 놀랍다. 풀과 가위를 사용하지 않고 정사각형의 종이를 변형하는 그들의 기술은 믿을 수 없는 신기에 가깝다. 완성된 모양은 단순한 상자나 꽃들이 아니라 해부학적으로 정확한 동물 등이고 진짜 살아서 움직이는 종이 조각품 - 오징어, 거미, 뱀, 무용수, 가구들이다. 그런 숙련도와 창작성을 이루기 위해서는 수년간의 연구, 경험과 작품 활동이 필요하다. 이는 에셔(M. C. Escher) 같은 예술가가 모자이크 세공 예술을 개발하기 위하여 전념했던 수년간의 시간과 유사하게 소요된다. 종이접기 전문가에 의해 그처럼 동일시 할 수 있을지는 모르지만 그 이면에는 수학이 존재한다. 모자이크 세공 예술과 같이 수학의 이해는 사람의 능력과 창작성을 증진시킨다.

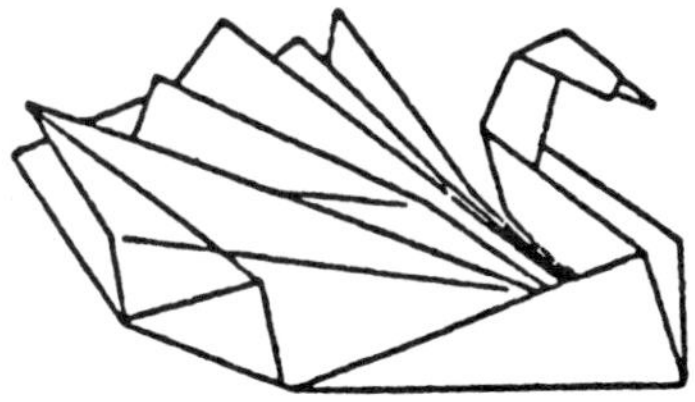

샘 로이드의 보이지 않는 수 퍼즐
(Sam Loyd's missing number puzzle)

8자리가 명확히 보이는 숫자가 남아 있는 고고학자의 발견에서 보이지 않는 자릿수를 결정하기 위한 충분한 정보를 제공한다. 보이지 않는 수는 무엇인가?

→ 해답은 부록을 참조하시기 바랍니다.

역설
(paradoxes)

"... 주요 역설은 수십 년간 또는 수 세기 동안 논리적 사고에 대한 양식을 제공했다." - 니콜라 부르바키(Nicolas Bourbaki)

"이 페이지의 어느 것도 읽지 마세요." 이같은 역설은 그 자체에 모순을 나타내거나, 분별없는 짓이거나 또는 깜짝 놀랄 결론을 유도하거나, 추론의 끝없는 순환을 형성하는 진술이다. 수 세기에 걸쳐 역설은 논리적 사고를 유혹하거나 복잡하게 했다. 흥미를 자아냄과 동시에 마음을 어지럽히면서, 그들은 이 페이지에서 보는 그림처럼 우리의 일상생활에서 접하는 것뿐만 아니라 문학, 과학과 수학을 포함하여 사회 규범 등 모든 영역에서 광범위하게 출현한다. 역설의 형태와 상관없이, 혼란과 고안된 질문들은 재미있고 즐길만하다. 특히, 수학적 역설은 발명의 영역이 되었다. 몇 가지 잘 알려진 역설을 간단하게 탐구하는 것은 이들이 우리의 마음에 부담을 지워주고 단련시키는 즐거움을 제공해 주기도 한다.

집주인이 모든 품목 염가 판매를 무효화하는 이 역설을 게시했다.

*　*　*

기원전 5세기 제노(Zeno)는 무한대에 대한 그의 지식을 이용하여 수열과 부분합 등 다음과 같이 잘 알려진 역설[63]들을 만들었다.

이분법(The dichotomoy) — 한 사람이 특정한 목적지를 향해 걸어가고 있다. 그 사람은 처음 그 거리의 절반만 걸어야 한다.

63) 몇 가지 부가적인 유명한 역설에 대한 참고는 커리(Curry)의 삼각형 역설, 드모르강의 역설, 오일러의 역설, 그렐링의 역설, 무한 회귀 역설, 라이프니쯔 역설, 지도 역설, 피터스버그 역설, 프로타고라스 역설, 뉴컴 역설, 비전이 역설(nontransitive paradoxes) 등이 있다.

그 다음 그 사람은 남아있는 거리의 절반을 걸어야 한다. 그러면 남아있는 거리의 절반이 남아있다. 이런 관계식으로부터, 걸어가야 할 거리의 절반이 항상 남아있게 된다. 그러므로 그 사람은 결코 목적지에 도달할 수 없다.

아킬레스와 거북(Achilles and the tortoise) — 아킬레스와 거북의 경주에서 아킬레스는 거북이보다 10배 빠르게 달리기 때문에 거북이는 1000미터 앞에서 달린다고 하자. 경주가 시작되었고 아킬레스가 1000미터 지점에 도달했을 때 거북이는 또한 계속해서 100미터 앞에 있고, 또한 아킬레스가 100미터 더 달려가면 거북이는 10미터 앞에 있다. 이와 같이 거북이는 계속해서 아킬레스보다 앞에 있기 때문에 제논은 거북이와 경주에서 아킬레스가 이길 수 없다고 주장했다. 그의 이유가 타당한가?

유블리데스 역설(Eublides' paradox) — 기원전 4세기 그리스의 철학자 유블리데스는 인간은 결코 모래더미를 쌓을 수 없다고 주장했다. 그는 분명히 모래 한 알은 모래더미를 이룰 수 없다고 제안했다. 그리고 만약 모래 한 알을 더한다고 해서 그들이 모래더미를 만들지는 못한다. 그는 만약 사람이 모래더미를 쌓지 못했다면 이미 가지고 있는 모래에 한 알을 추가한다고 해서, 모래더미가 되는 것은 아니다. 그러므로 우리는 모래더미를 쌓을 수 없다고 주장했다. 그는 또한 역설과 더불어 — "내가 만드는 진술은 거짓이다." — 라고 기술하였다.

에피메니데스 역설(Epimenides' paradox) — 에피메니데스는 크레타 출신이고 그의 역설은 단순히 "모든 크레타 섬 주민은 거짓말쟁이다."라고 진술하였다.

아리스토텔레스의 바퀴 역설(Aristotle's wheel paradox) — 두 개의 동심원이 이 바퀴에서 보인다. 바퀴가 A에서 B로 움직임

에 따라 한 번 회전한다. 선분 $|AB|$는 큰 원의 원주에 해당되는 길이이다. 작은 원도 또한 한 번 회전하고 선분 $|AB|$의 거리를 이동하기 때문에 선분 $|AB|$는 작은 원의 원주가 아닌가?

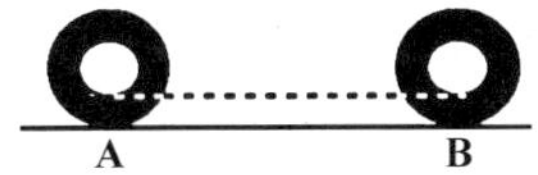

동전 역설(A coin paradox) – 맨 위의 동전이 아래 동전을 따라 밑으로 반 바퀴 움직였다. 그 결과 원래 시작했던 똑같은 모양으로 위치해 있다. 그것은 원주를 반 바퀴 이동했기 때문에 정반대로 뒤집혀 있을 것이라 기대한다. 왜 이런 일이 일어났는지 설명할 수 있는가?

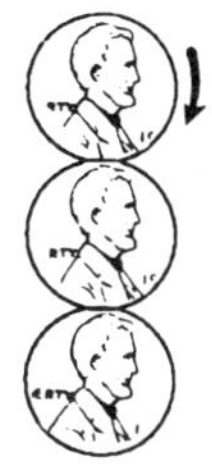

대수적 역설(algebraic paradoxes) – 대수적 역설은 엄청나게 많다. 잘 알려진 하나를 소개한다.

만약 $a=b$이면, $1=2$이다.

증명

만약 $a=b$이면 $a^2=ab \rightarrow a^2-b^2=ab-b^2 \rightarrow$

$\dfrac{(a^2-b^2)}{(a-b)}=\dfrac{(ab-b^2)}{(a-b)} \rightarrow a+b=b \rightarrow a+a=a$

$\rightarrow 2a=a \rightarrow \therefore 2=1$ or $1=2$

proof of $1=-1$

$-1=(\sqrt{-1})^2=(\sqrt{-1})\cdot(\sqrt{-1})$

$=\sqrt{(-1)(-1)}$

$=\sqrt{1}=1$

이발사 역설(barber paradox) – 이 역설은 1918년까지 거슬러 올라간다. 특정한 마을에서 한 면도사가 자기 스스로 면도를 하지 않는 마을의 모든 사람들을 면도한다. 누가 면도사를 면도할까?

월트 켈리 역설(Walt kelley paradox) — "우리는 적을 만났고, 그는 우리들이다."

오스카 와일드 역설(Oscar Wilde paradox) — "유혹을 제거하는 유일한 방법은 그것에 굴복하는 것이다."

돈키호테 역설(Paradox from Don Quixote) — 산쵸 팬자(Sancho panza)는 바라타니아 섬의 통치자이다. 섬을 방문하는 모든 사람들은 그들이 왜 방문하게 되었는지 이유를 진술해야 한다. 만약 그들이 진실을 말하면 그들은 자유롭게 다닐 수 있다. 만약 거짓을 말하면, 교수형에 처해진다. 어느 날 한 방문자가 도착하여 "나는 교수형을 받기 위해 여기 왔다"라고 말했다. 산초는 무엇을 어떻게 해야 할까?

변명의 역설(Anonymous paradox) — "제발 이 진술을 무시해 주세요."

무한대를 다루는 역설(paradoxes dealing with infinity) —

$$x+x^2+x^3+\cdots+x^{n+1}=\frac{1}{(1-x)}$$

$$1+\frac{1}{x}+\frac{1}{x^2}+\cdots+\frac{1}{x^n}+\cdots=\frac{x}{(x-1)}$$

$$1+\frac{1}{x}+\frac{1}{x^2}+\cdots+\frac{1}{x^n}+x+x^2+x^3+\cdots x^{n+1}+\cdots$$

$$=\frac{x}{(x-1)}+\frac{x}{(1-x)}=0$$

이 관계식은 $x \neq 1$인 모든 x에 대해 참이다. 그러나 만약 x가 양수이면 왼쪽은 0보다 크다. 어떻게 이렇게 될 수 있는가?

$\{1, 2, 3, 4, \cdots, n, \cdots\}$는 가산수(counting number)이다.

$\{1, 4, 9, 16, \cdots, n^2\}$는 제곱 가산수이다.

이 두 집합은 쉽게 일대일 대응 시킬 수 있다. 각 집합에 있는 원소의 수가 똑같을 수 있을까?

칸토의 역설(Cantor's paradox) — 집합론의 아버지 조지 칸토(Georg Cantor, 1845~1918)는 한 집합에 대한 부분집합의 집합은 그 집합 자체보다 더 많은 원소를 포함한다고 증명하였다. 이것이 모든 집합에 대해서도 참인가?

러셀 역설(Russell's paradox) — 러셀(Bertrand Russell's, 1872~1970)의 역설은 집합의 구성원들의 아이디어를 다룬다. 집합은 그 자체가 구성원이거나 그 자체의 구성원이 아니다. 구성원으로서 그 자체를 포함하지 않는 집합을 정규(regular)라고 한다. 예를 들면, 사람의 집합은 집합 자체가 사람이 아니기 때문에 구성원으로 그 자체를 포함하지 않는다. 구성원으로서 그 자체를 포함하는 집합을 비정규(irregular)라 한다. 한 예는 5개의 원소 이상을 포함하는 집합의 집합을 들 수 있다. 모든 정규집합의 집합은 정규인가 비정규인가? 만약 정규이면, 그 자체를 포함하지 않는다. 그러나 모든 정규집합의 집합이면, 모든 정규집합을 포함하므로 그 집합 자체를 포함한다. 만약 그 자체를 포함한다면, 그 집합은 비정규이다. 만약 그 집합이 비정규이면, 구성원으로서 그 집합을 포함한다. 그러나 그 집합은 정규집합을 포함한다고 가정된다. 러셀의 역설은 독일의 수학자 고틀로프 프레게(Gottlob Frege)를 곤혹스럽게 했다. 그는 산술의 논리적 전개에 대한 2권을 막 끝냈었다. 그의 저서의 부록은 "과학자들은 방금 마친 연구의 근간이 붕괴되는 것보다 더 바람직하지 않는 어떤 것에 맞닿는 경우는 드물다. 나는 버틀란드 레셀로부터 받은 편지를 이곳에 삽입해 놓는다."와 같이 시작한다.

지금까지 알려진 많은 역설들 중의 일부에 지나지 않으며, 의도하든 하지 않든 간에 계속해서 만들어지고 있다.

우리들 일상생활의 활동이나 수학적 체계나 아이디어를 창안하고 정의하는 과정에서 역설은 인과응보이며 배우는 도구라 할 수 있다. 수학은 다양한 방법으로 진화된다. 문제를 연구하는 수학자는 어떤 것을 하는 새로운 방법을 찾아내거나 새로운 수학적 체계(예를 들면, 비유클리드 기하)를 창안한다. 다른 한편으로 수학자는 실생활에서 어떤 것을 설명하거나 묘사하기 위하여 수학을 이용하거나 자연현상을 설명하기 위하여 새로운 아이디어(예를 들면, 프랙탈, 혼돈이론)를 고안한다. 역설의 진행 과정은 고의적이든 아니든 간에 발생한다. 증명 없이 일반화하는 것, 0으로 나누는 것, 증명 없이 어떤 것이 존재한다는 것을 가정하는 것, 정의에 집착하지 않는 것들은 역설을 만드는 시발점이 되는 것들 중 몇 가지라 할 수 있다.

님바이 게임
(the game of nimbi)

님바이(nimbi)는 네덜란드의 과학자 피트 하임이 고대의 님(nim) 게임을 응용하여 개발하였다. 님바이 게임은 거의 모든 곳에서 할 수 있는 놀이이다. 모든 경기자들이 필요로 하는 것은 몇 개의 조약돌이나 돌멩이이다.

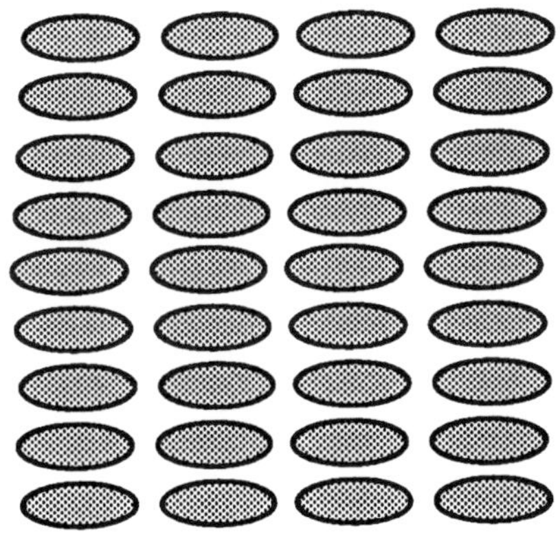

경기 절차 :

- 정사각형이나 직사각형의 모양으로 원하는 만큼 돌멩이를 놓는다. 옆의 그림에서 보는 것처럼 36개의 돌멩이가 4×9 직사각형의 모형에 놓여있다.
- 각 경기자는 임의의 행 또는 열에서부터 인접한 돌멩이를 가능한 많이 잡는다. 예를 들면, 첫 번째 경기자가 4번째 행에서 처음 3개의 돌멩이를 잡기로 결정했다. 그러면 다음과 같이 남는다.

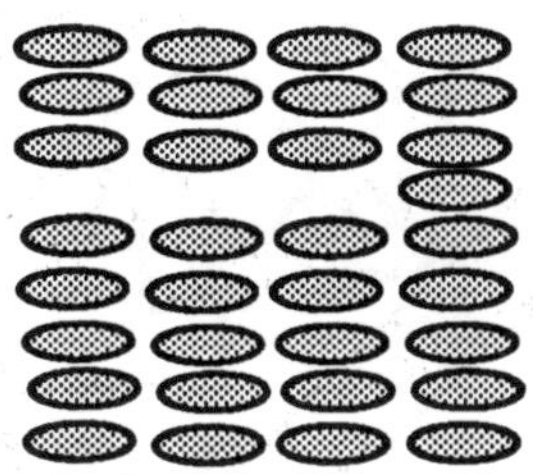

두 번째 경기자는 1, 2, 3열의 각 열의 돌멩이가 하나씩 없기 때문에 1, 2, 3열의 모든 돌멩이를 취할 수 없다. 그러나 4번째 열의 틈이 없기 때문에 4번째 열의 모든 돌멩이를 취할 수 있다. 또는 두 번째 경기자는 어떤 다른 행이나 열로부터 그가 원하는 만큼 인접한 돌멩이들을 취할 수 있다.

게임의 대상 :

마지막 돌멩이를 취하는 경기자가 패자가 된다.

만화경과 대칭

(kaleidoscopes & symmetry)

스코틀랜드 물리학자 데이비드 브뤼스터(David Brewster)는 1800년대 초에 만화경을 발명했다. 그의 인기는 결코 사라지지 않고 있으며, 사람들은 계속해서 더 좋은 만화경을 발견하며 즐기고 있다. 만화경에서 보는 이미지는 수많은 대칭선을 가지고 있다.

대칭선은 정확히 절반을 나누고 있고 이 선을 따라 접을 때, 두 부분이 꼭대기부터 정확하게 맞아 들어간다.

오늘날 세련된 컴퓨터 프로그램은 위 그림에서 설명되는 것처럼 컴퓨터가 정확히 거울의 이미지를 생성하는 디자인을 그려내는데 이용된다.

7, 11, 13 수의 기이함

(the 7, 11, & 13 number oddity)

전수 abc 임의의 3자리를 택해 보라. 이 세 자릿수를 반복하여 새로운 수 abcabc를 써보라. 이런 방법으로 만들어진 임의의 수는 7, 11, 13, 77, 91, 143과 1001에 의해 나누어진다. 어떻게 이런 작업이 가능한가?

762

762,762

762,762÷7=108,966

762,762÷11=69,342

762,762÷13=58,674

762,762÷77=9906

762,762÷91=8382

762,762÷143=5334

762,762÷1001=762

→ 설명은 부록을 참조하기 바랍니다.

클라인 병의 종이 모형
(paper model of the Klein bottle)

독일의 수학자 크리스천 펠릭스 클라인(Christian Felix Klein, 1849-1928)은 위상수학적 클라인 병을 고안했다. 병은 단지 한 개의 표면만 있고 병의 입구를 통해 다시 입구로 나온다. 만약 물을 부어 넣으면 같은 구멍으로 물이 새어 나온다.

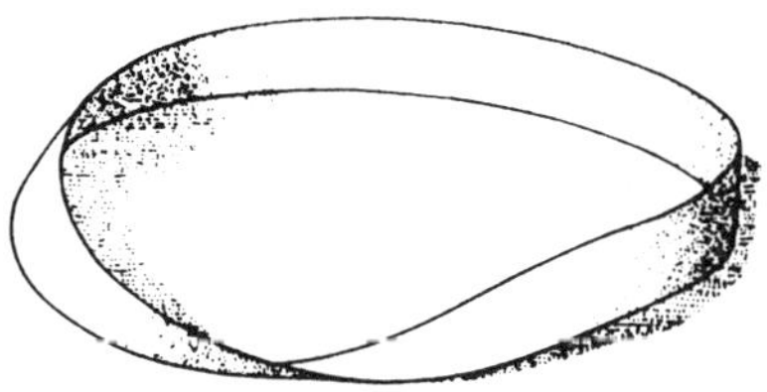

뫼비우스 띠는 오거스터스 뫼비우스 (1790~1868)에 의해 창안되었다.

클라인 병과 뫼비우스 띠 사이에 재미있는 연결 고리가 있다. 만약 클라인 병을 그 길이의 절반을 따라 자르면 두 개의 뫼비우스 띠가 만들어진다.

아래 모델은 단 하나의 표면을 갖고 있는 클라인 병과 유사하다. 이 모델의 절반을 따라 절단한다고 생각하고 두 개의 뫼비우스 띠가 만들어지는지 알아보자.

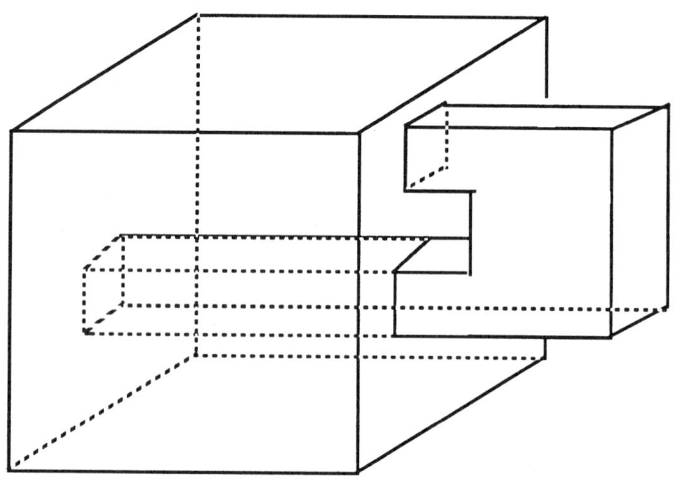

수학 문제들은 수학의 발전과정 전체에 걸쳐 수학적 아이디어들의 발명과 개발에 촉매제 역할을 했다. 사실, 수학사를 통하여 수학자들이 수세기에 걸쳐 풀어내고자 했던 문제들을 추적할 수 있다. 오래된 문제가 마침내 풀리고 나면 거의 의기소침해지는데 이는 더 이상 이와 관련된 문제에 대해 수학적 사고에 도전하거나 자극을 받지 못하기 때문이다.

가장 흥분되는 수학적 발견들 중 몇 가지는 "미해결" 수학적 문제를 풀기 위해 시도하거나 수학적 아이디어의 증명이나 반증을 하고자 하는 수학자들의 노력으로부터 파생된 결과이다. "고대의 3대 작도문제"는 아마도 수많은 새 발견을 유도해 낸 초창기 수학적 도전들 –

• 각의 3등분에 대한 니코메데스의 나사선 • 디오클레스의 질주선(cissoid), 1/2의 세제곱근을 찾는 아르키타스(Archytas)의 방법 • 플라톤의 정육면체 복제 • 에우독소스(Eudoxus)의 캠파일(kampyle) • 에라토스테네스의 슬라이딩 정사각형 • 주어진 한 쌍의 선분 사이의 두 기하 평균을 삽입하여 정육면체를 복제하는 페르가(Perga)의 아폴로니우스 방법 • 정육면체 복제에 대한 포물선을 사용하는 메네추스(Mennaechus's) 방법 • 정육면체를 복제하기 위하여 쌍곡선과 포물선을 사용하는 세스티네(Sestine)의 방법 • 원의 정사각형화에 대한 히포크라테스(Hippocrates)의 활꼴 • 원의 정사각형화에 대한 히피아스의 특별한 곡선인 이차선(quadratrix) • 아르키메데스의 3등분 장치 • 각의 3등분에 대한 에티엔 파스칼(Etienne Pascal)의 달팽이꼴 • 각의 3등분에 대한 그노몬(gnomon, 평행사변형에서 그 한 각을 포함한 닮은꼴을 떼어 낸 나머지 부분) • 각의 3등분

에 대한 아르키메데스의 나사선 • 각의 3등분에 대한 나선 • 원과 쌍곡선을 이용하는 각의 3등분에 대한 파푸스(Pappus)의 방법

– 몇 가지 예들이다. 2000년 이상 수많은 세월에 걸쳐 *유클리드의 5번째 공리를 증명하기 위한 열정*에서 수학자들은 마침내 그 증명을 발견해냈고, 19세기에 비유클리드 기하가 탄생되었다. *쾨니히스버그 다리문제*(1736)에 대한 오일러의 해는 위상수학의 연구 시점이 되었다. *4색 지도 문제*(four color problem, 영국의 수학자 프란시스 구쓰리에(Francis guthrie)에 의해 1852년에 공식적으로 제기된 문제)는 여러 해에 걸쳐 수없이 증명되어왔다. 그러나 증명 상의 오류가 많았다. 문제에 대한 흥미는 가라앉지 않았고, 특히 위상수학 분야에서는 더욱 확대되었다. 교사들은 그것을 수업 시간에 다루었고, 수학자들은 이 문제를 풀기 위해 수십 년을 투자했다. 4색 지도 문제는 마침내 미국 일리노이 대학의 아펠(K. Appel)과 하켄(W. Haken)에 의해 1976년 컴퓨터를 이용하여 증명되었다.

1503년 그레고어 레이스크의 목판, 현대의 알고리스트(보시우스에 의한 부정확한 표현)와 계산판을 이용하는 사람(피타고라스학파에 의해 그려진 초상화)의 경쟁. 산술의 여신은 뒤에 있다.

최근 몇 가지 우리를 어리둥절하게 했던 수학 문제와 가설에 대한 증명이 소개되었다 –

1922년의 모델 가설(Mordell conjecture)은 어떤 부류의 다항식은 단지 유한개의 유리수 해(둘 또는 그 이상의 결점을 가지고 있는 위상 수학적 표면과 관련된 곡선)를 갖는다고 주장하였다. 이 사실은 1983년 게르드 팔팅스(Gerd Faltings)에 의해 증명되었다.

포앙카레의 4차원 가설(Poincare's 4-dimensional conjecture)은 미 남가주 대학의 프리드먼(M. Freedman)과 옥스퍼드대학의 도날드슨(S. Donaldson)의 연구가 발표되기까지 80년 이상 수학자들을 어리둥절하게 했다.

최근까지 가장 유명한 수학의 미해결 문제 중의 하나로 페르마의 마지막 정리(Fermat's Last Theorem)를 꼽을 수 있다. 페르마(Pierre de Fermat, 1601~1665)는 전문 변호사였는데 틈나는 대로 수학을 공부하는데 시간을 보내곤 했다. 그는 프랑스의 위대한 수학자 중 한 사람으로 여겨졌고, 특히 정수론에서 많은 업적을 남겼다. 비록 수학에 대한 연구 내용을 많이 발표하지는 않았지만, 당대의 수학자들은 그의 연구 내용에 영향을 받아 수학 연구 발전을 선도하는데 주요한 역할을 하였다. 3천편 이상의 수학 논문과 저서들은, 그의 수학적 서신 왕래와 디오판투스의 산학(Arithmetica)을 번역하는 과정에 그가 쓴 노트를 통해 빛을 보게 되었다. 페르마가 쓴 유명한 노트에서 발견된 내용이다. –

정육면체를 두 개의 정육면체로 나누는 것, 4승을 하여 나누는 것, 그리고 일반적으로 위의 두 번째가 몇 승이 되든지 간에 같은 분모의 두 멱승으로 나누는 것은 불가능하고, 나는 이에 대한 경이로운 증명을 확실하게 발견하였지만 여백이 너무 부족하여 그 증명을 기술하지 못하였다.

다시 정리하면 :

만약 $n > 2$이면, $a^n + b^n = c^n$을 만족하는 정수 a, b, c는 존재하지 않는다.

사후 이 노트가 발견되었을 때, 많은 수학자들이 이 정리에 대해 연구하였다. 그러나 수세기 동안 이 사실에 대한 증명 또는 반증은 유능한 수학자들조차 풀지 못해 애를 먹었다. 몇몇 사람들은 페르마가 이 정리를 결코 증명하지 못했을 것이라 생각했고, 그의 친구들을 골탕먹이려고 일부러 증명을 생략했을 것이라고 생각하기도 했다. 그럼에도 불구하고 이 증명은 과거 350년이 넘게 중요한 수학적 아이디어와 발견을 양산하는 자극제로 남아 있다.

이 말들 본래의 치수로 전환할 수 있는가?

"그에게 2.5센티미터를 부여하면, 그는 1.6킬로미터가 될 것이다."

"그는 0.45킬로그램의 살코기를 요구했다."

"사이즈는 5280피트에 상당한다."

"완벽한 야드(yard)"

"모든 2.5센티미터 킹 사이즈"

"175센티미터 푸른 눈 ..."

"나는 35.2 리터와 0.88 데카리터를 좋아한다."

"28.4 그램의 예방은 0.4536 킬로그램의 치료 가치가 있다."

"처음 시도에 30피트 전진"

→ 변환에 대해서는 부록의 해답 부분을 참조하기 바랍니다.

수학과 크리스탈

(mathematics & crystals)

크리스탈은 "새로운 시대"에 각광받는 것처럼 보이지만, 크리스탈을 적절하게 세공하여 활발하게 이용했던 시대를 추적해 보면 수천 년을 거슬러 올라간다. 우리는 일상생활에서 수많은 크리스탈을 보게 되는데, 컵, 유리, 숟가락, 라디오, 전광판 또는 사람의 머리 장식품 등 종류도 다양하다.

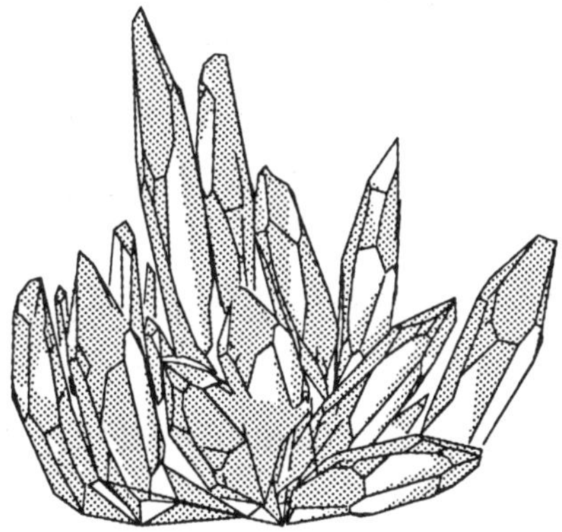

크리스탈이 갖고 있는 "힘"의 비밀은 그들의 구조와 생성을 이해하고 그들을 광범위하게 이용하기 위한 발견과 꾸준한 가치 창조를 위하여 현대의 첨단 기술을 사용하고 그 부가가치를 높이는데 있다. 크리스탈은 매우 질서 정연한 분자 구조를 이루고 있다. 이 구조는 기술적으로 너무 정확하기 때문에 수학은 이들을 분석하고, 감정하여, 분류하는 완벽한 도구가 된다.

크리스탈을 분석하는데 사용되는 수학적 아이디어의 몇 가지는 다면체, 대칭성, 모자이크 세공, 두 면 사이의 낀 각, 기하학, 사영, 정현파 함수(sinusoidal function)들이다. 크리스탈의 형성과 이용을 조사하면, 이들 수학적 아이디어들이 분명해진다.

모든 크리스탈은 6개의 가능한 단위 셀 형태나 기본 성분들 중 하나에 나타나는 분자의 형태로부터 볼 수 있다. 이들 기본 요소들은 다면체(각 면들이 다각형인 고체)이다. 크리스탈의 다면체들은 다음과 같이 분류된다.

1) 등축정계(Isometric system) 또는 입방정계(cubic system) – 각 단위는 합동인 정육면체로 구성되어 있다. 이 다면체의 모든 면들은 합동인 정사각형이다. 한 점으로 모이는 임의의 세 모서리는 서로 직각을 이룬다. 예를 들면, 황철광(pyrite), 명반(alum), 석류석(garnet), 방연광(galena)들이다.

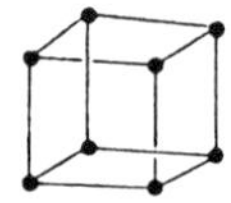

2) 정방정계(Tetragonal system) – 이 다면체의 면은 직사각형으로 한 점으로 모이는 임의의 세 모서리는 서로 직각을 이루고 있으며 세 모서리 중 2개는 서로 합동이다. 예로는 석석(cassiterite), 금홍석(rutile)을 들 수 있다.

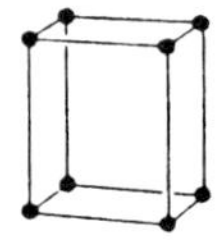

3) 사방정계(Orthorhombic system) – 한 점으로 모이는 세 개의 모서리는 서로 직각을 이루고 어느 것도 서로 합동은 아니다. 예로는 황옥(topaz), 황철석(chalcocite)이 있다.

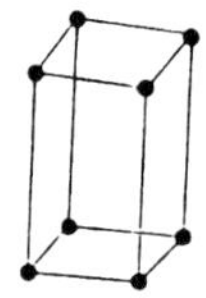

4) 단사정계(Monoclinic system) – 한 점으로 모이는 세 모서리 중 2개는 서로 직각을 이루나 어느 것도 서로 합동은 아니다. 예로는 붕사(borax), 남동광(azurite), 백운모(muscovite)가 있다.

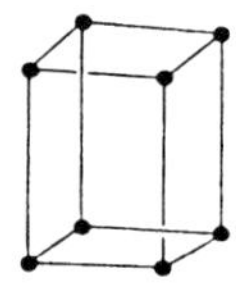

5) 삼사정계(Triclinic system) – 한 점으로 모이는 어느 모서리도 직각을 이루지 않고 또한 어느 것도 서로 합동이 아니다. 크리스탈화가 덜 된 것이다.

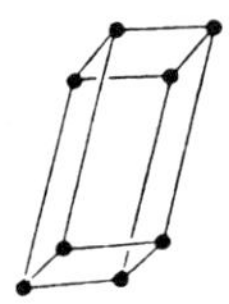

6) 육방정계(Hexagonal system) – 한 점으로 모이는 모서리 중 2개는 서로 합동이고 60도와 120도를 이룬다. 세 번째 모서리는 이 두 모서리에 대해 직각을 이루고 서로 다른 길이를 갖고 있다. 예로는 방해석(calcite), 전기석(tourmaline), 녹주석(beryl)이 있다.

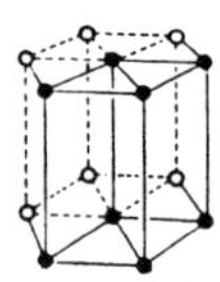

이들 6개의 결정계는 모든 크리스탈에 대한 기본 구성 요소이다. 어떻게 다른 크리스탈들이 같은 기본 구성 요소로부터 생성되는

지 이해하기 위해 등축정계에서 크리스탈화 하는 구조를 살펴보자. 우리는 3차원 모자이크 세공 형성으로 크리스탈화 과정을 생각할 수 있다. 등축정계 크리스탈화는 특정한 입방체에서 시작되며 수천 개의 복제품을 생성한다. 그 다음 그들이 서로 뭉쳐지고 결국은 그림에서 보는 것처럼 형성된다.

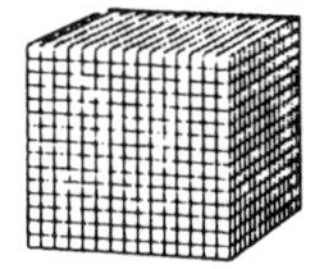

그러나 모든 등축정계 크리스탈이 이같은 모양을 보이는 것은 아니다. 한편, 각 구석에서 일정한 수를 제거하면 순차적으로 입방체 모서리를 뭉툭하게 만들어 그림에서 보는 형태의 크리스탈을 얻을 수 있다.

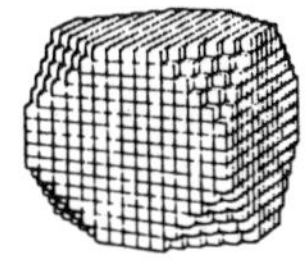

뭉툭한 입방체

만약 보다 많은 기본 구성 요소들을 제거하면 8면체 형태의 크리스탈을 얻을 수 있다. 이런 크리스탈은 기본 구성단위 셀들이 입방체이므로 모두 등축정계이다. 6개의 크리스탈 결정계의 각각은 무엇을 제거하는가 또는 덧붙이는가 그리고 분자의 형태가 어떤 단위 셀을 함유하는가에 따라 형성되는 수천가지 다양한 종류의 크리스탈을 만들 수 있다.(예를 들면, 소금의 평균 알갱이는 5.6×10^{18}개의 단위 셀이 있다.)

8면체 크리스탈

6개의 다면체 구성 요소 중 하나를 밝혀냄으로써 크리스탈을 분류하는 것뿐만 아니라, 그들이 갖고 있는 대칭성을 분석하는 것도 못지않게 중요하다. 크리스탈은 대칭, 비대칭, 또는 그들의 혼합, 즉 - 점대칭, 선대칭, 평면대칭 중 하나의 형태를 가지고 있다고 할 수 있다.

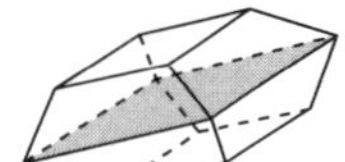

평면 대칭의 예

정육면체의 대칭에 대한 13가지 선들

크리스탈의 대칭성을 결정하는 다른 방법들이 있다. 정밀한 기구를 이용하여 면 사이 각(두 면이 이루는 각)을 측정하면 대칭성을 확인할 수 있고 크리스탈이 소유하고 있는 6개의 결정계를 결정할 수 있다. 예를 들면, 등축정계는 9

개의 평면 대칭, 하나의 중심점 대칭, 13개의 다른 선대칭을 가지고 있는 반면, 정방정계는 선대칭을 가지고 있지 않다. 크리스탈을 확인하는 다른 수단은 X-선을 투과시키거나 선(각 면에 수직인 선)을 특정한 크리스탈을 둘러싸는 구면체 위에 투영시켜 그 결과를 분석하여 이루어진 기하학적 패턴을 연구하면 된다.

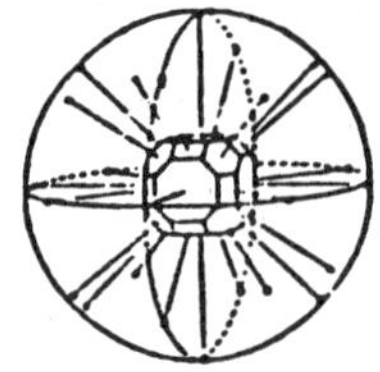

구면체 투영

19세기 후반에 석영 크리스탈에 압력을 가하면 전기충전을 생성한다는 것이 발견되었다. 반대로 석영에 전기를 통과시킬 때, 석영은 균등한 진동을 통해 전기의 흐름을 조절한다. 다른 말로 석영 크리스탈(모든 종류에서)은 압력이 가해지면 전기를 생성하기도 하고 전기의 흐름을 조절하기도 하는 양방향으로 작용한다. 이 양방향 성질을 피에조 전기(piezoelectricity)라고 부른다. 석영 크리스탈의 구조와 그 성질들에 대한 이해는 석영, 크리스탈의 중요도 및 에너지원으로서 그 힘을 발휘하는 근간이 된다. 석영은 자연 채굴되어 정확한 형태로 세공되거나, 오늘날과 같이 인공적으로 합성된다. 정밀성은 불가피하며, 그렇지 않으면 부정확한 주파수를 갖는 크리스탈로 혼란을 초래하게 된다. 몇 가지 예를 들면: (1) 라디오 방송국의 신호는 틀린 무선 주파수를 선택하게 되거나, (2) 틀린 주파수를 갖는 석영 크리스탈은 컴퓨터의 정보 흐름을 조절하기보다는 장애를 일으킬 것이다.

크리스탈의 사용에 대한 우리의 지식은 아직 발전 과정에 있으며 보다 많은 발견이 요구되고 있다. 다음은 석영이 사용되는 곳과 미래에 사용될 것으로 보이는 분야의 일부 목록이다.

- 텔레비전, 컴퓨터, VCR, 세탁기, 자동 조절 스토브, 마이크로웨이브, 접시닦이, 새 자동차 엔진
- 음파를 전자 신호로 전환하는 – 소너(sonar)
- 방송 주파수를 모니터하는 것

지 이해하기 위해 등축정계에서 크리스탈화 하는 구조를 살펴보자. 우리는 3차원 모자이크 세공 형성으로 크리스탈화 과정을 생각할 수 있다. 등축정계 크리스탈화는 특정한 입방체에서 시작되며 수천 개의 복제품을 생성한다. 그 다음 그들이 서로 뭉쳐지고 결국은 그림에서 보는 것처럼 형성된다.

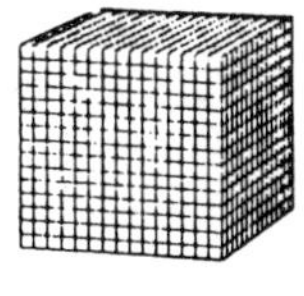

그러나 모든 등축정계 크리스탈이 이같은 모양을 보이는 것은 아니다. 한편, 각 구석에서 일정한 수를 제거하면 순차적으로 입방체 모서리를 뭉툭하게 만들어 그림에서 보는 형태의 크리스탈을 얻을 수 있다.

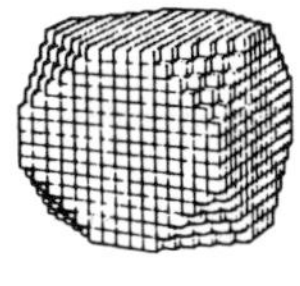

뭉툭한 입방체

만약 보다 많은 기본 구성 요소들을 제거하면 8면체 형태의 크리스탈을 얻을 수 있다. 이런 크리스탈은 기본 구성단위 셀들이 입방체이므로 모두 등축정계이다. 6개의 크리스탈 결정계의 각각은 무엇을 제거하는가 또는 덧붙이는가 그리고 분자의 형태가 어떤 단위 셀을 함유하는가에 따라 형성되는 수천가지 다양한 종류의 크리스탈을 만들 수 있다.(예를 들면, 소금의 평균 알갱이는 5.6×10^{18}개의 단위 셀이 있다.)

8면체 크리스탈

6개의 다면체 구성 요소 중 하나를 밝혀냄으로써 크리스탈을 분류하는 것뿐만 아니라, 그들이 갖고 있는 대칭성을 분석하는 것도 못지않게 중요하다. 크리스탈은 대칭, 비대칭, 또는 그들의 혼합, 즉 - 점대칭, 선대칭, 평면대칭 중 하나의 형태를 가지고 있다고 할 수 있다.

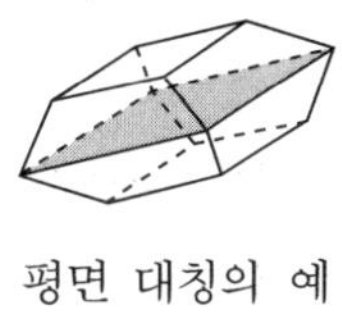

평면 대칭의 예

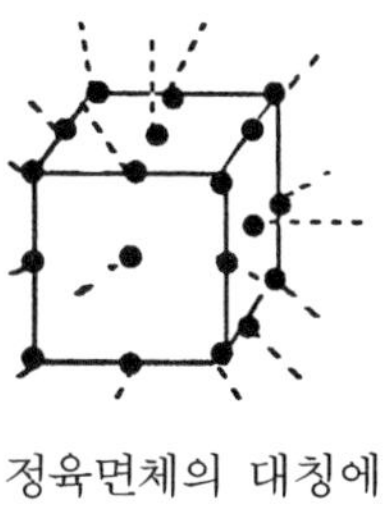

정육면체의 대칭에 대한 13가지 선들

크리스탈의 대칭성을 결정하는 다른 방법들이 있다. 정밀한 기구를 이용하여 면 사이 각(두 면이 이루는 각)을 측정하면 대칭성을 확인할 수 있고 크리스탈이 소유하고 있는 6개의 결정계를 결정할 수 있다. 예를 들면, 등축정계는 9

개의 평면 대칭, 하나의 중심점 대칭, 13개의 다른 선대칭을 가지고 있는 반면, 정방정계는 선대칭을 가지고 있지 않다. 크리스탈을 확인하는 다른 수단은 X-선을 투과시키거나 선(각 면에 수직인 선)을 특정한 크리스탈을 둘러싸는 구면체 위에 투영시켜 그 결과를 분석하여 이루어진 기하학적 패턴을 연구하면 된다.

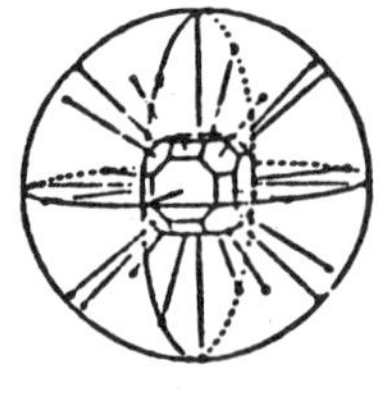

구면체 투영

19세기 후반에 석영 크리스탈에 압력을 가하면 전기충전을 생성한다는 것이 발견되었다. 반대로 석영에 전기를 통과시킬 때, 석영은 균등한 진동을 통해 전기의 흐름을 조절한다. 다른 말로 석영 크리스탈(모든 종류에서)은 압력이 가해지면 전기를 생성하기도 하고 전기의 흐름을 조절하기도 하는 양방향으로 작용한다. 이 양방향 성질을 피에조 전기(piezoelectricity)라고 부른다. 석영 크리스탈의 구조와 그 성질들에 대한 이해는 석영, 크리스탈의 중요도 및 에너지원으로서 그 힘을 발휘하는 근간이 된다. 석영은 자연 채굴되어 정확한 형태로 세공되거나, 오늘날과 같이 인공적으로 합성된다. 정밀성은 불가피하며, 그렇지 않으면 부정확한 주파수를 갖는 크리스탈로 혼란을 초래하게 된다. 몇 가지 예를 들면: (1) 라디오 방송국의 신호는 틀린 무선 주파수를 선택하게 되거나, (2) 틀린 주파수를 갖는 석영 크리스탈은 컴퓨터의 정보 흐름을 조절하기보다는 장애를 일으킬 것이다.

크리스탈의 사용에 대한 우리의 지식은 아직 발전 과정에 있으며 보다 많은 발견이 요구되고 있다. 다음은 석영이 사용되는 곳과 미래에 사용될 것으로 보이는 분야의 일부 목록이다.

- 텔레비전, 컴퓨터, VCR, 세탁기, 자동 조절 스토브, 마이크로웨이브, 접시닦이, 새 자동차 엔진
- 음파를 전자 신호로 전환하는 - 소너(sonar)
- 방송 주파수를 모니터하는 것

미래의 사용 가능성

- 지진발생의 임박을 경고하는 장치, 진동을 전기적 신호로 전환함으로 인해 건물이나 다리의 구조적 불균형 알아내는 것
- 해양의 파도를 사용 가능한 에너지로 전환하는 것
- 개인 식별을 위한 음성 인식과 팬 인식 장치

크리스탈에 대한 연구는 석영 크리스탈에 초점이 맞추어져 있다. 크리스탈의 또 다른 성질에 대한 연구와 발견들이 아직도 진행 중이다. 수학은 이들 흥미로운 광물에 대한 연구와 이해를 증진시키는데 아주 귀중한 도구가 될 것이다.

중국인의 수 셈 막대

(Chinese rod numerals)

우리들 대부분은 잉카의 결승문자, 이집트인들의 기호 𓏺와 𓎆, 바빌로니아인들의 𒁹와 𒌋, 그리스의 알파벳들처럼 숫자를 기록하는 방법과 수단에 익숙하다. 그러나 중국인들의 수를 세는 정교한 막대는 잘 알려지지 않았다.

중국인들의 숫자에 대한 최초의 기록은 –

기원전 14세기경 상조(Shang Dynasty) 때 점을 치는 뼈와 거북등[64]에 금을 그었던 것들이 발견되었다. 이들 기호로부터 중국인들은 둘 다 십진수 체계에 기반을 둔 숫자들을 표기하기 위한 두 가지 방법을 발전시켰다.

한 가지 방법은 숫자에 대한 단어의 표기를 쓰기 위해 사용되었다. 예를 들면,

일	이	삼	사	오	육	칠	팔	구
一	二	三	四	五	六	七	八	九

이들은 중국말에 대한 문자표기이다. 당연히 공식적인 서류 또는 비공식적 서류에서 사용되는 문자인지 아닌지에 따라 스타일과 형태의 변화가 있다.

64) 이것은 아마도 거북등에 나타난 로슈(Lo shu)의 전설에 대한 기원을 설명한다.

수를 나타내기 위해 사용했던 다른 방법은 "수셈 막대(rod numeral)"라 불리는 것으로 주로 계산을 위해 개발되었다. 기원전 2세기와 서기 2세기 사이에 수셈 막대는 세련된 수셈 방법으로 만들어졌다. 초기에, 막대와 대나무 조각들이 수셈을 하도록 만들어졌다. 이후에, 수셈 보드 판이 막대를 지탱하기 위해 만들어졌고 빈 공간은 자리 값에 대한 단위의 결손을 지정하기 위해 사용되었다.

막대들은 1부터 9까지 아라비아 숫자를 표현하는 두 가지 방법 중 하나로 놓는다.

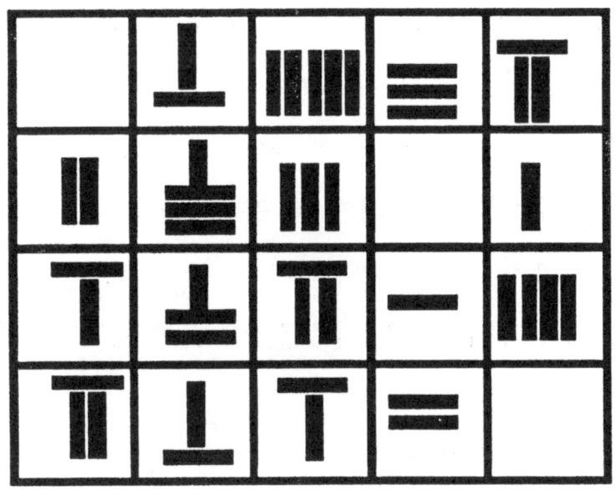

이 셈 보드 판은 다음 수들에 대한 수셈 막대를 설명한다(위에서 아래로): 6537, 28301, 67714, 76620. 중국인들은 또한 연립 방정식을 세우기 위해 수 셈 보드를 사용했다.
여기서 첫 번째 행은 방정식 $6w+5x+3y+7z=0$을 나타내기도 한다.

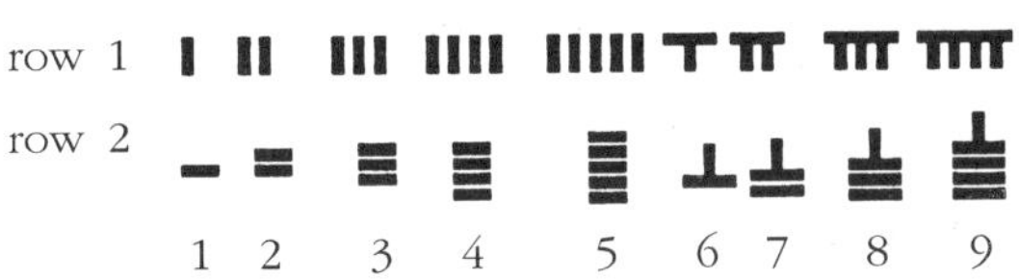

3과 12 같은 수를 나타내는 오류를 피하기 위하여 두 가지 가능한 조합이 개발되었다. 만약 아라비아 숫자를 나타내는 조합이 하나만 사용되었다면 12에 대한 표기와 3에 대한 표기 체계에 대한 혼동이 일어나기 쉽다. 예를 들면, 12는 | ||이 되고 3은 |||이 될 것이다. 이런 혼돈을 피하기 위하여 중국인들은 첫 번째 행의 숫자 표기와 두 번째 행의 숫자 표기를 바꾸었다. 10의 홀수자리 멱승에 대해서는 두 번째 행을 사용하고 10의 짝수 멱승과 0승($10^0, 10^2, 10^4$,

등)에 대해서는 첫 번째 행에서 수셈 막대를 사용하게 되었다. 12를 표기하기 위하여 막대는 =|로 나타낸다.

그러므로 숫자 2816은 다음과 같은 형태가 된다.

그래서 다음 숫자들은 아래와 같이 표기될 것이다.

4  31  132  5682 

숫자에서 205 같이 영에 대한 자리값을 지정하기 위하여 빈 공간으로 남겨 두었다. 아마도 이동과 구르기로부터 막대를 보호하기 위하여 후대에 수 셈판이 개발되었다. 수 셈판은 한 숫자의 특별한 자리를 표시하기 위하여 막대의 상태를 유지하는 작은 상자들의 격자로 다시 나누어졌다. 이 판들은 막대들을 견고하게 했고 또한 어떠한 영 자릿값의 위치도 분명하게 나타내 주었다.

마침내 수셈 막대는 그들의 표기체계를 발전시켰다. 그러나 0에 대한 기호의 부재는 일부 숫자를 쓰는데 혼돈을 야기했다.

207

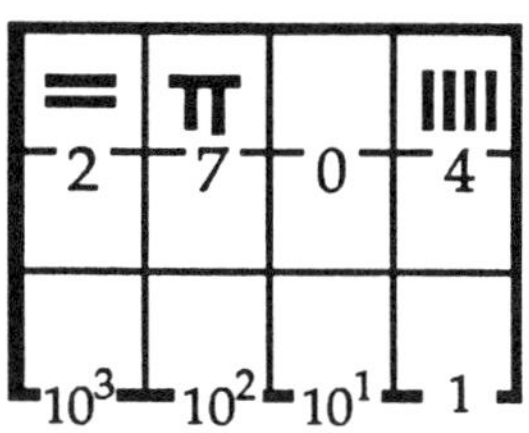

초창기에 수셈 막대로 207 같은 0이 들어있는 자릿값을 필요로 하는 표기를 할 때 전통적인 문자로 쓰거나 숫자가 수 셈판에서 표기되면 빈 공간의 위치를 보여주며 격자 마크들이 그려졌다.

A. D. 8세기가 되어서 비로소 기호 ○이 영(zero)[65]에 대한 기호로 채택되었다. 중국인들은 자릿값 0과 소수점으로 이 기호를 사용했다. 분수에 대한 소수(decimal numbers)의 전래와 더불어 중국인들의 계산과 산술 방법이 번창했다.

65) 많은 사람들은 이는 당대에 인도의 수학자들과 접촉한 중국인들이 만들어낸 결과라고 믿고 있다.

중국인의 계산체계는 다른 문명의 체계와 독립적으로 발전되었으며, 애초부터 10진수 체계를 갖추었다.

〇 〇 ||| ⊥

소수 0.36은 이렇게 표기되었다. 첫 번째 〇은 소수점을 나타낸다.

밧줄에 매어 있는 염소 퍼즐

(tethered goat puzzle)

염소 한 마리가 2π 에이커가 되는 정삼각형 형태의 울타리로 둘러싸인 목초지에 있다. 이 염소는 삼각형의 한 꼭짓점에 박혀있는 말뚝에 의해 묶여 있다. 가장 가까운 발까지 염소가 2π 에이커[66]에 있는 목초의 절반을 정확히 먹을 수 있도록 밧줄의 길이를 결정하여라.

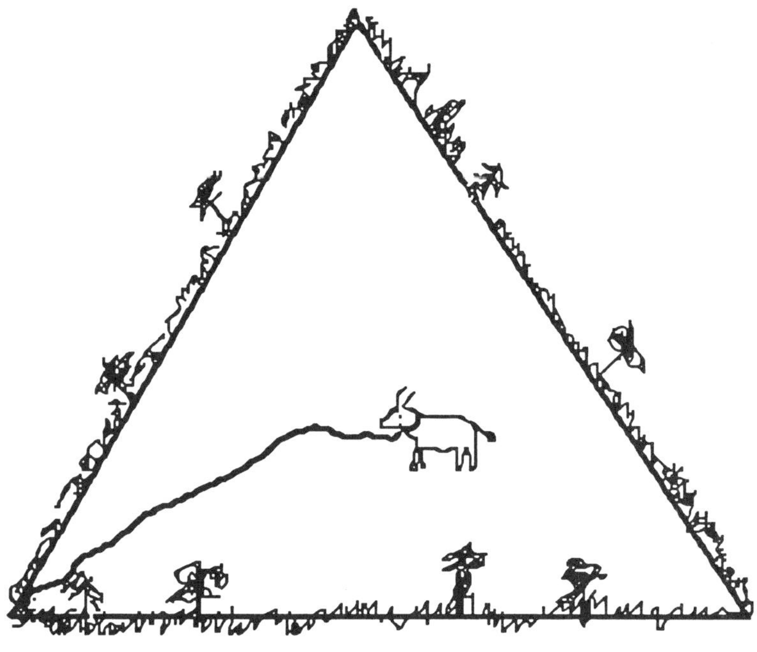

→ 해답은 부록을 참조하기 바랍니다.

66) 이 퍼즐은 영국의 퍼즐 전문가 핸리 더드니(Henry Dudeney, 1847~1930)에 의해 재발견된 것 중 하나를 선택하였다.

샘 로이드의 숨겨진 5점 스타 퍼즐

(Sam Loyd's hidden 5-pointed star puzzle)

샘 로이드(Samuel Loyd, 1841~1911)는 퍼즐 전문가의 대가로 유명한 사람이다. 그가 알려지기 시작한 것은 서양장기 문제풀기 시합에서 승리하여 상을 받은 십대에서부터였다. 그는 16세 때 『월간 서양장기』(Chess monthly) 잡지의 문제 편집자가 되었고, 나중에 미국 과학잡지 부록(Scientific American Supplement)을 포함하여 다양한 신문과 잡지에서 서양장기 칼럼을 편집하였다.

숨겨진 다섯 점 스타를 찾아라.

그는 천재적인 퍼즐, 게임과 귀중한 발명으로 더 유명하다. 그가 발명한 퍼즐로는 당나귀 트릭(Trick Donkeys), 14-15 퍼즐(14-15 puzzle, 오늘날까지 유명한 슬라이드 퍼즐), 인도 주사위(Parcheesi)

에 대한 그의 개작 그리고 유명한 지구 착륙 퍼즐(Get off the Earth puzzle)들이 있다. 숨겨진 5점 스타 퍼즐(hidden five-pointed star puzzle)은 그의 책인 『백과사전』(Cyclopedia)에 있고, 그가 죽은 후에 그의 아들에 의해 다시 정리되었다.

이집트인의 숫자 표기 성용문자
(Egyptian hieratic numerals)

이집트인들은 기념비, 건축물과 비석에 새기기 위하여 상형문자체나 숫자들을 사용했다. 갈대나 파피루스 종이를 사용할 때 시간을 절약하고 보다 빠르고 효율적으로 기록하기 위하여 필기사들은 점차적으로 상형문자체와 숫자들을 그들의 성용문자로 바꾸고 단순화 시켰다. 이집트의 필기사들은 회계, 계산, 일반적인 기록 유지를 위하여 상형문자 기호를 성용문자 숫자 표기법으로 천천히 채택하여 혼란을 일으키지 않고 대중화 시켰다. 결국 이집트인들의 상형문자 기호는 장식적인 목적에서만 사용하게 되었다. 기원전 3천년에서 1000년 전까지 성용문자는 과학, 법률, 행적, 종교, 문학 등의 모든 영역에서 사용되었다. 기원전 12세기에는 성용문자가 민용문자(demotic)라 불리는 다른 흘림체로 대치되었다.

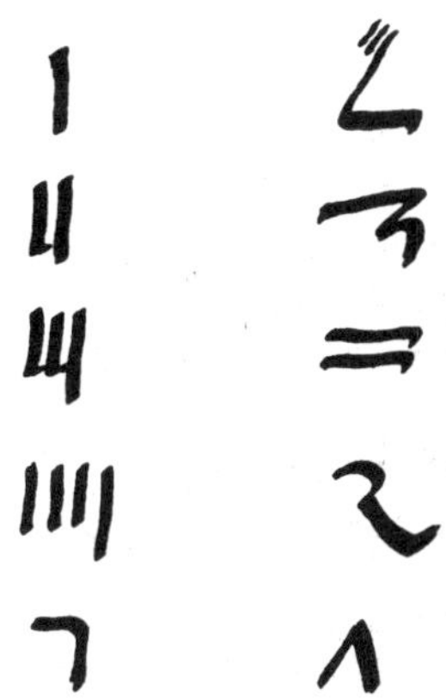

1부터 10까지 성용문자

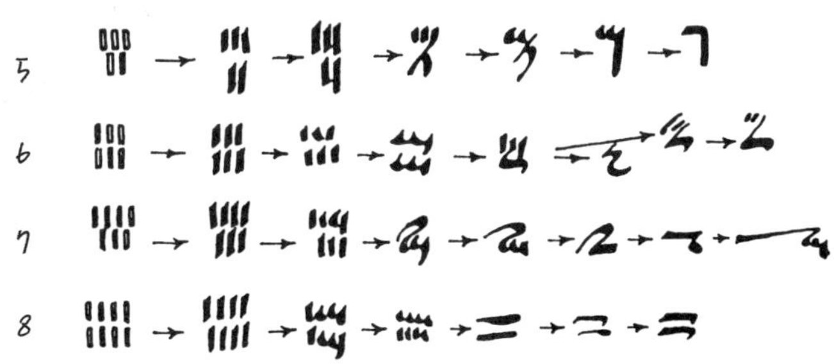

이 그림은 상형문자 중 몇 가지 예들이 변해온 과정을 보여준다.

달력과 시간 측정

(calendars & time measurement)

달력은 우주의 거대한 시계이다. 시간을 분 단위 주기로 진행하는 우리의 방법은 아주 놀라울 정도로 정확하게 세분화되었다. 수세기에 걸쳐 우리의 시간 단위는 수정되고 정확성이 많이 향상되었으며 해시계로부터 물시계, 진동추시계, 태엽시계를 걸쳐 오늘날 수정시계에 이르기까지 진보되었다. 그러나 달력의 진보와 발전은 1582년 그레고리력이 소개된 이후 지금까지 멈춰있다.

이 달력은 금박으로 만들었고 B.C. 800년에서 A.D. 200년 사이에 페루에서 사용되었다.

역사

처음에는 메소포타미아에 거주하는 수메르인들이, 그 다음에는 바빌로니아인들이 달력을 사용했다. 기원전 14세기에 중국인들은

1년을 365.25일로, 한 달은 29.5일로 설정하였다. 기원전 13세기에 헤시오도스(Hesiod)와 호머(Homer)의 작품들은 태음력을 사용하여 그리스식의 달력을 제정하였다. 10세기 후반에 유대인의 태음력과 태양력을 병행한 힌두 달력이 나타났다. 가장 진보된 것으로 알려진 마야의 달력은 다양한 천문학적 사이클 즉, 하루는 지구의 자전인 24시간, 달의 공전 주기인 한 달, 태양의 공전 시간(지구가 태양의 궤도를 회전하는 시간) 등 이 모든 트랙을 유지하는 달력이었다. 뿐만 아니라 금성 같은 천체의 주기까지 고려되었다.

지구의 다른 지역에서는 이집트인들의 세 계절, 바빌로니아는 두 계절, 그리스는 사계절 등 같이 계절을 반영한 달력이 개발되었다.

오늘날 그레고리력은 서양과 비즈니스 영역에서 사용되지만, 한편으로는 유대인, 이슬람교인, 힌두인, 중국인, 발리인, 뉴기니인들의 달력을 찾아볼 수 있는데, 이는 필요성, 문화, 그리고 이 지역 사람들의 종교적 특성에 따라 각각 사용된다.

그레고리력을 채택하기에 앞서 매 128년에 1년이 더해지는 줄리안 달력이 사용되었다. 양력은 365일 5시간 48분 46초 또는 365.24219074164일이다. 그레고리력은 1년이 365.2425일로 설정되었고, 1700년, 1800년, 1900년 같이 400으로 나누어지지 않는 세기에 도달하는 윤년은 없애버렸다. 이들은 매년 대략 1/4분 달력 오차를 줄이고, 매 3323년에 1일을 더하여 개선했다. 이것은 분명 줄리안 달력보다 향상된 것이지만, 완벽하지는 않았다. 1930년에 세계력 협회(World Calendar Association)에서는 매우 체계적인 달력을 개발했고, 심지어 UN에서까지 논의되었다. 그러나 가까운 미래에 변화를 예견할 수 없다. 우리가 사용하는 시간의 단위(초, 분, 시간, 일, 주, 달)로 고안된 완벽한 달력이 있을까? 또는 새로운 단위, 예를 들면, 1년에 6π월을 가진 π호 단위의 길이로 설정된 시간 단위 또는 다양한 시간 측정을 일원화 할 수 있는 단위를 고안할 필요가 있을까? 아마도 우리의 달력은 지구에서 단지 시간의 흐름을 측정하는 것뿐만 아니라 이보다 우주와 연관하여 측정하는 기능까지 확대할 필요가 있을 것이다. 우주 탐험은 우리의 세계를 확장하며, 새로운 달력이 우리의 생활 모든 면에 대해 필요하게 될 것이다. 대부분의 사람들은 현재의 달력에 만족하고 변화를 싫어하는 것처럼 보인다.

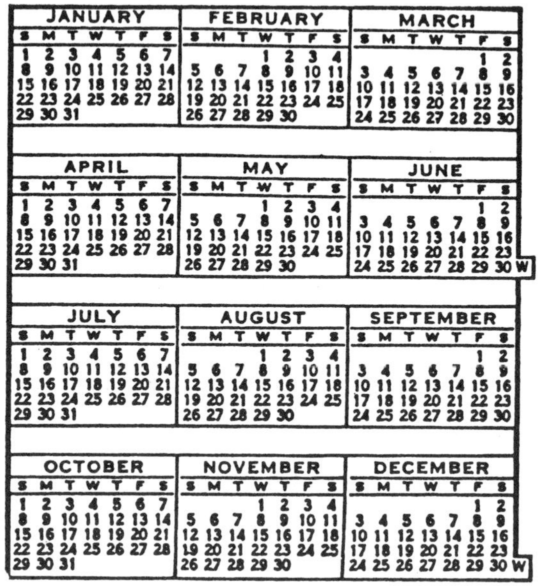

세계력(Worldsday Calendar)에 대하여 각 달의 열은 항상 같은 날로 시작한다. 모든 공휴일은 부활절을 제외하곤 매년 같은 날이다. 세계의 날은 12월과 1월 사이에 있다. 매 윤년에 추가적인 날(다른 세계의 날)은 6월과 7월 사이에 있다.

날짜 변경
(changing the day)

미합중국 해양 연구소의 데니스 맥카시(Dennis McCarthy) 박사는 1990년 1월 지구의 날이 5/10,000초 길어졌다고 보고하였다. 지구 공전 속도의 변화는 별과 행성의 움직임을 측정하여 계산되었다.

태평양을 건너 아시아로부터 불어오는 편서풍이 이런 변화를 일으킨다. 지구의 공전은 지구 표면 상의 풍력에 의해 기상에 영향을 줄 때 약간 바뀔 수 있다. 1982년에서 1983년 동안 지구는 2/10,000초 늦어졌다. 이 1982~1983년의 엘리뇨(El nino)[67]는 전 지구 상의 기상 조건에 영향을 미치는 해양의 온도와 공기 압력의 변화를 일으키는 현상이다. 이 엘니뇨는 지난 100년 동안에 가장 심각하게 빈번히 발생하였다.

67) 엘리뇨(El Nino)는 태평양 부근 적도 해역의 해수온도가 높아지는 현상으로 남방진동(southern oscillation)과 연결되고 대규모 태평양의 기상 체계를 바꾸는 이변현상이다.

공간을 채우는 곡선과 인구

(space filling curve & population)

공간을 채우는 곡선은 주어진 영역 내부 또는 3차원 공간의 모든 점의 자취를 추적할 수 있고, 점차적으로 공간을 검게 색칠할 수 있다. 공간을 채우는 곡선이 확장되고 자기 자신을 생성하는 방법은 인구의 증가 패턴과 유사하다. 페아노(peano)의 공간 채우기 곡선은 주어진 면적이나 공간 범위 내에서 어떻게 이 곡선이 성장하고 계속해서 스스로 확장하는지 보여준다. 한 도시의 인구 또는 보다 일반적으로 세계의 인구는 계속적으로 증가하지만 한정된 영역에 국한된다. 결과적으로 프랙탈, 공간을 채우는 곡선과 가용한 데이터를 이용하는 컴퓨터는 다른 지역에서 인구 밀도를 예측하는데 이용된다.

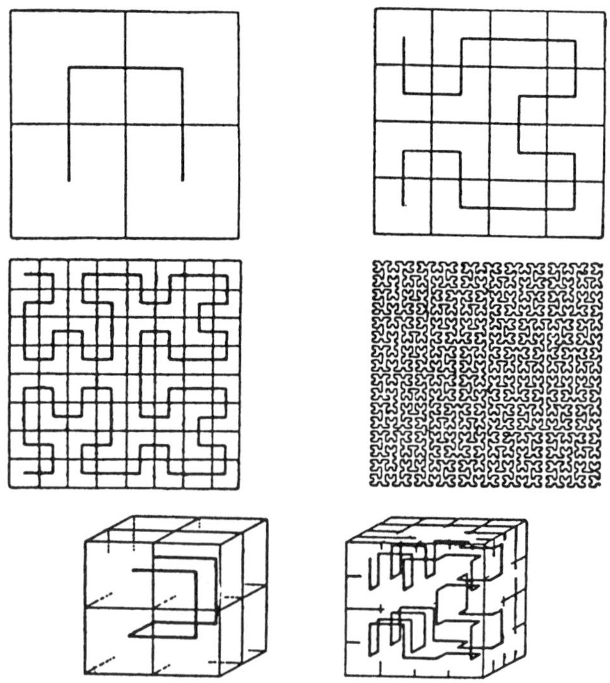

이 예제에서 보여주는 것처럼 특별한 방법으로 점차 자기 생성에 의해 전체 입방체 공간을 감싸는 공간 채우기 곡선의 각 단계를 보여준다.

광삼 착시의 수렴 / 발산
(convergence / divergence optical illusion)

수학에서 우리는 측도를 하는데 결코 눈대중으로 하지 않는다. 우리의 시력이 얼마나 정확하든지 간에 우리 눈의 물리적 구조는 한계가 있고 우리들 마음은 우리 자신을 속인다. 이를 설명하기 위하여 아래 그림에서 윗 쪽은 작게 보이나 실제로 잘라서 아래 그림에다 놓으면 더 크다는 것을 알 수 있다.

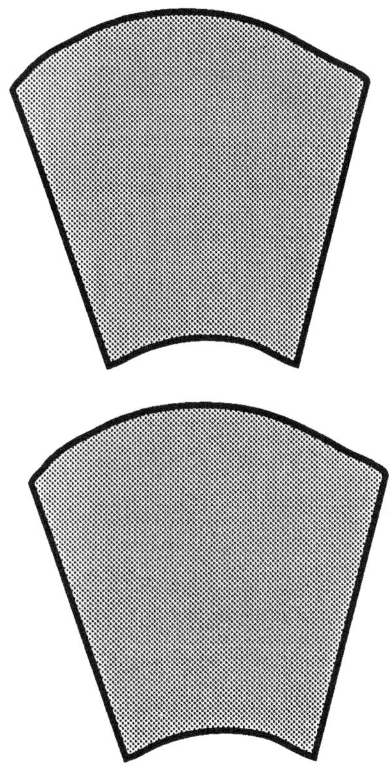

이 착시를 수렴/발산(convergence/divergence)이라 부르고 우리 눈 안쪽과 바깥쪽에서 나타나는 각도와 선분에 의해 만들어진다. 그래서 한 물체를 작게 또는 크게 보게끔 한다. 예술가, 건축가, 옷 디자이너들은 이런 착시의 매력을 알고 그들의 작품에 도입한다.

무리수 e와 은행
(*e* and banking)

일상생활 문제에서 무리수 e가 하는 것들은 무엇인가? 심지어 이 수의 존재를 항상 인식하고 있지는 않지만, 사실 어떤 특정한 전수(whole number) 못지않게 일상에서 일어나는 것을 처리하는데 사용된다. e가 실제 숫자라는 것을 알고 있는 사람은 많지 않다. 사람들에게 e가 무엇인지 물어 보면, 대다수는 영어 알파벳의 다섯 번째 문자라고 말할 것이다. 몇 사람은 이 수를 "이상한" 수라고 알고 있고, 그들은 수학교과 과정에서 그 수를 떠올린다. 그 수가 무리수이며 초월수임을 아는 사람은 드물다.

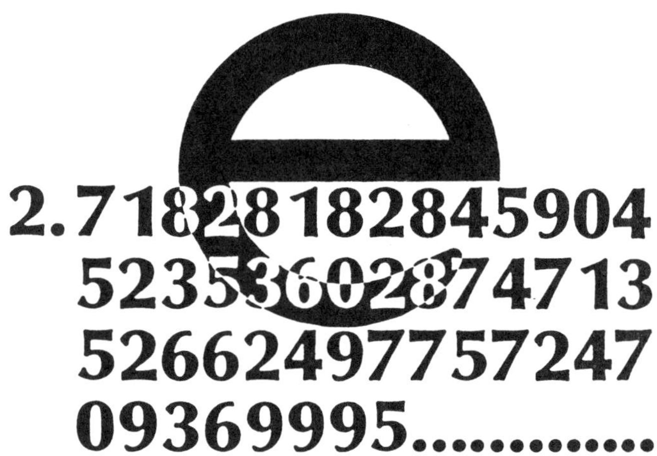

무리수 e는 오늘날 은행업에 종사하는 사람들에게 가장 도움을 주는 수 중 하나이다. 사람들은 어떻게 e와 같은 수가 특히 달러와 센트를 다루는 금융과 어떻게 연결되는지 질문을 할 것이다. 만약 e의 발견이 없었다면, 은행업자들은 현행의 일일 복리를 계산하거나 연속적으로 복리를 적용하는 이자율을 계산하는데 엄청난 시간이 걸릴 것이다. 다행히 e는 은행업자들을 도와주고 있다.

무리수 e의 정의는 수열 $a_n=\left(1+\frac{1}{n}\right)^n$의 극한으로 $e=\lim_{n\to\infty}\left(1+\frac{1}{n}\right)^n$으로 표현한다. 그러면 어떻게 이 공식이 이자율을 계산하는데 도움을 주는가? 적립된 원금에 더해 이자율을 계산하는 실제 공식 $A=P(1+r/n)^{nt}$이며, $A=$적립된 돈, $P=$처음 시작하는 원금, $r=$이자율, $n=$연간 복리로 계산되는 횟수, $t=$돈을 저축하는 년 수이다. 이 공식은 무리수 e를 계산하는 공식으로 전환된다. 1달러를 1년에 100% 이율로 무기한 복리로 투자하면, e 달러가 될 것이다. 얼핏 생각하기에 사람들은 그 액수가 천문학적이라 생각하나 이 공식으로부터 e의 값을 근사해보면 다음과 같이 e를 평가할 수 있다.

$(1+1/n)^n$:	$n=1$	$n=2$	$n=3$	$n=100$	$n=1000$
	$(1+1/1)^1$	$(1+1/2)^2$	$(1+1/3)^3$	$(1+1/100)^{100}$	$(1+1/1000)^{1000}$
	2	2.25	2.370	2.704813	2.716923

그래서 1달러를 저금하고 받을 수 있는 가장 근접한 금액은 결코 2.72달러를 넘지 못한다. 사실 소수점 20자리까지 계산하면 $e=2.71828182845904523536$02이다.

$A=P(1+r/n)^{nt}$이란 공식이 맞는지 확인해보자. 이를 확인하기 위한 최선의 방법은 실험하는 것이다. 소위 1000달러로 시작하여 8%의 이자율로 1년 간 은행에 예금하자. 우선 연간 복리로 하고, 다음에 반기 복리, 마지막으로 분기 복리로 계산할 때 무슨 일이 일어나는지 알아보자.

연간(annually) :

$1000(1+8\%/1)^{1(1)}$

$=1000+80$(이자)

$=1080$

반기(semiannually) :

$1000(1+8\%/2)^{2(1)}$

$=1000(1+0.04)^2$

$=1000(1+1.04)(1+1.04)$

$=1080$

P_1(처음 이자가 계산된 후 원금)

$=P_1(1+0.04)$

$=P_1+P_1(0.04)$

분기(quarterly) :

$1000(1+8\%/4)^{4(1)}$

$=1000(1+0.2)^4$

$=1000(1+1.02)(1+1.02)(1+1.02)(1+1.02)$

$P_1(1+0.02)(1+0.02)(1+0.02)$

$P_2(1+0.02)(1+0.02)$

$P_3(1+0.02)$

P_4

그래서 매일 복리로 계산하면 $1000(1+8\%/365)^{365(1)}$이 된다. 이것이 직접 산술적으로 계산하는 데 걸리는 시간이다. 그러나 현대의 전자계산기와 컴퓨터를 이용한다면 결과는 금방 나온다.

도미노 퍼즐과 그 이상
(domino puzzles & more)

도미노는 두 개의 합동인 정사각형을 함께 연결하여 만든다.

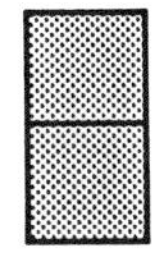

도미노 퍼즐(The Domino puzzle)

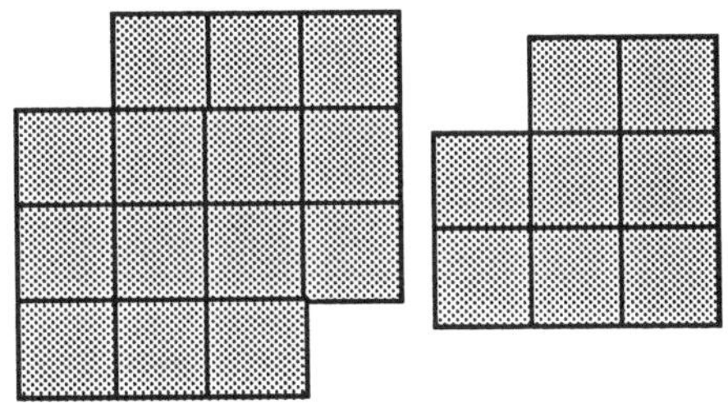

이 그림들 중에서 어느 것이 도미노를 만드는데 이용될 수 있는가? 도미노는 반드시 같은 크기여야 하며 각 도미노의 위에는 놓을 수 없다.

트리미노 퍼즐(The Tromino Puzzles)

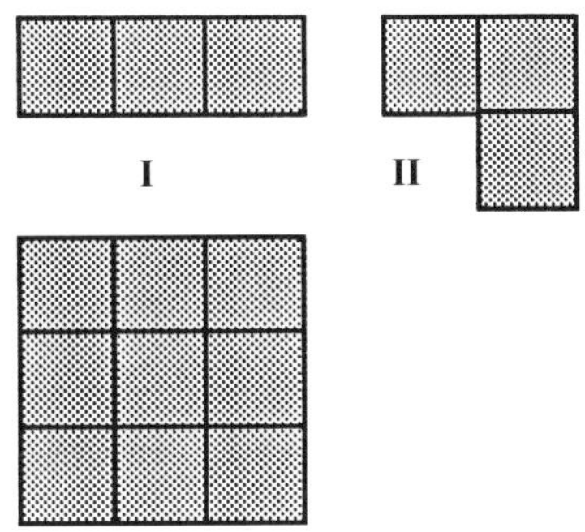

트리미노는 세 개의 합동인 정사각형을 함께 연결하여 만든다. 그림에서 보는 것은 가능한 두 가지 트리미노 모형이다. 단지 I형의 모형만 사용하여 이 트리미노를 덮을 수 있겠는가? II형 모양의 트리미노는 어떤가?

테트리미노 퍼즐(Tetromino Puzzles)

테트리미노 퍼즐은 합동인 4개의 정사각형으로 만들어진다. 가능한 모형은 다음과 같다.

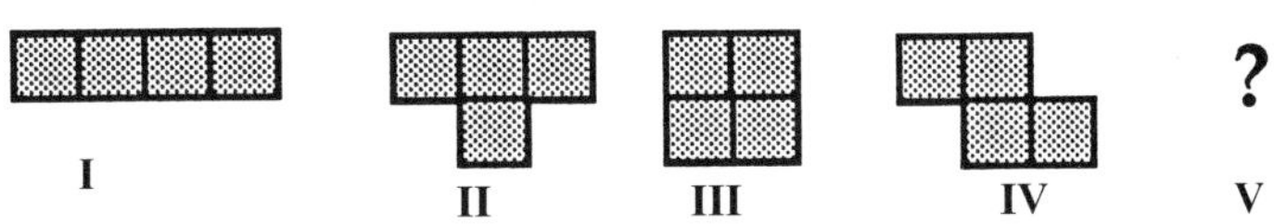

다섯 번째 테트리미노를 그려라.

이 모형을 단지 I 형만으로 커버할 수 있는가? II 형, III 형, IV 형, V 형은 어떤가?

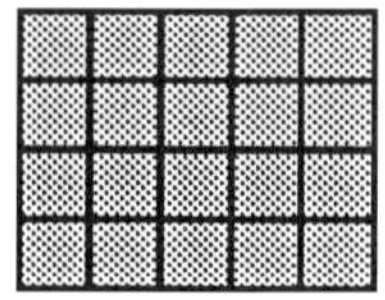

테트리미노에서 멈추지 마라. 여러분 자신의 펜토미노, 헥사미노, 헵타미노 등등을 만들어 보자!

눈에 보이는 형태로서 피타고라스
(physically Pythagoras)

종이접기는 모든 삼각형의 내각의 합이 180° 라는 사실을 포함하여, 수많은 기하학적 정리들을 증명하였다. 다음은 종이접기를 이용하여 피타고라스 정리를 증명한 것이다.

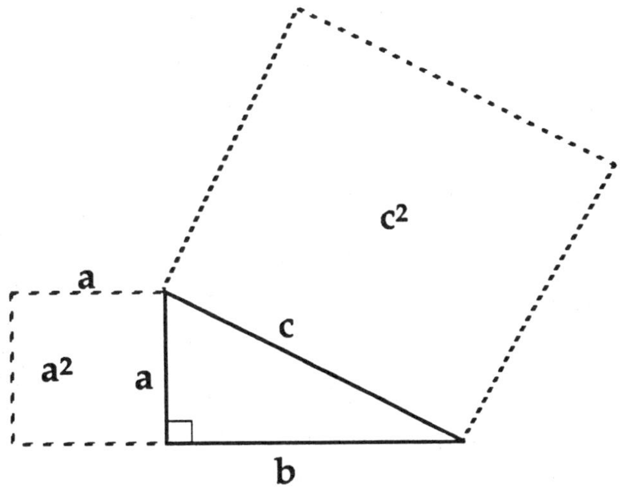

주어진 직각 삼각형에 대해 $a^2 + b^2 = c^2$을 증명

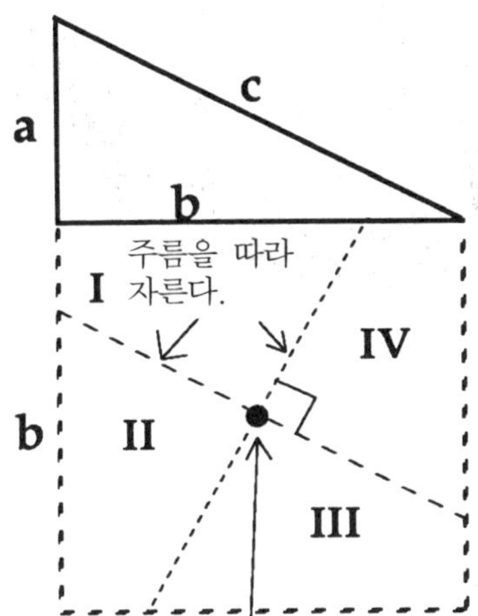

정사각형의 대각선 교차점을 찾아 정사각형의 중심을 찾는다.

아래 그림에서 보는 것처럼 정사각형 b와 정사각형 a에 다섯 조각을 재배열하여 보자. 그들은 그림에서 보는 것처럼 변 c를 만든다.

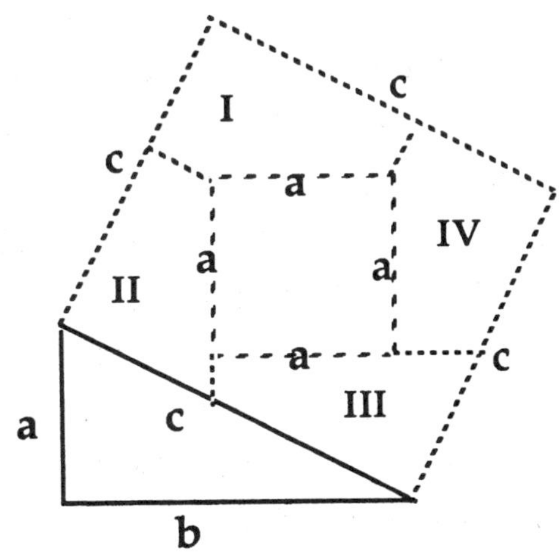

요요 수학

(yo-yo math)

눈에 보이는 것 이상을 요요에서 찾아볼 수 있다. 사람들은 요요를 하고 있을 때 마치 돌을 토스하는 것 같다고 생각한다. 그러나 그렇지 않고, 요요를 하는 이면의 물리적 현상은 공을 굴리는 것과 유사하다. 요요의 줄은 평면의 기울기처럼 작용한다. 만약 요요를 낙하시키면 줄이 풀려 축을 더 많이 줄여주기 때문에 줄을 감을 때보다 더 빨리 지면에 도달한다. 요요는 축의 직경이 크면 클수록 더 천천히 회전한다. 결과적으로 내려오기 시작할 때 더욱 천천히 회전하고 축 주위에서 줄이 풀릴 때 모멘텀을 얻는다. 그러나 처음에는 점차적으로 천천히 회전하기 때문에 보다 많은 에너지가 낙하하는데 이용되고, 그 속도는 운행하기 시작할 때 가속되어 점점 증가한다. 줄의 끝에 있을 때 요요는 가장 빨리 회전하고 최소한의 에너지를 사용한다. 사실, 요요는 중간에 내려왔을 때 속도가 줄어들기 시작한다.

처음 요요는 축에 대해 고정된 줄을 갖고 있어서 항상 위아래로만 움직이는데 현대 요요의 아버지로 불리우는 던컨(Donald Duncan)에 의해 개선되었다. 줄은 축을 따라 루프가 되었고, 요요는 축을 따라 루프 위를 회전하게 되었다. 요요가 루프를 따라 자유롭게 회전하고 회전 손실을 최소화하기 위하여 줄은 반드시 요요의 측면에 마주치도록 유지해야 한다. 이 목적을 달성하기 위하여 디자이너는 테플론으로 코팅된 오목한 축을 장착한 새로운 하이테크의 요요를 만들어야 한다. 아마도 새롭고 신기한 것들이 여기서 멈추지 않고 계속 발전될 것이다.

수학적 모자이크 만들기
(creating mathematical mosaics)

컴퓨터 그래픽을 이용함에 따라 수학적 모자이크(모자이크 세공)는 완전히 새로운 시각에서 조명되고 있다. 소프트웨어 프로그램을 이용하여 마우스를 클릭함에 따라 하나의 디자인을 힘들이지 않고 이동시키고, 회전, 그리고 정확히 동일한 형태로 반사시킨다. 어떻게 그런 도구가 알함브라(Alhambra) 궁전을 장식했던 이슬람교 예술가와 수학자 또는 에셔(M. C. Escher)의 작품에 영향을 주었는지 상상할 수 있는가? 모자이크 세공에 대한 수학적 근간에 대한 지식은 예술가들의 디자인 창작활동에 도움을 줄 것이다. 아마도 컴퓨터 시대는 완전히 새로운 개념의 모자이크 세공이 소개될 것이다.

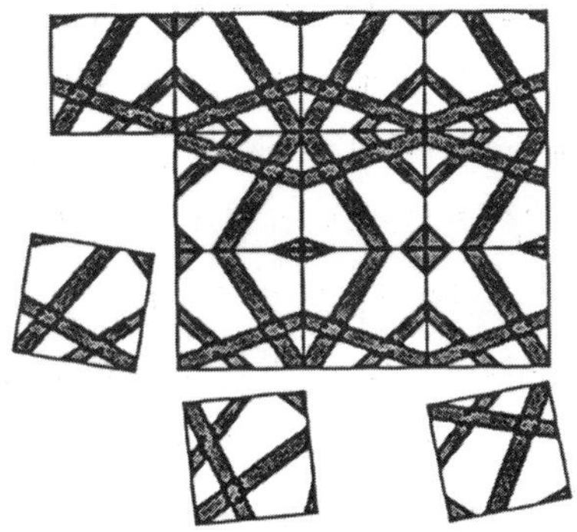

여기 평면과 공간을 모자이크 세공하기 위해 수세기에 걸쳐 발견되었던 몇 가지 아이디어를 소개한다.

- 모자이크 세공에 대해 첫 번째로 주목할 것은 꿀벌집이 자연 추에서 찾아볼 수 있는 6각형이란 것이다. 사실 기원전 4세기 그리스의 수학자 파푸스(pappus)는 벌들만이 그들의 벌집틀을 만들기 위하여 정육각형을 사용한다고 관찰하였고, 정육각형이 가장 적은 재료를 사용하여 가장 큰 공간을 만들 수 있다.
- 그리스인들은 정삼각형, 정사각형과 정육각형만이 평면을 모자이크 세공할 수 있는 정다각형이라는 것을 발견하고 이를 증명하였다. 고대로부터 타일화된 바닥의 대다수는 정다각형을 사용한 장식이라는 것을 알 수 있다.
- 정다각형들의 조합은 모자이크 패턴을 만들기 위하여 이용될 수 있으나, 다각형 타일들의 꼭짓점들을 연결하면 각의 총합이 360° 임이 분명해야 한다. 그렇지 않으면 타일의 틈이나 겹치기가 발생할 것이다.

경계가 없는 세목 놓기 게임
(no boundary tic-tac-toe)

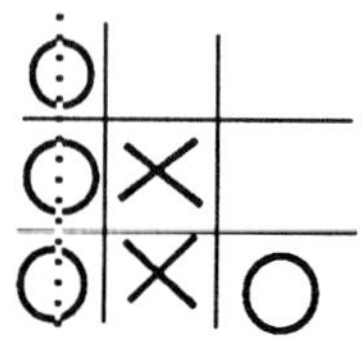

게임에 대한 전략을 발견하는 데는 논리가 요구된다. 논리학과 직관력은 수학의 초석이다. 일상적으로 두 경기자가 아홉 개의 공간으로 한정된 경기장에 세목 놓기 게임(tic-tac-toe)을 하는 것과 달리 경계가 없는 세목 놓기(no boundary tic-tac-toe)는 게임에 필요한 만큼 많은 정사각형 공간을 사용한다.

두 경기자가 지쳐서 포기하거나 동의하여 포기하지 않는 경우에 공간을 다 그릴 수 없다. 그래프 종이는 게임하기에 아주 이상적이다. 게임은 승자가 나오게 얼마나 선을 그리느냐를 결정함에 의해 길게 또는 짧게 만들 수 있다. 처음 게임할 때는 선을 세 개 그리면서 시작한다. 그 다음 네 개의 선을 그리고 좀 더 길게 게임을 진행하기 위해 5개 또는 6개의 선을 그린다.

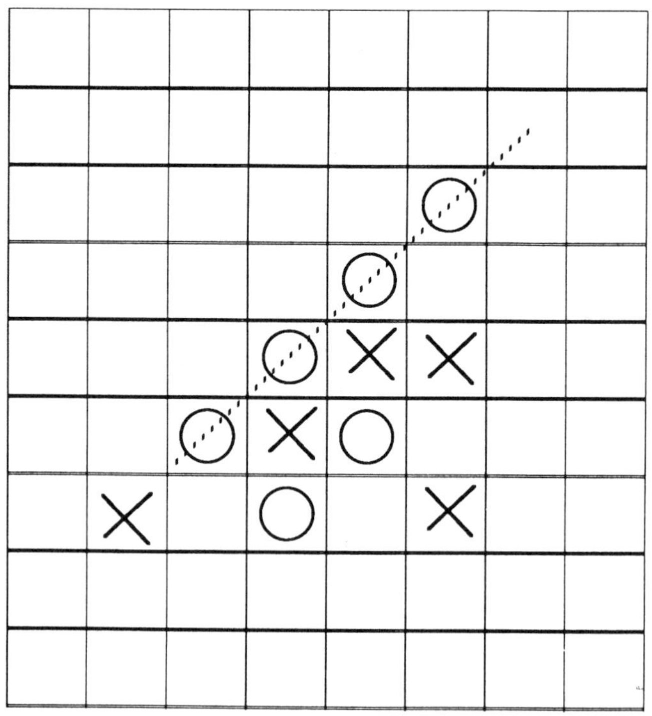

수학적인 짓궂은 장난
(mathematical hoaxes)

수학자들은 농담하며 노는 데 익숙하지 않다. 사람들이 수학을 주제로 다룰 때 너무나 심각하기 때문에 종종 집중력이 없어지고 농담을 하더라도 유머로 받아들이지 못하곤 한다. 다음은 몇 가지 유명한 수학적인 짓궂은 장난들이다.

페르마의 마지막 정리(Fermat's last theorem)[68] : 최근에 이 정리는 증명되었다. 질문의 요지는: 페르마가 진정 이 정리를 증명했는가 또는 그의 수학적 마성이 그림으로 표출되는가? 이다. 그는 그 정리를 실제로 증명했다고 말했고, 그 이론을 완전히 알고 있다는 것은 많은 수학자들이 연구 과정에서 쉽게 접근할 수 없는 어떤 것을 그가 알고 있다는 것 자체를 쉽게 믿기에는 분명히 한계가 있었을 것이다. 만약 그가 고의적으로 이 정리를 증명해 버렸다면, 그는 그 문제가 얼마나 오랫동안 지속적으로 회자되고 또한 얼마나 유명하게 되었는지 그 기쁨을 알지 못했을 것이다.

샘 로이드 버들 칠교놀이의 기원(Sam Loyd's origin of the tangram)[69] : 미국의 퍼즐가 샘 로이드는 여가를 이용하여 색다른 놀이를 하는 것을 무척 좋아했었나 보다. 초창기에 서양장기에 대한 그의 칼럼에서 가끔 이상하거나 기상천외한 해답들이 나오곤 했다. 그의 대표적인 애매모호한 장난 중의 하나가 그의 저서 "The Eighth Book of Tan"에서 나타나는 것처럼 버들 칠교놀이의 역사적 기원에 관한 그의 이야기이다. 그는 어떻게 버들 칠교놀이가 진화되었는지 소설형식으로 권위있게 저술하였다. 그래서 오늘날까지 독자들이나 저자들이 속

68) 그의 정리에 대한 배경은 161쪽을 참고하라.
69) 세부적인 내용은 6쪽을 참고하라.

아 넘어가고 있으며 그들의 연구서에서 신화처럼 영원히 남아있을 만큼 너무나 신빙성을 부여해 놓고 있다.

마틴 가드너의 4색 칠하기 문제 (Martin Gardner's four-color problem hoax) : 1975년 Scientific American 4월호에 제기된 4색 칠하기 지도 문제(four-color map problem)에 대해 마틴 가드너(Martin Gardner)에게 상을 주어야 했다. 4월호에 재미 삼아 기재한 기사에 대해 가드너는 사람들이 그 기사를 심각하게 고민할 것이라 결코 생각하지 않았다. 그러나 놀랍게도 그 이야기가 사실이라 믿는 독자들로부터 1000통이 넘는 편지를 받았다. 나는 진정 가드너가 제기한 것이 영원불멸의 진실이라는 것을 인정한다.

니콜라스 부르바키(The Nicholas Bourbaki hoax) : 니콜라스 부르바키가 누구인가? 비록 니콜라스 부르바키라는 사람은 존재하지 않지만, 그의 이름으로 출판된 수학 서적들은 사실이고 아주 중요한 영향을 주었다. 니콜라스 부르바키란 이름은 부르바키란 가명으로 수학 입문서(Éléments de mathématique)를 상당히 많이 저술한 은밀한 수학자들의 단체를 망라한다. 가상의 니콜라스 부르바키는 낸시(Nancy)란 도시 출신의 그리스 이름을 가진 프랑스인으로 가상의 낸카고 대학교(University of Nancago)와 관련되어 있다. 비록 수학적 연구와 아이디어는 부르바키에 의해 계속하여 번창하였지만 어느 누구도 이 비밀 단체의 구성원들 모두를 분명하게 알지 못한다.

산술 삼각형의 기원

(origins of the arithmetic triangle)

대다수 이들 숫자의 삼각형은 수학자 블레이스 파스칼과 연결된다. 사실, 이것은 파스칼의 삼각형으로 알려져 있다. 그는 1653년경에 『산술 삼각형에 대한 고찰』(Traité du Triangle Arithmétique) 이란 제목의 책을 저술하였다. 그러나 숫자와 연관된 이 삼각형은 파스칼 이전에 이미 알려졌고 또한 기록되었다. 중국의 수학자 양후이(Yang Hui)와 추시치에(Chu Shih-chieh)의 연구서에 산술 삼각형과 삼각형에 나타나는 급수의 합에 관한 내용 둘 다 기록되어 있다. 『귀중한 거울』(Precious Mirror, 1303)의 서두에 산술 삼각형에 대한 설명을 기술하고 있다. 2의 7제곱하는 전통적인 방법(The Old Method of the Seven Multiplying Squares)이란 표제는 8승까지 이항 전개한 계수들을 보여준다. 추(Chu)는 8제곱과 그 이하의 멱승을 찾는 전통적인 방법으로 산술 삼각형의 존재를 언급하였다. 서기 1100년에 또 다른 중국인의 연구서가 있는데 이 연구서에서는 이항계수에 대한 일련의 표를 만드는 시스템을 보여주고 있으며 산술 삼각형의 존재가능성을 암시하고 있다. 이런 증거는 이항정리와 산술 삼각형이 페르시아 시인·수학자·천문학자인 오마르 하이얌(Omar Khayyam, 1505~1123) 시대에 이미 알려져 있었다는 것을 보여준다. 그의 저서 『대수』(Algebra)에서 그는 이항 정리의 4승, 5승, 6승 그리고 그 이상의 멱승을 결정하는 규칙을 찾는 방법에 대해 곳곳에서 언급하고 있다. 불행히도 업적은 현존하지 않고 있다. 현존하는 초창기의 산술 삼각형을 포함하는 아랍의 연구서는 15세기에 알 카시(Al Kashi)가 연구한 것이 있다. 피터

피터 아피안의 Rechnung의 표제

아피안(Peter Apian)의 Rechnung(1527년)의 표제에 산술 삼각형으로 인쇄하였으며, 마이클 스티펠(Michael Stifel)의 Arithmetica integra(1544년)에 또한 "파스칼"의 삼각형을 포함하고 있다.

그는 비록 파스칼의 산술 삼각형의 원래 창안자는 아니지만 그 삼각형의 성질들을 발견하고 증명하는 방법을 인식하였음이 분명하다.

1
1 1
1 2 1
1 3 3 1
1 4 6 4 1
1 5 10 10 5 1
• • • • • • • •

6행까지 전개한 산술 삼각형

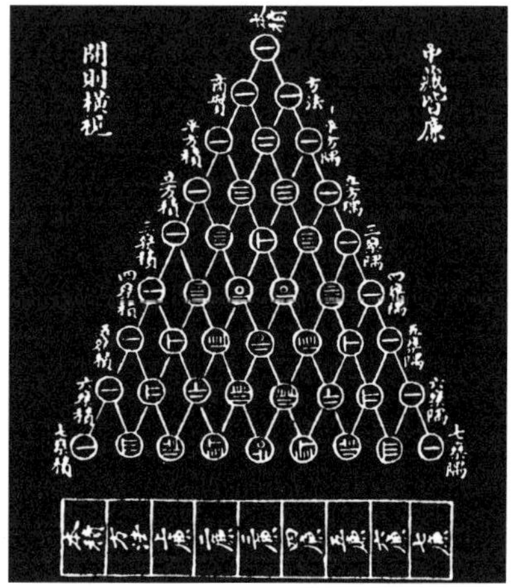

중국 버전의 산술 삼각형

산술 삼각형의 기원

(origins of the arithmetic triangle)

대다수 이들 숫자의 삼각형은 수학자 블레이스 파스칼과 연결된다. 사실, 이것은 파스칼의 삼각형으로 알려져 있다. 그는 1653년경에 『산술 삼각형에 대한 고찰』(Traité du Triangle Arithmétique)이란 제목의 책을 저술하였다. 그러나 숫자와 연관된 이 삼각형은 파스칼 이전에 이미 알려졌고 또한 기록되었다. 중국의 수학자 양후이(Yang Hui)와 추시치에(Chu Shih-chieh)의 연구서에 산술 삼각형과 삼각형에 나타나는 급수의 합에 관한 내용 둘 다 기록되어 있다. 『귀중한 거울』(Precious Mirror, 1303)의 서두에 산술 삼각형에 대한 설명을 기술하고 있다. 2의 7제곱하는 전통적인 방법(The Old Method of the Seven Multiplying Squares)이란 표제는 8승까지 이항 전개한 계수들을 보여준다. 추(Chu)는 8제곱과 그 이하의 멱승을 찾는 전통적인 방법으로 산술 삼각형의 존재를 언급하였다. 서기 1100년에 또 다른 중국인의 연구서가 있는데 이 연구서에서는 이항계수에 대한 일련의 표를 만드는 시스템을 보여주고 있으며 산술 삼각형의 존재가능성을 암시하고 있다. 이런 증거는 이항정리와 산술 삼각형이 페르시아 시인·수학자·천문학자인 오마르 하이얌(Omar Khayyam, 1505~1123) 시대에 이미 알려져 있었다는 것을 보여준다. 그의 저서 『대수』(Algebra)에서 그는 이항 정리의 4승, 5승, 6승 그리고 그 이상의 멱승을 결정하는 규칙을 찾는 방법에 대해 곳곳에서 언급하고 있다. 불행히도 업적은 현존하지 않고 있다. 현존하는 초창기의 산술 삼각형을 포함하는 아랍의 연구서는 15세기에 알 카시(Al Kashi)가 연구한 것이 있다. 피터

Eyn Newe
Vnnd wolgegründte
vnderweysung aller Kauffmanß Rech-
nung in dreyen Büchern/mit schönen Re
geln vñ fragstucken begriffen. Sunder-
lich was fortl vnnd behendigkait in der
Welschē Practica vñ Tolletn gebraucht
wirdt/ des gleychen fürmalß weder in
Teützscher noch in Welscher sprach nie
gedrückt. durch Petrum Apianū
von Leyßnick/d Astronomei
zů Ingolstat Ordina-
riū/ verfertiger.

피터 아피안의 Rechnung의 표제

아피안(Peter Apian)의 Rechnung(1527년)의 표제에 산술 삼각형으로 인쇄하였으며, 마이클 스티펠(Michael Stifel)의 Arithmetica integra(1544년)에 또한 "파스칼"의 삼각형을 포함하고 있다.

그는 비록 파스칼의 산술 삼각형의 원래 창안자는 아니지만 그 삼각형의 성질들을 발견하고 증명하는 방법을 인식하였음이 분명하다.

1
1 1
1 2 1
1 3 3 1
1 4 6 4 1
1 5 10 10 5 1
• • • • • • • •

6행까지 전개한 산술 삼각형

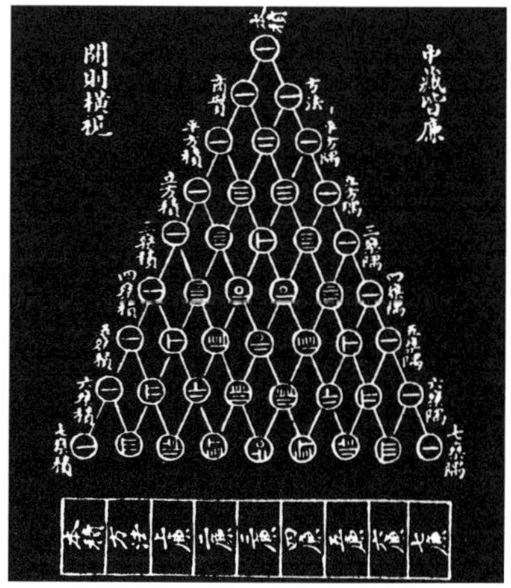

중국 버전의 산술 삼각형

삼나무-수학과 자연
(redwood trees-mathematics & nature)

자연의 놀라움은 어디에서나 찾아볼 수 있고 계속해서 나타난다. 우리가 자연계의 어느 단면이든 밀접하게 관찰하다 보면 자연은 수학과 긴밀한 관계에 있음을 알 수 있다. 캘리포니아의 아주 키가 큰 해안의 삼나무와 거대한 세쿼이아(Sequoia) 나무는 지구상에 살아있는 가장 오래된 생물 중 하나이다. 그들 속에서 우리는 어떤 수학적 아이디어, 이른바 동심원, 동심 원통, 평행선, 확률, 나선과 비율들을 발견할 수 있다.

동심원, 원통과 평행선

샌프란시스코의 북쪽에서 몇 마일 떨어진 뮤어 우즈 국립공원(Muir Woods National Monument)에서 우리는 거대한 삼나무의 작은 숲을 볼 수 있다. 뮤어 우즈에서 눈에 띄는 것은 같은 중심을 갖는 환(ring)을 따라 기록된 역사적 시간과 더불어 고목의 횡단면이다. 표식들 중에는 그리스도의 탄신일, 노르만 정복자, 콜럼부스의 신대륙 발견 등을 지시해 준다.

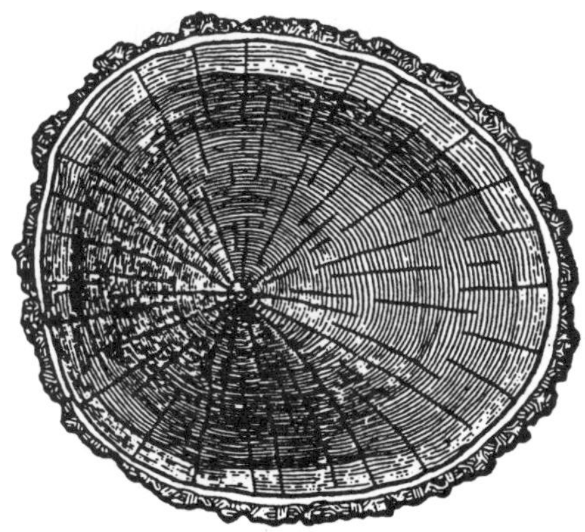

나무의 수평 횡단면은 동심원을 이룬다는 것을 알 수 있다. 정상적으로 성장하는 나무는 1년에 1개의 나이테가 만들어지고 원의 넓이는 날씨에 따라 달라진다. 건기에는 보다 좁게 나이테가 만들어진다. 이 나이테를 이용하여 나무의 나이를 대략 예측할 수 있을 뿐만 아니라 그 나무의 성장에 영향을 준 기상과 다른 자연현상에 대한 정보를 알아낼 수 있다. 과학자들은 가뭄, 산불, 홍수 그리고 기근 같은 사건에 대한 가설들을 입증하기 위해 이 나이테들을 이용할 수 있다.

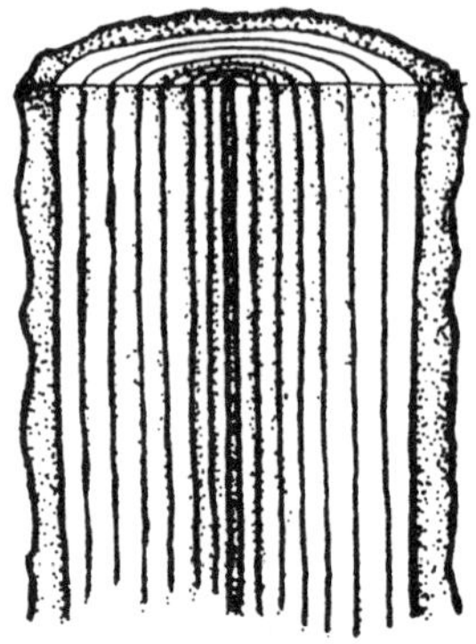

나무의 전체 길이를 관찰할 때, 이들 동심원들은 동심의 원통을 나타낸다. 이들 원통의 수직 횡단면은 일련의 평행선을 이룬다. 중심에 대한 평행선은 나무의 심재를 묘사한다. 이들 다음에는 나무의 상하로 양분을 운반하는 백목질을 이루는 평행선들이다. 나무가 성장함에 따라 백목질의 원통형 층계들은 나무의 중심층으로 변하게 된다. 껍질과 백목질 사이는 형성층이라 불리는 단일 원통 층을 이루고 있다. 새로운 세포는 껍질이 되거나 백목질로 되는 형성층에 의해 만들어진다.

확률

묘목의 크기와 양은 나무의 종류에 따라 매우 다양하다. 예를 들면, 파운드당 120,000개의 삼나무 씨에 대하여 칠엽수의 씨는 27개이다. 삼나부의 각 솔방울은 1/2인치와 1인치 길이이며 80개에서 130개의 씨를 갖고 있고 최장 15년 간 씨를 만들 수 있다. 사실 거대한 삼나무는 1년에 수백만 개의 씨를 생산한다. 씨의 수와 크기를 통하여 자연은 씨를 발아시키는 확률을 보정한다. 수많은 작은 씨들이 불리한 조건하에서 삼나무가 될 가능성은 커진다. 심지어 씨가 발아한 후에 수천 개 중에서 한 개꼴로 자라서 성숙한 삼나무가 된다.

나선

삼나무의 껍질을 얼핏 보면 성장 패턴에서 미묘한 소용돌이를 찾아 볼 수 있다. 사실, 이것은 지구의 자전과 삼나무가 밀집된 숲에서 빛을 찾아 성장하는 방식에 의한 성장 소용돌이이다.

비율

이 거대한 나무들 각각의 높이를 지탱하는 놀라운 뿌리 체계가 있다. 뿌리 체계는 주로 얕은 뿌리(4-6피트 깊이)로 구성되어 있으나 이들 뿌리는 측면으로 가지를 뻗으면서 거대한 삼나무 기둥을 지탱할 수 있게 한다. 이 뿌리 체계는 일반적으로 나무키의 1/3에서 2/3이다. 예를 들면, 나무가 300피트 높이라면 뿌리체계는 확고한 기반을 다지기 위해 나무줄기의 밑에서부터 100~200피트 사이로 뿌리들이 뻗어나간다.

옛날 계산기
(early computing devices)

수학의 연산에서 곱셈, 나눗셈, 제곱, 그리고 큰 수의 세제곱근 구하기보다 그렇게 어려운 것은 아무것도 없다. 그러므로 나는 어떻게 이들 장애를 제거할 것인가부터 생각하기 시작했다.

— 존 네이피어(John Napier)

과학자와 학생들을 위한 계산척이 휴대용 계산기로 대체된 것은 그리 오래 되지 않았다. 오늘날에는 계산척이 덧셈, 뺄셈, 곱셈, n 제곱근 취하는 형태의 순환소수의 나눗셈과 π와 e의 값을 저장하여 거듭제곱하기, 거리 변환하기, 대부금의 분할상환금 즉시 계산하기, 함수의 계산과 그래프 그리기 등을 프로그램 할 수 있는 조그만 계산기로 대체되었다. 어떻게 이 초정밀 기계들이 수천 년에 걸쳐 진보되어 왔는지 살펴보는 것도 무척 재미있는 일이다.

최초의 옛 조상들의 계산기는 손이었다. 시간이 흐름에 따라 손가락 숫자 체계는 같은 언어를 사용하지 않는 상인과 다른 사람들 사이의 의사소통으로 진화되었다. 심지어 오늘날에도 어린 학생들이 자신의 손가락을 사용하여 계산을 수행하는 것을 볼 수 있다.

그러나 숫자 배열이 열 손가락을 초과함에 따라 새로운 계산기를 추구하게 되었다. 여기에는 조약돌을 쌓는 방법이 있다. 그러나 여전히 인간은 돌을 모아 세는 주요한 작업을 해야만 했다. 그래서 누군가가 궁극적으로 주판으로 발전하게 되는 휴대용 조약돌 계산기에 대한 아이디어를 도출하였다.

결승문자는 잉카인들이 사용했던 회계 장부였다. 그것은 매듭 줄로 만들어졌고, 잉카제국 전체에 대한 회계 기록을 저장하였다.

다양한 형태의 주판이 중국, 고대 그리스와 로마에서 사용되었다. 주판은 오늘날에는 아시아의 여러 나라에서 사용하고 있다. 중국인들이 최초로 계산을 위해 대나무 띠를 (B.C. 542년경) 사용한 것과 더불어 주판은 12세기경에 계산의 주요 계산도구로 들어왔다. 주판은 후 세대[70]의 상인들에 의해 전통적인 계산도구로 적절하게 사용되었다. 수학자들이 복잡한 소수점을 포함하는 작업으로 크고 작은 수들을 이용하는 다양한 문제를 다룰 때 주판은 적절하지 않았고 직접 손으로 계산하는 것은 무척 많은 시간을 허비하고 에러도 유발하기 쉬운 단점이 있어 새로운 방법이 고안되어야 했다. 17세기에 존 네이피어(스코틀랜드)는 일명 네이피어 계산봉이라 불리는 대수를 발명했다. 상인들은 그들의 회계 결산을 위해 아이보리나 나무로 만든 막대 띠를 지니고 다녔다. 로그대수(logarithms) 발견이 없었다면, 영국의 에드먼드 건터(Edmound Gunter)는 1620년에 계산자를 발명하지 못했을 것이다. 대수학과 더불어 계산표가 인쇄되어 멱승, 근과 어려운 나눗셈과 곱셈들이 보다 쉬워지고 계산하는데 소요되는 시간이 무척 짧아졌다.

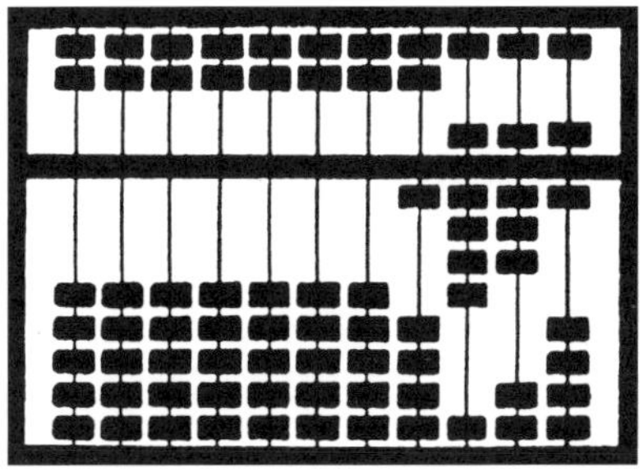

주판

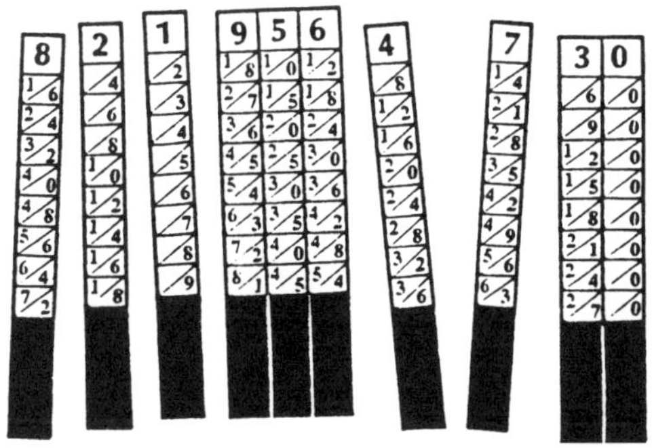

네이피어 계산봉

1647년에 18세의 나이에 프랑스 수학자 파스칼(Blaise Passcal)이 최초로 계산기를 만들었는데, 그의 아버지가 사무를 보며 회계장부를 정리하는데 아마도 도움을 주고자 했던 것 같다. 그 계산기는 덧셈과 뺄셈을 할 수 있었지만 상인들이 그 기계를 작동하는 인력 고용과 유지비용이 다소 많이 들었기 때문에 상업적 관점에서는 인기가 없었다. 그러나 이 기계는 보다 세련된 장치를 고안하는데 중요한 단계

파스칼의 계산기

70) 물론 항해에는 별들의 천도에 관한 특별한 형태의 계산기가 요구되었다. 여기 고대의 천측구와 1757년 육분의(六分儀) 자리를 찾아볼 수 있다.

였다. 1673년 독일의 수학자 라이프니츠(Gottfried Wilhelm von Leibnitz)는 곱셈과 나눗셈을 수행할 수 있는 계산기를 고안해 내었다. 이 기계들은 완벽하지는 않았지만 매우 중요한 시도였다. 그 기계들은 계속해서 업그레이드되었고 광범위하게 퍼져 마침내 오늘날 소형 계산기로 진화되었다.

그 사이에 영국의 찰스 베비지(Charles Babbage)는 시간표와 차트를 발간하는데 끝없이 발생하는 수학적 에러에 눈을 뜨게 되었고 1812년경에 미리 특성화된 진행 데이터들을 프로그램 할 수 있는 기계를 만들기 시작했다. 불행히도 그 당시 기술은 필요로 하는 기어와 톱니바퀴를 생산할 수 있을 정도로 정교하지 못했다. 그럼에도 불구하고 아다 러브레이스(Ada Lovelace)[71]의 컴퓨터 프로그래밍 업적과 더불어 그의 업적은 현대 컴퓨터의 초석이 되었다.

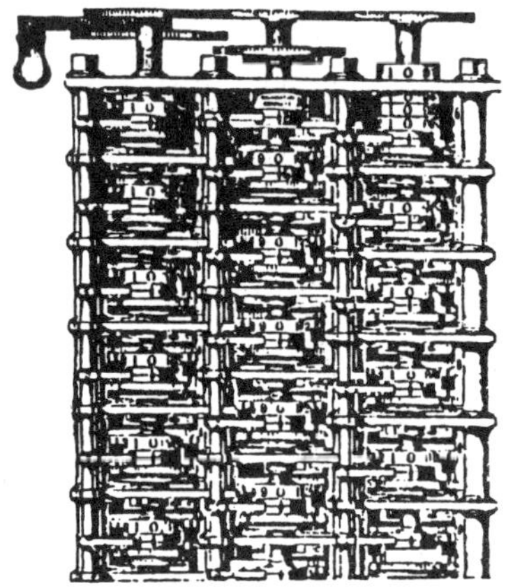

베비지의 차분기관

다음으로 컴퓨터의 주요 획기적인 진전은 인구 통계조사에서 나타났다. 1880년에는 인구를 집계하는데 10년이라는 기간이 걸렸다. 그 집계가 끝나는 시점이 되면 바로 다음 조사를 해야 할 시간이 되었다. 1887년 미국의 인구 통계청(U.S. Census Department)은 인구조사를 수행하는데 신뢰할 수 있고 효율적인 체계를 개발하기 위해 공개경쟁을 제안했다. 발명가 헤르만 홀러리스(Herman Hollerith)는 실 셈하는 바퀴와 전자기의 계전기를 이용하는 천공카드로부터 정보를 처리하는 기계를 제안했다. 그는 최종 결승전에 올랐지만 그의 기계는 너무 회의적인 난관에 봉착했었다. 세 명의 최종 결승자들 각각은 연산을 통하여 경쟁을 하였다. 홀러리스의 기계는 5.5시간에 모든 일을 처리하였고 다음 주자들의 방법은 44시간 정도 걸렸다. 그는 경쟁에서 승리하였고 1890개의 인구

71) 찰스 베비지와 아다 러브레이스의 천재성과 업적 때문에 IBM은 그와 러브레이스(그녀는 베비지에게 기술적 프로그래밍 도움과 금전적 지원을 제공하였다)가 만들어 놓은 그의 해석 기관의 모델을 작동하도록 만들었다.

통계조사를 수행하는데 그의 기계는 단지 한달 안에 모든 처리를 완료하였다. 그렇다고 해도 이 기계는 찰스 베비지가 마음속에 그렸던 데이터의 저장과 데이터를 저장하는 작업을 하지 못했다.

20세기에 이르러 현대 컴퓨터의 태동을 위한 먼동이 트기 시작했다. 20세기의 최초 10년과 기술의 진보와 더불어 즉, 전기를 사용하는 동력 엔진, 최초로 진공관의 개발과 이용 그리고 후대의 트랜지스터와 집적회로의 사용과 발견, 개인 컴퓨터의 크기와 가격을 저렴하게 하는 실리콘 칩 위의 LSI(large-scale integrated) 회로의 개발 등 계산 도구가 광범위하게 진척되었다.

위상학적 퍼즐-가위 단추 그리고 매듭 퍼즐

(topological puzzle-scissors, button & knot puzzle)

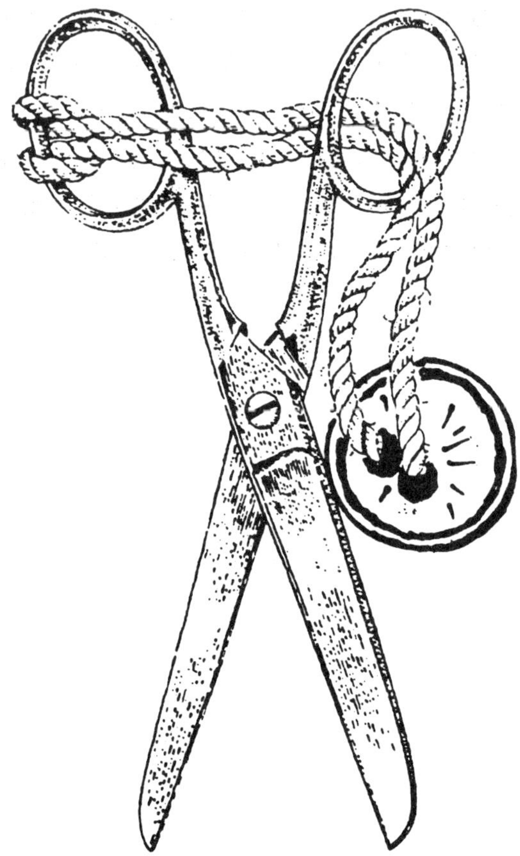

가위와 가위의 손가락 놓는 구멍보다 더 큰 단추 그리고 줄을 하나씩 선택하여라.
그림에서 설명된 것처럼 단추와 가위를 통과하도록 줄을 메어라.

줄을 자르거나 매듭을 풀지 않고 줄을 제거하는 방법을 찾아보자.

→ 해답은 부록을 참조하시기 바랍니다.

하노이 탑으로 비틀기
(a twist to the tower of Hanoi)

이 퍼즐은 잘 알려진 퍼즐 하노이의 타워로부터 채택하였다.

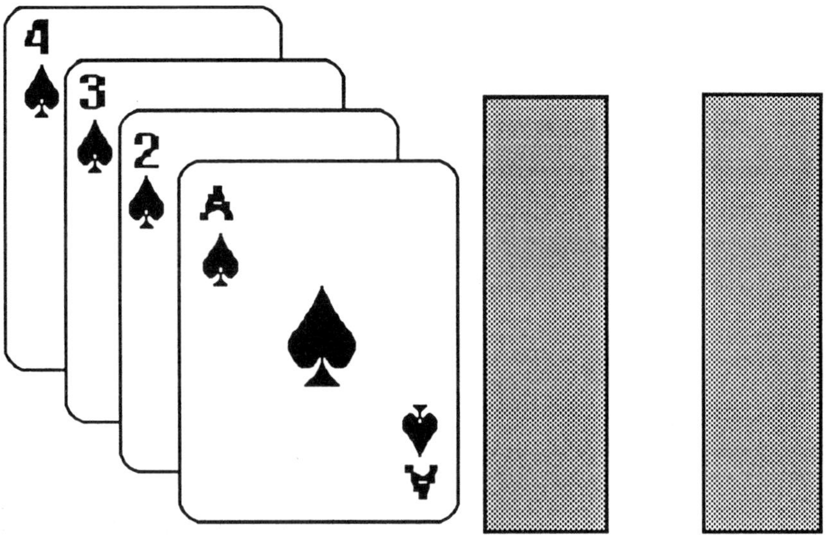

스페이스 A　　　스페이스 B　　　스페이스 C

- 네 개의 카드 - 에이스, 스페이드 2, 스페이드 3, 스페이드 4를 선택하자.
- 이 퍼즐의 목적은 스페이스 A에 있는 카드를 다음과 같은 규칙을 준수하여 스페이스 C로 재배열하는 것이다.

  – 큰 수의 카드는 작은 수의 위에 절대로 놓지 못한다. 예를 들면, 에이스 위에는 스페이드 2를 놓을 수 없으나, 스페이드 2, 3, 또는 4 위에 에이스를 놓을 수 있다.
  – 여러분은 새로운 장소에 한 번에 단 한 번만 움직일 수 있다.

만약 여러분들이 에이스에서 카드 4까지 마스터했다면 새로이 5, 6 등을 추가해 시도해 보자. 행운을 기대한다!

불가능한 모형들
(impossible figures)

그림을 속이는 것은 종종 수학적 문제들을 푸는데 거추장스러운 장애가 될 수 있다.

예를 들어, 변이 17, 6.75 그리고 10.2인 삼각형을 만들어라.

이 "삼각형"의 각 변에 대한 수학적 검증으로는 이런 변의 길이를 갖는 그림은 불가능한 것으로 나타난다.(삼각형의 임의의 두 변의 합은 다른 한 변의 길이보다 항상 크다.)

자, 지금부터 "끝을 자른 피라미드"의 그림을 연구해 보자. 여러분은 그려진 그림이 왜 잘려진 피라미드가 아닌지 찾을 수 있는가?

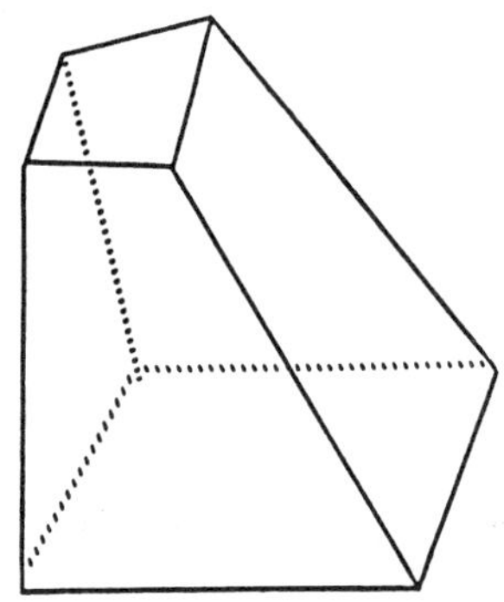

끝을 자른 피라미드?

수세기 동안 불가능한 모양들은 예술가들과 수학자들의 심성을 자극하였다. 아마도 첫 번째 불가능한 모양은 예술가들의 원근법의 잘못된 해석이나 고의적인 누락으로 발생했을 것이다. 그런 작품들에 관한 예들은 네덜란드 브리다에 있는 그로테 커크(Grote Kerk)의 복원된 작품에서 찾아볼 수 있다. 아래 그림은 3개의 기둥과 2개의 아치를 사용했음을 알 수 있고, 기둥은 동일 직선상에 있으나, 원근 투시도 상에 위치한 그들의 방식은 전방으로 향하는 아치 굴곡을 만들고 있고 가운데 기둥은 뒤 배경으로 나타나 보인다. 16세기에 지오바니 바티스타 피라네시(Giovanni Battista Piranesi)는 기괴한 공간적인 풍경이 나타나는 불가능한 모양의 "상상의 지하 감옥" 석판화를 제작하였다.

커크의 작품에 있는
3개의 기둥 표현

19세기에는 광삼 착시에 대해 집중적인 연구와 창작활동으로 잘 알려져 있다. 그리고 20세기에 이르러 불가능한 모양에 관한 흥미로운 작품들을 찾아볼 수 있다. 스웨덴의 예술가 오스카 리터스버드(Oscar Reutersvard)는 1930년에 9개의 정육면체을 사용하여 불가능한 삼각기둥을 그렸다. 1950년에 로저(Roger)와 펜로즈(L. S. Penrose)는 삼각기둥을 묘사하는 것과 같은 층계에 남아 있지만 끊임없이 오르내리는 무한 계단의 개념을 묘사하는 불가능한 모양에 대해 저술하였다. 이런 아이디어들은 에셔(M. C. Escher) 같은 예술가들에게 아름답게 윤색되었다.

삼각기둥

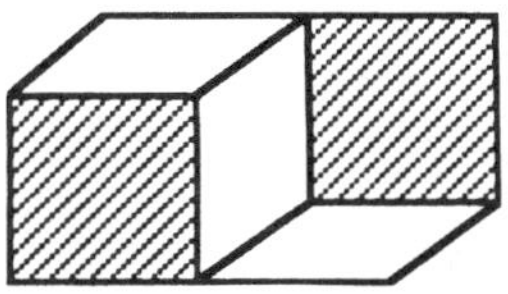

정육면체의 복제－정육면체는 내부 또는 외부처럼 보인다.

에셔는 수많은 환상적인 석판화 – 불가능한 삼각기둥에 기반을 둔 우물(Waterfall, 1961), 정육면체의 볼록성과 오목성을 사용한 볼록과 오목(convex and concave, 1955), 불가능한 입방체를 이용한 전망대(Belvedere, 1958), 로저와 펜로즈에 의해 제안된 계단에 기반을 둔 오르내림(ascending and Descending, 1960)－들을 창작하였다. 이런 작품들은 부르노 어니스트(Bruno Ernst)의 책에서 특별한 논평을 포함하여 연구되었고, 사실관계를 상세히 재현하는 방법과 구성 및 해설을 달아 놓았다.

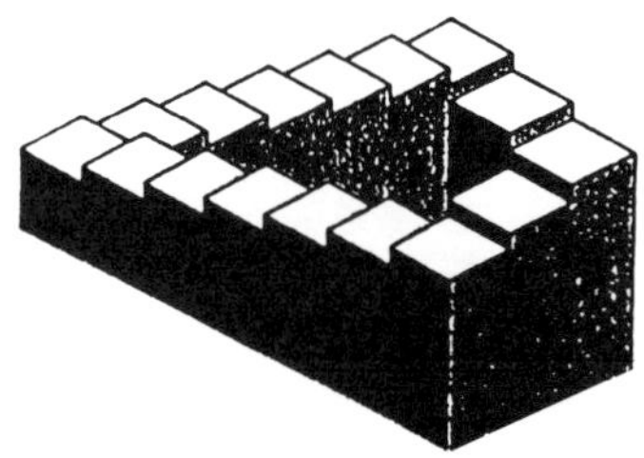

페로즈의 작품에 기반을 둔 오르내리는 계단

오늘날 컴퓨터는 예술가와 수학자들이 이용할 수 있는 새로운 매체이다. 예술가와 수학자들이 다루는 컴퓨터는 불가능한 모양들에 대한 다음 세대를 창조하는데 도움을 줄 것이다. 예를 들면, 마우스를 클릭하여 불가능한 삼지창이 역전될(모든 하얀색 부분이 검게 되고 검은색 부분이 하얗게 되는 것) 때 무슨 일이 발생하는지 살펴보자. 완전히 새로운 느낌을 받게 될 것이다. 이 새로운 모양들을 기대하는 것은 무척 흥미로운 일이다. 미래

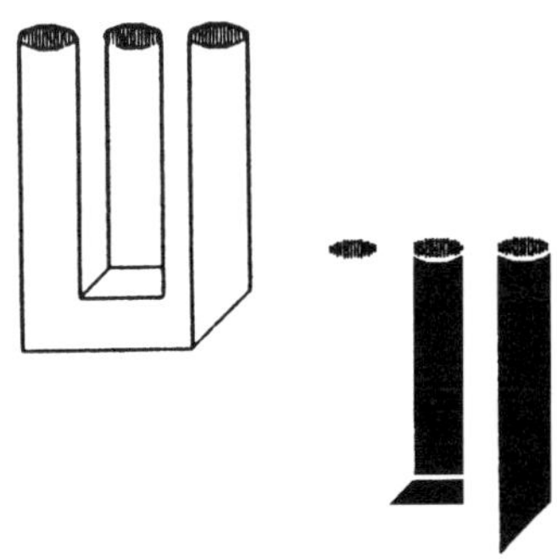

컴퓨터를 이용한 역전 전후의 불가능한 삼지창

의 불가능한 모양에 대한 환상과 수학적 설명은 인간의 심성과 상상력을 분명하게 자극할 것이다.

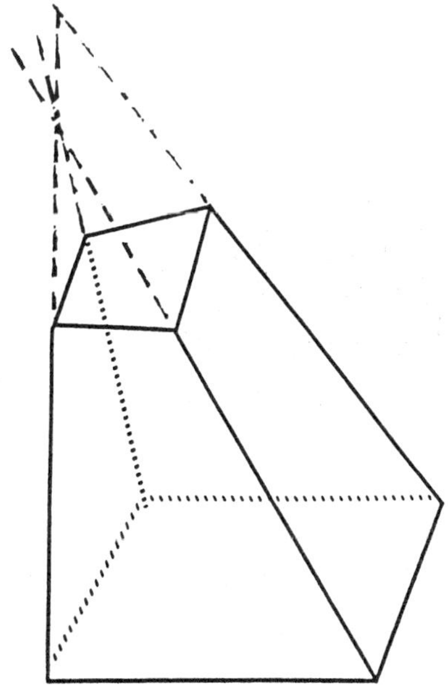

연장선은 한 점에서 만나지 않는다. 그의 측면(연장선) 한 점에서 교차하지 않기 때문에 이는 피라미드를 형성할 수 없다.

어느 것이 위조된 동전인가?

(Which coin is counterfeit)

27개의 동전 중에 한 개가 위조된 동전이다. 위조된 동전의 무게는 다른 26개의 동전보다 가볍다. 위조된 동전을 결정하는데 필요한 무게를 측정하는 최소의 수는 얼마인가?

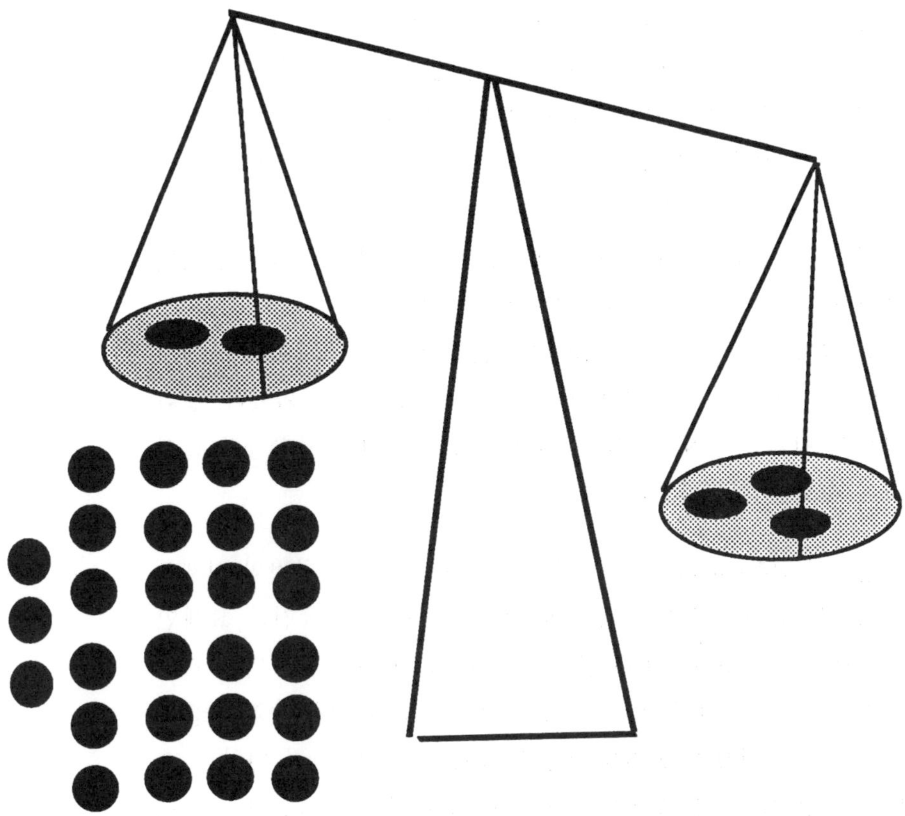

→ 해답은 부록을 참조하시기 바랍니다.

수학, 이슬람 예술과 에셔

(mathematics, Moslem art & Escher)

이슬람교는 이슬람 예술의 진화에 많은 역할을 했다. 예술가들에게 살아있는 생물의 이미지를 이용하는 것을 칙령으로 엄격하게 금지하지 않았다면 아마도 그들의 예술은 완전히 다른 캐릭터를 지니게 되었을 것이다. 이슬람교도들은 알라(Allah)만이 오직 생명을 창조할 수 있다고 믿었고, 그 때문에 생명체 같은 대상을 그리거나 조각하는 예술가들은 알라의 영역을 침범하는 것이라고 여겼다. 이 믿음으로 인해 이슬람교 예술가들이 창작활동에서 다룰 수 있는 주제들을 이상하리만큼 엄격하게 제한했다. 예술가들은 그들의 작품세계에서 인간이나 동물의 초상화를 피해야만 했다. 만약 그런 것들을 그림에 나타내려면 일정한 양식에 맞추어 표현해야 했다. 이런 이유로 예술가들은 그들의 창작 활동 분야를 특별한 방향으로 돌렸다. 그들의 작품들은 장식과 모자이크로 제한되었고, 기하학적 디자인과 꽃무늬(당초무늬)에 집중되었다. 결과적으로 이슬람교 예술가들은 제한된 매체의 영역을 확장하기 위하여 수학을 탐구하였다.

알함브라 궁전(Alhambra)은 이슬람 건축과 예술적 발전의 실체를 보여주는 본보기이다. 스페인의 그라나다에 있는 궁전과 요새인 알함브라는 1248년과 1354년 사이에 무어(Moors)인에 의해 건축되었고, 이는 유럽에 있는 무어인 양식의 대표적인 건축물 중의 하나이다. 알함브라 궁전의 벽들은 믿을 수 없을 만큼 다양한 패턴으로 장식되고 윤색되었다. 조사한 바에 따르면 기하학적인 모양의 대칭, 모자이크 세공, 반사, 회전, 전이, 어두움과 밝은 패턴 사이의 일치성과 관련된 수학적 개념을 동반하고 있다. 그들의 욕구를 예술적 형태로 확장하기 위하여 예술가들은 이런 수학적 개념을 발견하여 이용하였다. 이들 수학자들과 예술가들은 어떻게 평면을 모자이크 세공하는지에 대해 배웠고, 평면상에 존재하는

가능한 모든 대칭성들을 발견하였다. 에셔(M.C. Escher)가 영감을 받아 그의 작품에서 모자이크 세공을 추구하게 된 것이 바로 알함브라 궁전이었다. 그는 1926년 짧은 기간 동안 알함브라 궁전을 방문한 후에 예술적 패턴과 체계를 연구했지만 만족할 만한 모자이크 세공을 디자인하는데 실패하였다. 그 후 그는 10년 동안 공간을 채우는 예술을 제쳐두었다. 1936년에 그는 다시 그의 아내와 함께 알함브라를 방문하였다. 그는 이 방문에서 공간을 채우는 풍부한 디자인에 감명을 받았고 이에 영감을 얻어 그의 아내와 함께 이 환상적인 모자이크 세공을 복사하는데 여러 날을 허비하였다. 집에 돌아온 후 그는 이에 대해 열광적으로 연구하였고, 이런 형태의 장식과 수학적 토대를 발견할 수 있었다. 그는 이런 대상에 대해 몰입하게 되었고, 디자인을 구상하는데 더 이상 어려움 없이 스스로 완벽한 체계를 갖출 수 있도록 공식화하였고, 또한 주기적인 공간 채우기 법칙이 그의 작품을 창작하는데 사용되었다. 에셔는 다음과 같이 말하고 있다.

모자이크 세공으로 장식된
알함브라의 여러 방들 중 하나

> "무어인들은 합동인 모양들로 표면을 채워 공간에 틈이 발생하지 않게 하는 거장이었다. 스페인에 있는 알함브라 궁전에서 그들은 특별히 틈새가 없는 서로 잘 어울리는 다양한 색채의 마욜리카 도자기 조각들을 함께 맞추어 벽들을 장식하였다. '이미지'를 만드는 것을 금지했던 이슬람교인들에게 얼마나 가여운 일인가?" 그들은 모자이크 세공에서 그들 자신을 추상적인 기하학적 모형으로 제한했다. … 이 영역에 대한 나의 흥미를 결코 그만둘 수 없어 나 자신만의 독특한 패턴의 구성에 대한 인식 때문에 더 이상 받아들일 수 없는 모든 이 제한을 찾았다.

그러나 만약 이슬람교 예술가들에게 제한이 없었다면, 그들의 예술에 있어, 특히 그 예술을 지원하는 수학이 발전했을지 물어보는 것은 숙제로 남아있다.

알쿠어크 보드 게임

(alquerque)

보드 게임은 거의 모든 문화권에서 나타난다. 오락과 여가로서 개발된 많은 게임들은 수천 년을 거슬러 올라가고, 오늘날에도 여전히 즐기고 있다. 알쿠어크(alquerque)는 아주 오래된 고대의 보드 게임이며 수세기에 걸쳐 수많은 나라들 사이에서 유행했었다. 그 기원은 고대 이집트시대로 거슬러 올라간다. 사실 그 게임에 대해 새겨진 그림은 기원전 1400년경 쿠르나(Kurna) 사원에서 볼 수 있다. 5백년 동안 스페인의 대부분을 지배했던 무어인들이 처음 알쿠어크를 스페인에 전수했고, 이 바둑판 같은 게임이 스페인명으로 되었다. 멕시코의 스페인 정착자들은 다시 이 게임을 갖고 들어왔고, 이 게임의 한 부류의 형태가 뉴멕시코의 주니 인디언(Zuni Indian)에 의해 다시 유행되었다. 알쿠어크는 도전적인 게임으로 많은 생각, 전략과 논리를 요구한다.

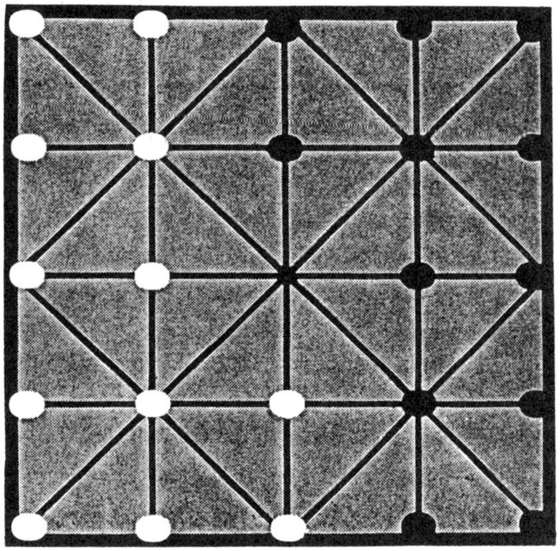

게임

1) 두 사람이 게임을 한다. 그림에서 보이는 것처럼 24개의 말들을 배열하면서 시작한다.
2) 번갈아 가면서 게임을 한다.
3) 말은 비어있는 인접 공간으로 움직일 수 있다.
4) 말들은 상대방의 인접한 말을 건너뛰면서 포획하거나 영구히 제거할 수 있다. 뛰어넘은 말에 근접한 빈 공간에 착수한다.
5) 만약 한 경기자가 가능할 때마다 건너뛰기 하지 않고 그냥두면 상대방은 그 경기자의 말을 포획한다.
6) 승리자는 상대방의 모든 말들을 포획한 경기자가 된다.

쏘로반-일본인들의 주판
(soroban-Japanese abacus)

쏘로반은 일본인들이 주로 사용했던 주판으로 일본에서 문예부흥을 일으켰던 것으로 보인다. 한때 쏘로반 학교는 번창하였고 일부 일본의 계산기 제조가들은 계산기와 쏘로반을 둘 다 생산하기에 이르렀고, 가끔 함께 포장하여 판매하기도 하였다.

쏘로반 옹호자들은 계산기를 사용하는 것보다 주판 사용자의 손으로 계산하는 것이 더 빠르며 오차도 적다고 주장하였으며, 만약 빠르지 않더라도 사용자에게 산술적 이해를 주는데 도움을 준다고 주장하였다.

매년, 일본 내에서 쏘로반 경기 대회를 개최하는데 이 대회에서 참가자들은 5분 이내에 20개의 11자리 수 더하기를 포함하는 20문제를 풀게 된다.

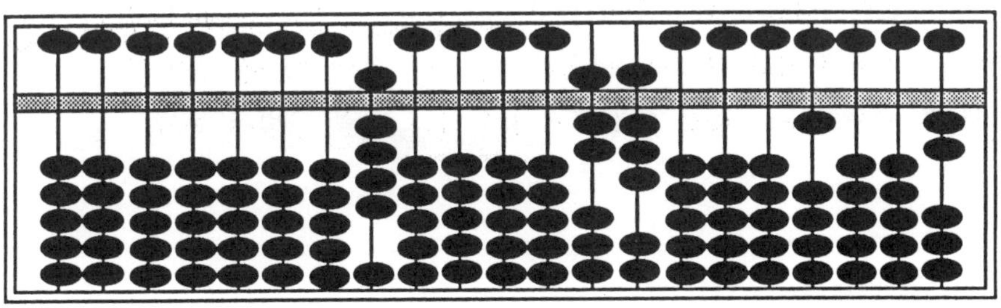

쏘로반 – 일본인들의 주판

곡선과 π는 항상 연결되는가?

(Are curves & π always linked?)

지구상에 살았던 고대인들은 원주와 그 원리 지름 사이의 특수한 관계를 알고 있었다. 원 둘레를 그 원의 지름으로 나눈 결과 나타나는 수 π는 수천 년 동안 알려져 왔고 문제들을 제안하는데 사용되었다. 궁극적으로 원의 면적을 계산하기 위하여 π가 사용되었고 면적은 πr^2이다. 모든 곡선 형태의 길이와 면적을 측정하는데 π를 항상 포함할까? 기원전 450년경 히포크라테스(Hippocrates)는 활꼴을 연구했고 2개의 빗금 친 활꼴의 면적은 빗금 친 삼각형의 면적과 같다는 것을 증명하였다.

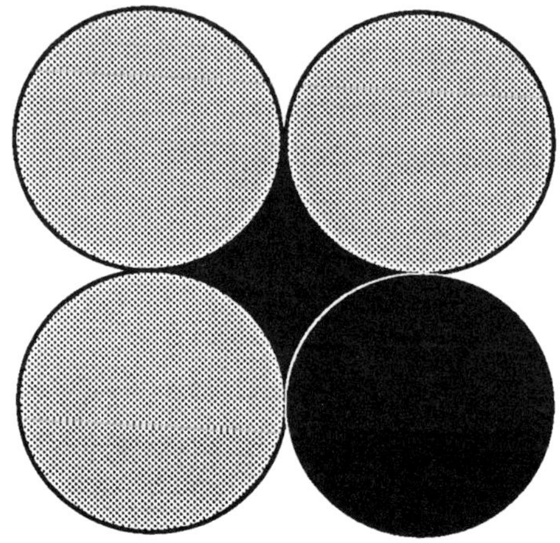

항아리 모양의 퍼즐

빗금 친 항아리의 면적은 π에 따르는가? 4개의 합동인 원들 각각의 반지름은 1/2피트이다. 항아리 형상의 면적을 결정하여라.

17세기에 사이클로이드의 길이는 π와 무관한 유리수, 즉 회전한 원의 지름의 4배라고 밝혀졌다. 한편 사이클로이드 원호 아래의 면적은 회전하는 원의 면적의 3배여서 π를 포함한다. 이 몇 가지 예제들은 곡선과 π는 항상 밀접하지 않는다는 것을 설명해 준다.

→ 해답은 부록을 참조하기 바랍니다.

기하학적 모양의 수집품

(a treasure trove of geometric figures)

사람들은 여러 가지 서로 다른 형태의 선을 그어 만든 정겨운 디자인으로 이 그림을 바라볼 것이다. 그러나 좀 더 밀접하게 관찰해 보면 두 개의 등변 모양 – 정사각형과 정삼각형 –이 합체되어 이 디자인을 만들었다는 것을 알 수 있다. 많은 대상들이 숨겨져 있는데 사실 이 그림은 단지 한 개의 정사각형과 3개의 정삼각형(각 삼각형은 정사각형의 모서리에 꼭지점을 갖음)으로 만들어졌다. 대칭성, 회전, 정방형, 다른 정삼각형, 5각형, 사다리꼴, 육각형, 직각 이등변 삼각형, 직각 삼각형, 마름모, 평행사변형들을 찾아보자.

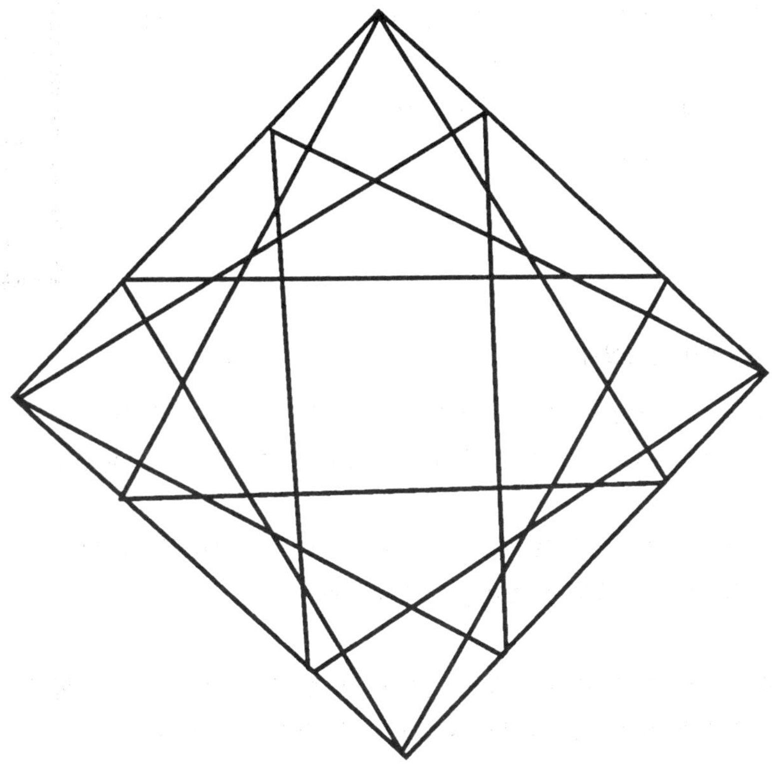

리버시 게임

(the game of reversi)

리버시(reversi) 게임은 1800년대로 거슬러 올라가며, 그 당시에 굉장히 유행하며 즐겼던 게임이다. 오늘날 게임은 다양한 형태로 변화되어 상업적으로 이용되고 있다. 사람들은 서로 다른 색깔로 구성된 정육면체를 사용하여 6명이 동시에 게임을 할 수 있게 디자인하였다. 또한 컴퓨터 사양에 따라 다양한 난이도 및 속도와 더불어 컴퓨터 게임 형태로도 이용할 수 있다.

리버시는 보드판의 각 변과 대비되는 색깔을 칠한 64개의 평평한 말을 사용하여 표준 서양 장기판 위에서 경기한다. 게임의 이름에서 알 수 있듯이 게임의 주요 이동 중의 하나가 바꾸어 넣거나 뒤집기이다. 규칙과 절차는 간단한 반면 이 게임은 매우 도전적이고 끝날 때까지 놀라운 속도로 펼쳐지는 게임이다.

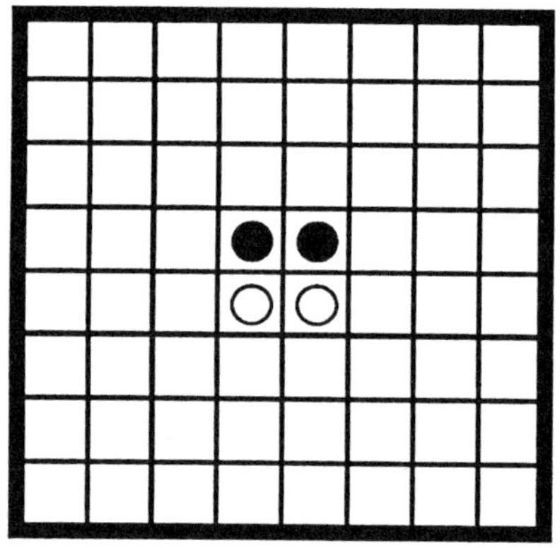

리버시 게임의 최초 형태

게임 진행절차 :

1) 각 경기자는 32개의 말들을 갖고 시작한다. 경기자들은 그들이 원하는 색깔의 말을 선택하고 번갈아 가며 게임을 진행한다.

2) 처음 4개의 말들은 보드판의 중앙에서 시작해야 한다. 가능한 몇 가지 게임시작 형태는 그림과 같다.

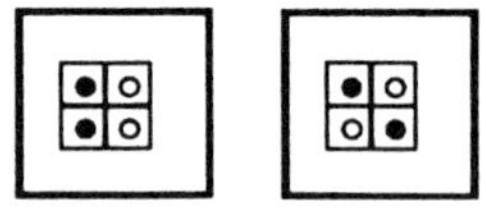

3) 각 경기자는 번갈아 가며 상대의 말을 "포획하고자" 시도하며 차지한 곳과 인접한 빈 공간에 그의 말을 착수한다.

4) 상대방의 말이 하나 또는 그 이상이 일렬로 연결되어 있고 그 라인의 각 끝 측면에 경기자의 말들이 접하고 있으면 상대방의 말들을 잡게 된다. 이 순간에 상대방의 말들은 뒤집히고 말을 잡은 경기자의 색깔로 바뀌게 된다.
(주의: 말은 게임 진행과정에서 여러 번 바뀔 수 있다)

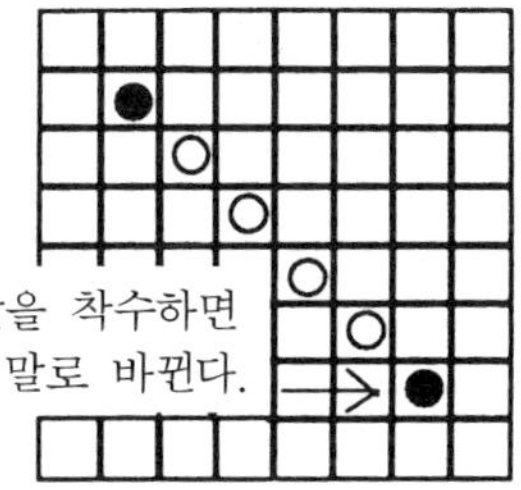

5) 한 마리 말을 놓았을 때 하나 이상의 라인이 뒤집힐 수도 있다.

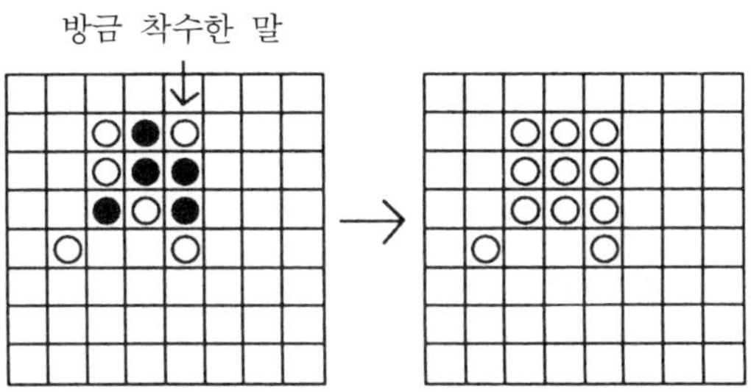

6) 경기자는 어떤 말을 뒤집을 건가 결정하지는 못한다. 그 라인과 연결된 모든 라인의 말들이 뒤집힌다. 착수한 말의 결과에 따라 라인이 뒤집히고 잡히지 않은 말은 같은 순서에서 새롭게 잡히는 라인을 만드는데 사용할 수 있다.

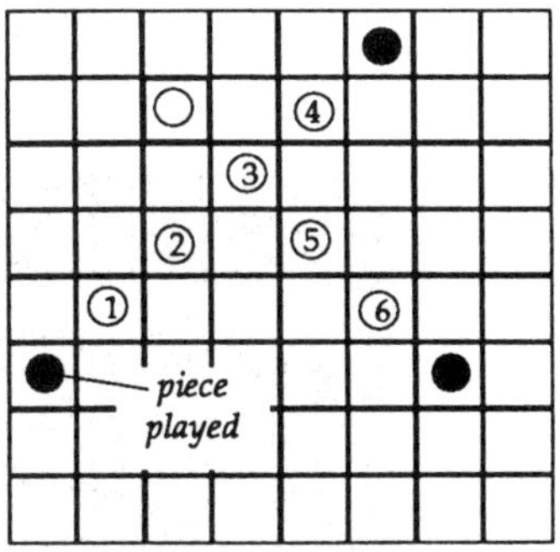

검은 말이 놓이게 되면
흰 말 1에서 4까지는
잡히고 검은 말로 바뀐다.
3번 말은 검은 말로 바뀌지만
5번과 6번 말은 잡히지 않는다.

7) 한 경기자가 포획을 할 수 없다면 그는 그 순서를 놓치게 된다.

8) 모든 말들이 착수되었거나 움직일 수 있는 말들이 없을 때, 게임은 종료된다.

9) 경기의 승리자는 보드판 위에 가장 많은 말들이 남아 있는 경기자이다.

즐겨보자!

시인이자 수학자-오마르 하이얌
(poet & mathematician-Omar Khayyam)

오마르 하이얌(Omar Khayyam, 1050~1123)은 루바이야트(Rubaiyat) 같은 시와 문학 작품으로 대부분의 사람들에게 알려져 있다. 그러나 수학의 세계에서 그는 다음을 포함하는 많은 분야에 공헌하였다.

- 3차 방정식 풀이에 대한 기하학적 해의 발견
- 그의 대수학 책에 언급된 것처럼 4차, 5차, 6차, 그 이상의 멱승에 대한 이항 계수를 결정하는 규칙
- 유클리드 원소들의 임계 처리에 대한 저술

그는 또한 천문학자로서 많은 업적을 남겼고 페르시아 달력에 대한 그의 개선은 그레고리력과 견줄 만큼 정확하게 만들었다. 그의 달력 개선을 언급하는 문장을 찾아 볼 수 있는 것이 바로 루바이야트(The Rubaiyat)이다.

아, 그러나 사람들이 말하길 나의
계산, 보다 나은 셈을 하도록 시간을
줄여 주었는가?
아니,
그것은 달력으로부터 두드러진 것은
아직 오지 않은 내일과 이미 지나간
어제였다.

레오나르도 다 빈치와 타원

(Leonardo da Vinci & the ellipse)

레오나르도 다 빈치는 예술가, 건축가, 과학자, 발명가, 수학자, 철학자, 조각가로 최고의 르네상스 시대 사람이다. 그의 노트북들은 밑그림 전부와 다양한 주제의 다양성을 넘나드는 혁신적인 아이디어들과 때로는 그 시대를 뛰어넘는 내용들을 수록하고 있다. 그는 포물선, 타원과 조화로운 모형을 만들어 낼 수 있는 특별한 형태의 다양한 컴퍼스를 발명했다. 또한 그는 알브레취 뒤어러(Albrecht Dürer) 같은 예술가에 의해 사용되었던 원근화법으로 대상을 그리는데 도움을 주는 투시도로 더 유명하다. 그가 알고 있는 것을 이해한다면 그의 작품 활동의 근간이 되거나 또는 영향을 주었던 대상들을 배우고 숙달하고자 노력하는데 도움이 된다. 후대의 예술가들은 그의 노트와 다양한 혁신들을 이해하고 적용함으로써 그들의 작품을 향상시키고 실용성을 제고시켰다.

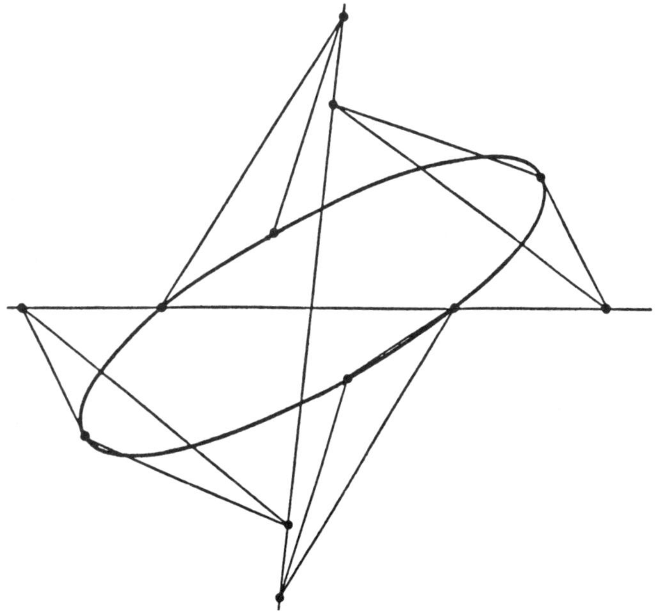

타원의 자취를 그리는 이 천재적인 방법이 레오나르도 다 빈치에 의해 고안되었다.

> 두 개의 교차하는 선을 그려라.
> 삼각형을 자르라. 삼각형의 꼭짓점 중의 하나를 각 선분에 할당하여라. 그림에서 보는 것처럼 선분을 따라 삼각형을 미끄러지게 하여라. 세 번째 꼭짓점에 마크를 하여라. 세 번째 꼭짓점의 마크들이 타원의 자취를 그린다.

위에 그려진 스케치는 타원의 자취를 그리는 그의 창의적이고 발명가 소질의 취향을 설명한다.

ϕ-일상생활에서 보는 무리수가 아님
(ϕ-not one of your everyday irrational numbers)

우리의 일상생활에서 사용하는 수 ϕ(phi)에 대해 알아볼 필요가 있는 것 같다. 왜 이 수는 일상의 수학적 대화나 계산에서 거의 회자되지 않는가? 이 수는 분명히 위엄과 명예를 받을 가치가 충분하다. ϕ는 자연에서 아주 빈번하게 나타나는 것으로 3중 교차, c, e, i, π, 모자이크 세공, 등각 나선, 육변형, 플라토닉 입체, 나선, 사이클로이드, 프랙탈, 대칭성 같은 수학적 개념 중의 하나이다. ϕ는 자연에서 나타나는 빈도와 수학적 아이디어의 다양성에서 π의 인기 순위를 비교할 만큼 우리의 일상생활에서 쉽게 접하는 무리수들 중의 하나는 아니다. 이 수는 황금직사각형, 피보나치수열과 떨어실 수 없는 불가분의 관계 때문에 꽃이 성장 패턴, 솔방울, 앵무 방조개 껍질 같은 수학적 개념이 나오는 곳 마다 자동적으로 나타난다.

비록 20세기가 되어서야 비로소 황금 평균(또한 황금비, 황금분할, 황금비율로 알려짐)의 기호 이름을 부여 받았지만, ϕ(phi)의 발견은 수천 년 전으로 거슬러 올라간다. 고대 그리스에서 ϕ를 작도하였고 파르테논 신전 같은 건축 디자인과 조각 작품의 비례에서 황금직사각형을 사용하였다. 고대의 기하학자들이 비례와 기하평균을 연구했을 때, 그들은 선분의 기하 평균을 작도하는 방법을 발견했다.

레오나르도 다빈치가 그린 그림으로 수학자 루카 파치올리(Luca Pacioli)에 대해 설명한 그의 저서 "De Divina Proportione"에 나온다.

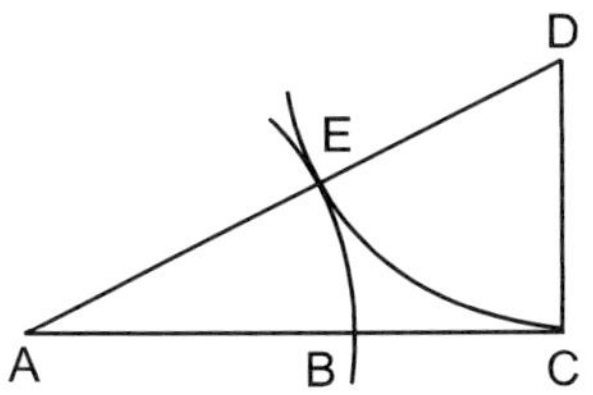

황금비로 선분을 나누는 방법

1) 임의의 단위 길이에 선분 AC를 그려서, 기본단위라 부른다.

2) 선분 AC에 수직하고 그 길이의 절반이 되게 선분 CD를 그려라.

3) 선분 AD를 그려라.

4) 중심이 D이고 반경이 $|CD|$인 원을 그려라. 그 원은 E에서 선분 AD와 교차한다.

5) 선분 AC 위에 선분 AE의 길이를 그어라. 이 점을 B라 하자. B는 선분 AC를 황금비로 나누어서 $\phi = \dfrac{|AC|}{|AB|} = \dfrac{|AB|}{|BC|} = 1.618\cdots$이 된다.

그래서 이 발전이 황금직사각형의 공식을 유도하였거나 또는 이 황금직사각형의 공식으로부터 발전되었을 것이다.

여기서 우리는 $\phi = \dfrac{(1+\sqrt{5})}{2} = 1.618\cdots$ 의 참값을 얻을 수 있고, 아마도 그 수를 알 수 있으며, 다음과 같은 곳에서 나타난다.

- 등각 나선
- 오각형
- 황금직사각형
- 황금삼각형
- 예술
- 건축
- 대수
- 무한급수
- 플라토닉 입체
- 새겨진 정십각형
- 피보나치 수를 포함하는 수열의 극한, 피보나치 수열의 연속된 항의 비
- 여러분들이 잠깐 손대는 어떤 것 등

정원 속에서 수학

(mathematics in the garden)

해돋이와 함께 정원에서 가꾸고 있는 화초들에게 "좋은 아침입니다"라고 정원사가 외쳤다. 그러나 이상한 것들이 나뭇잎과 기름진 토양 속에 숨어있다는 것을 그녀는 잘 몰랐다. 식물들의 뿌리 깊숙한 곳에 프랙탈과 네트워크가 있었고, 코스모스, 아이리스, 금잔화, 데이지 꽃으로부터 피보나치수열을 찾아 볼 수 있었다.

그녀는 일상의 관례대로 정원을 가꾸고 식물들을 길렀다. 곳곳에서 가끔 이상한 일들이 있어났지만 그녀는 알아차리지 못했고, 다만 자연이 주는 신비함에 넋을 빼앗겼다.

먼저 그녀는 양치류 식물 같은 잡초들을 제거하였다. 새로 돋아나는 꽃잎을 노출시키려고 죽은 양치식물을 제거하면서 그녀에게 인사하는 등각나선과 양치식물의 잎에서 프랙탈 같은 형태를 알지 못했다. 갑자기, 산들바람이 불어와서 인동덩굴의 감미로운 향기에 취해버렸다. 그녀는 자세히 관찰하여 어떻게 그 덩굴이 울타리로 뻗어가서 완두콩을 열리게 하는지 눈치채고 약간의 적절한 가지치기가 반드시 필요하다고 생각하였다. 그녀는 나선 같은 소용돌이가 일어나고 있다는 것을 깨닫지 못했고, 인동덩굴의 왼쪽 방향으로 휘감는 덩굴 줄기는 완두콩의 오른쪽 방향으로 휘감는 줄기 일부분을 다치게 했다. 그녀는 새 완두콩 줄기 손상을 피하기 위해 조심스럽게 다루어야 했다.

그런 다음 그녀는 정원에 다소 이국적인 것을 강조하기 위해 심어놓은 종려나무 아래의 잡초들을 뽑기 위해 이동했다. 그 가지들은 미풍에 산들산들 흔들렸고, 신개선 곡선들이 그녀의 어깨를 스치고 있다는 것을 전혀 알지 못했다.

그녀는 옥수수를 살펴보고 "어머!"라고 점잖게 말한다. 그녀는 옥수수를 재배할까 망설였었지만, 어린 옥수수가 잘 자라고 있는데 자신감이 생겼다. 그녀가 모르는 사이 옥수수 낟알들의 3중 교차로는 열매 자체 안에 형성되었다.

어떻게 정원 전체를 조화롭게 하고 새로운 성장을 촉진시킬 수 있을까? 은행나무의 새로운 녹색 잎들을 찬미하면서, 그녀는 그 자체의 형상 속에 본래부터 가지고 있는 어떤 기쁨이 존재한다는 것을 알았다. 즉, 자연의 대칭 연결은 그들의 상호 작용을 무척 용이하게 해준다. 그리고 자연의 잎차례는 식물의 가지와 줄기에서 잎이 움트는 과정을 눈으로 보여주는 증거이다.

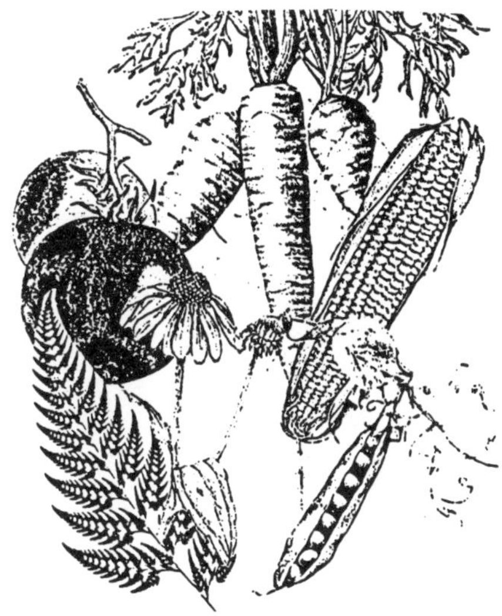

주위를 얼핏 살펴보고, 그녀는 당근 밭을 주시했다. 그녀는 당근이 잘 자라고 있는 것에 뿌듯했고, 균등하고 질 좋은 크기의 당근이 되도록 솎아줄 필요가 있다는 것을 알았다. 그녀는 당근으로 공간을 쪽매붙임 세공하기 위하여 자연에 의존하기를 원치 않았다.

그녀는 정원이 등각나선으로 풍부하게 가득 차 있다는 것을 전혀 알지 못했다. 이 등각 나선들은 데이지 꽃과 다양한 꽃들의 씨앗들 속에 있었다. 크기는 증가하지만 형태를 유지하기 때문에 자라나는 많은 식물들은 이 나선 형태이다.

그녀는 날씨가 따뜻해지고 태양이 이동하여 계절이 바뀌어도 계속 경작하기로 결정했다. 그럭저럭 꽃, 채소와 다른 식물들의 조합을 심사숙고하여 선정하고 할당했지만 그녀가 생각했던 것과는 많이 달랐다. 그녀의 정원은 구, 원뿔, 다면체와 다른 기하학적 모양들로 가득 채워졌으나 그녀는 그것들을 전혀 깨닫지 못했다. 정원에서 자연이 경이로움을 자아낼 때, 대부분의 사람들은 너무나

판에 박힌 일이 되어버린 엄청난 계산과 수학적 연구는 알아차리지 못한다. 자연은 자원과 공간의 제한을 어떻게 처리하고 가장 조화로운 형상을 만들어내는 법을 잘 알고 있다. 그래서 봄날 동안 정원사는 그녀의 눈에 어렴풋이 보이는 정원에 들어간다. 그녀의 정원에서 수학적 아름다움이 꽃피고 있다는 사실을 알지 못한 채, 그녀는 매일매일 새롭게 성장하는 꽃봉오리 그 자체만을 찾는다.

마음을 무겁게 하는 퍼즐

(puzzles to tax the mind)

방파제와 건널목 문제: 분리된 낚시 방파제(다리는 파괴되었음)는 주 방파제로부터 20피트 떨어져 있다. 두 방파제의 높이는 같다. 어떤 낚시광이 떨어진 방파제에 건너갈 수 있는지 시험하고자 했다. 그들은 길이 19.5인치, 넓이 1인치인 두 건널목을 가지고 있다. 그들은 못으로 두 건널목을 붙일 수는 없다. 한 영리한 낚시꾼이 이 두 건널목을 사용하여 건널 수 있는 방법을 찾았다. 분리된 방파제에 닿기 위해 건널목을 어떻게 사용했을까?

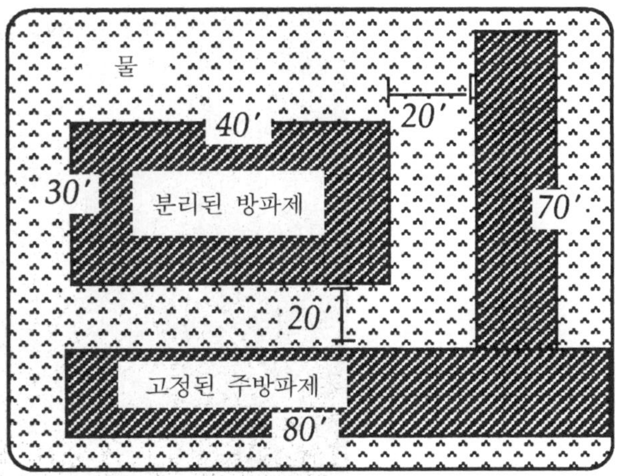

논리 테스트: 마르타, 빌, 테리는 서로가 각기 다른 2개의 직업을 가지고 있다. 그들의 직업은 작가, 건축가, 선생, 의사, 변호사, 그리고 예술가이다. 각 문장에 나타나는 각각의 특징은 다른 사람이다.

1. 선생과 작가는 마르타와 스키 타러 갔다.
2. 의사는 예술가에게 벽화를 그려달라고 위임했다.
3. 의사는 선생과 미팅을 가졌다.
4. 예술가는 건축가와 관계가 있다.
5. 테리는 서양장기에서 빌과 예술가를 이겼다.
6. 빌은 의사 옆집에 산다.

각 사람의 직업을 찾아라.

→ 해답은 부록을 참조하기 바랍니다.

갈릴레오의 실험 결과-사이클로이드의 발견

(Galileo's experiments pay off-cycloid discoveries)

17세기는 역학과 동역학이 수학적 흥미를 일으키는 시대였다. 사이클로이드의 시대로 – 이 사이클로이드는 직선상을 부드럽게 굴러가는 원 위의 고정된 한 점이 경로를 추적한 곡선 – 이다. 갈릴레오(1564~1642)는 사이클로이드에 관심이 많았던 저명한 인물들 중의 한 사람이었다. 그는 사이클로이드에 대하여 두 가지 중요한 사실을 발견했지만 증명은 하지 않았다.

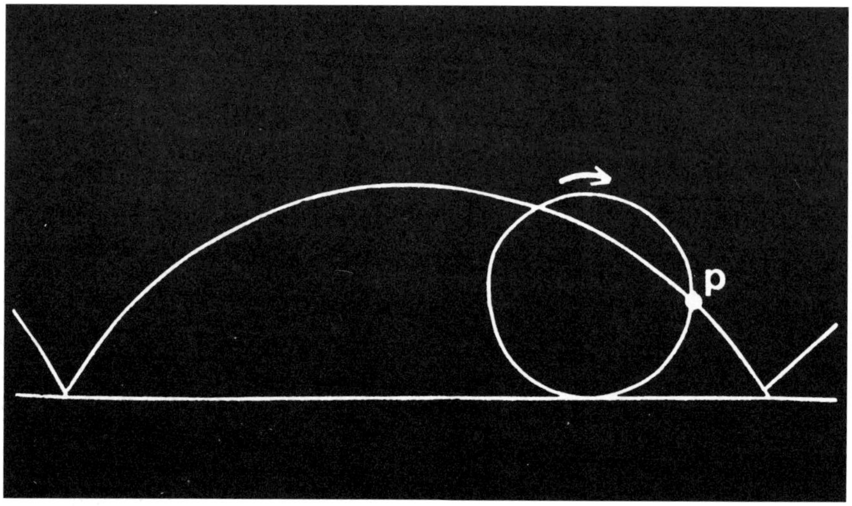

사이클로이드 하나의 아치의 길이는 회전하는 원의 직경의 4배이다. 그는 줄로 아치의 경로를 직접 손으로 측정하고 이를 원의 직경과 비교하여 이 사실을 알아냈다. 사이클로이드의 아치 밑에 포함된 면적에 대한 연구는 납 조각으로 면적에 해당하는 부분을 자르고 그 무게를 측정하고, 다시 회전하는 원의 면적과 비교한 결과 원의 면적이 3배라는 것을 알게 되었다. 그의 실험은 정확하게 증명된다. 불행히도 그 당시 수학은 이런 발견들을 증명할 만큼 발전해 있지 못했다.

수학과 디자인
(mathematics & design)

미국 인디언의 양탄자, 일본인의 문향, 선사시대의 돌 조각, 도자기, 태피스트리, 이슬람교 건축 양식에 얽힌 복잡한 작품, 또는 컴퓨터로 만든 디자인들 모두는 수학적 아이디어들의 풍부함을 설명한다. 일부의 경우, 예술가들은 그들 디자인 이면의 수학을 알지 못했지만, 다른 이들은 그 디자인들을 창안하기 위하여 수학에 의존하였다. 어찌 되었건, 수학적 아이디어는 발견, 탐험, 확인을 위해 나타나고 흥미를 자아낸다.

예를 들면, 미국 인디언 원주민의 작품들에서 유행했던 이 양탄자 디자인은 대칭성과 반사성을 갖고 있고 중앙을 지나는 수평선과 수직선은 디자인을 선의 양쪽 면으로 반사되는 동일한 부분과 같은 디자인으로 양분한다.

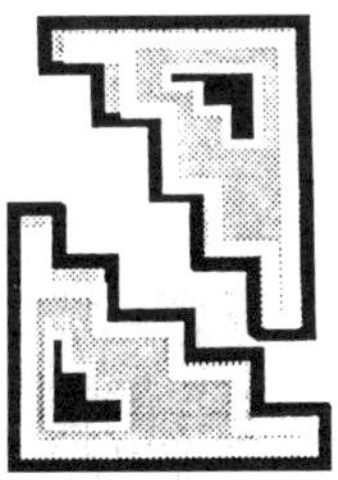

합동(congruence) — 합동인 모형들이 전체에서 뚜렷이 보인다.

상사성과 비례(similarities and proportions) — 크기만 다른 같은 형상의 기하학적 대상들이 디자인 전체에 걸쳐 균형을 이루고 있다.

일본인의 가족 관대 디자인(문향)은 17세기경에 전통이 되었다. 많은 모양들은 식물, 동물, 자연적인 보석, 수학적 대상과 아이디어들로 형상화되었다. 문향에 있는 수학적 주제는 대칭, 매듭, 삼각형, 정사각형, 원, 정육면체, 입방체, 육면체 등으로 과감하고 역동적인 효과를 보여주는 방법으로 그려진 모든 것을 포함한다.

이슬람교의 교리에 따르면, 예술가들이 생명체와 같은 모양을 작품 소재로 사용하면 알라의 영역을 침범하여 모독하는 것으로 간주했다. 그래서 그들은 예술 형태의 질적 향상을 위하여 수학적 개념을 개발하고 사용했다. 대칭성과 합동성 뿐만 아니라 기하학적 패턴인 쪽매붙임(tessellations), 회전(rotations), 변환(transformations), 전이(translations) 등 다양한 방법을 사용했다. 최근에 에셔(M. C. Escher)는 쪽매붙임과 이런 아이디어들을 생활용품에 적용, 발전시켜 이 분야의 대가가 되었다.

1913년경에 건축가 클라우드 브래돈(Claude Bragdon)은 초월입방체와 다른 4차원 디자인들을 그의 작품에 접목하였다. 대표적인 작품으로 로체스터 상업 회의소(Rochester chamber of commerce Building)를 들 수 있다. 뿐만 아니라, 그는 건축 장식과 그래픽 디자인에 매직 선(magic lines)을 사용했다. 매직 선들은 정사각형의 숫자들이 연속적으로 연결되었을 때 매직 정사각형으로부터 형성된 패턴이다. 예를 들면, 법 산술(modulo arithmetic)은 광삼 착시(Optical illusions)와 불가능한 모형(impossible figures)들에서처럼 이 같은 그래픽의 많은 형태에서 일부의 매우 대담한 그래픽 디자인을 만들기 위해 사용되었다. 다음은 사람들을 감질나게 하는 디자인 환영이다.

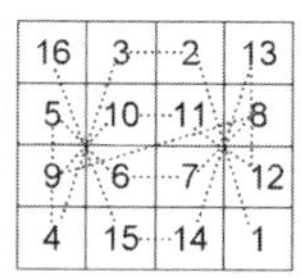

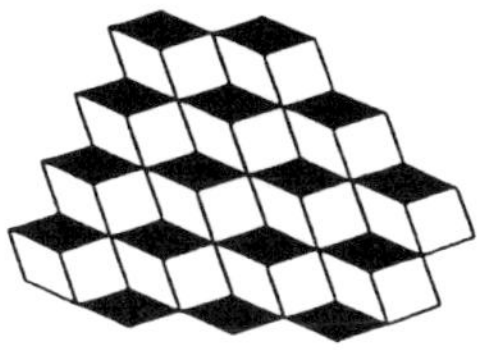

미로(Mazes), 조단 곡선(Jordan curves)과 매듭(Knots)은 크노소스(Knossos), 크레타(Crete)에서 고대의 동전 디자인과 나바조우(Navajo) 담요 위의 미로와 아일랜드의 돌조각에 새겨진 나선형 미로 같은 디자인을 구성하기 위해 사용했었다.

크노소스의
동전 디자인

아일랜드의 돌조각

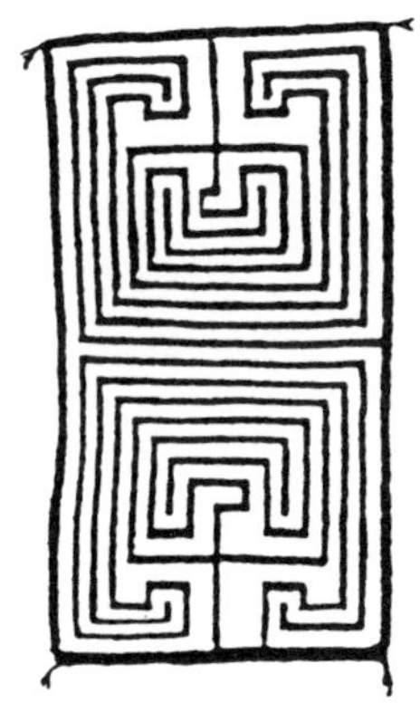

나바조우 양탄자의
미로 디자인

황금직사각형, 황금비율과 등각 나선들은 별표(pentagram)와 다양한 견직물 디자인 같은 데서 나타나는 또 다른 수학적 아이디어들이다.

도자기에 나타나는 꼬부랑길(meanders)은 합동, 반사와 미로의 아름다운 예들을 제공해 준다.

최근 컴퓨터의 사용과 프랙탈의 수학적 개념은 나무 모양의 프랙탈, 용 모양의 곡선, 눈송이 곡선 같은 흥미진진한 디자인들을 생성하기 위해 사용되었다.

많은 예술가들은 분명한 디자인을 고안하기 위해 수학적 아이디어에 대한 그들의 이해에 기반을 둔다. 이들 예술가 그룹에는 피디어스(Phidias), 레오나르도 다빈치, 알브레치 뒤어러, 조오지 슈

렛, 에셔, 피에터 몬드리안이 포함된다. 수학 그 자체는 디자인을 창조하도록 이끌어내는 패턴과 대상들이 풍부하다. 수학적 개념으로 무장된 그래픽 예술가들은 그들의 창작품을 제도하고 향상시키는 기반을 갖고 있다.

레오나르도 다 빈치의 필기

(Leonardo da Vinci's handwriting)

레오나르도 다 빈치는 믿을 수 없을 만큼 다양한 호기심과 관심사가 많았던 천재였다. 그의 작품, 원고와 방대한 노트북들은 화가, 조각가, 건축가, 수학자, 과학자, 엔지니어와 음악가로서의 그의 재능을 잘 설명해 준다. 레오나르도는 왼손으로 글을 쓰고 그림을 그렸다. 그의 서명과 그의 노트북 속에 기입한 것들 대부분이 오른쪽에서 왼쪽으로 쓰고 거울에 반사된 것과 유사하다.

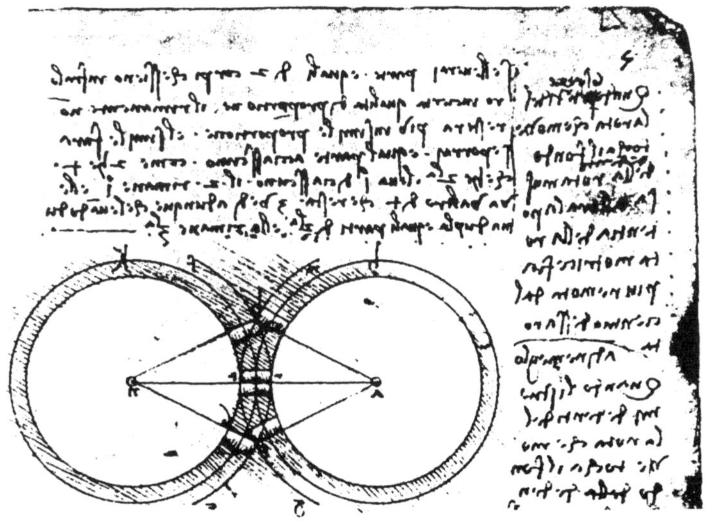

그의 창작 방식에서 그는 단어나 문장을 종종 생략하거나, 무시한 채 내버려 두고 그의 생각을 유지하기 위해 아무렇게나 썼다. 종종 다른 사람을 위한 편지와 작품에서는 왼쪽에서 오른쪽으로 필기하였다. 이것들은 매우 어색하였고 필체는 물 흐르듯 쓴 것 같아 보이지 않는다.

그의 사망과 함께 그가 갖고 있었던 원고들은 그의 제자인 프란시스코 멜지(Francesco Melzi)에게 남겨졌다. 멜지는 작품들을 소중히 간직하였고, 그 작품들 하나하나에 정성들여 해석을 달아 분류해 놓았으나, 멜지의 사망과 더불어 다빈치의 수많은 업적들과 출판되지 않은 노트북들은 도둑들과 전문 딜러들에게 넘어가 버렸다.

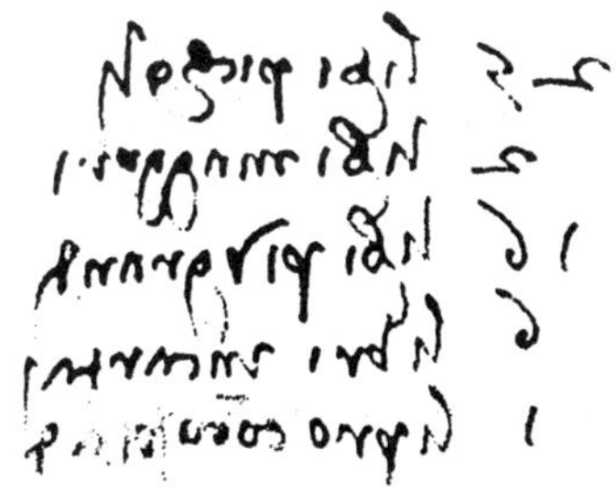

위의 숫자는 그의 거울에 반사된 필기와 같음을 설명한다.

수학과 거미줄

(mathematics & the spider's web)

거미줄은 단순해 보이지만 그 미학적인 아름다움은 이슬을 매달고 있는 거미줄이 이른 아침 태양빛에 의해 반짝반짝 빛나는 매혹적인 자태를 자아내는 세련된 자연의 창조물임을 찾아볼 수 있다. 수학으로 이 아름다운 구조를 묘사하려고 시도할 때, 요구되는 공식의 복잡성에 깜짝 놀랄 것이다.

다양한 종류의 거미들이 얽는 거미줄 형태는 각양각색으로 다양하다. 그 종류로는 얇은 판 모양, 삼각형, 깔때기와 돔 형태들이 있다. 무당(Orb)거미들의 거미줄을 보면 우리가 쉽게 생각할 수 없는 수학적 개념들이 건축 작품같은 것과 연결된다는 것을 발견할 수 있다.

사람들이 알 수 있는 첫 번째 수학적 대상은 두 개의 거미줄이 나선 같은 곡선 형태라는 것이다. 중심으로부터 뻗어 나오는 섬유가닥들을 반경이라 하자. 나선 같은 곡선은 두 개의 연속되는 반경을 연결하는 줄로 형성된다. 두 개의 연속되는 반경 사이에 놓인 줄들은 평행하고, 반경을 따라 거미줄을 치므로 대응되는 각들은 모두 합동이다. 만약 거미줄이 무한개의 반경들을 가진다면, 줄들은 완전한 선분이라기보다는 한 점이 된다. 그래서 들쭉날쭉한 나선 형태 대신에 부드러운 곡선이 만들어진다. 그런 곡선이 바로 로가리듬 나선(logarithmic spiral)이다.

평행선은 대응되는 각들을 합동으로 만든다.

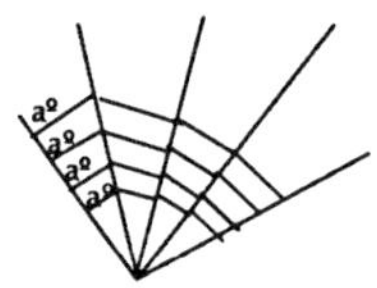

중심으로부터 나오는 반경들

로가리듬 나선의 성질들

- 합동인 각들은 나선이 반경과 교차하는 점에서 접선을 그리며 만들어진다. 이것이 왜 로가리듬 나선이 등각 나선이라 불리는지를 말해준다.

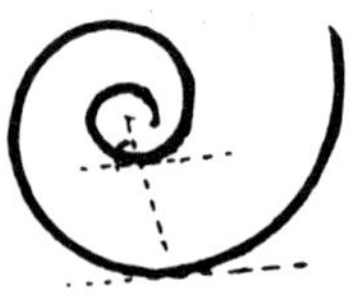

• 반경들은 나선에 의해 기하 급수적 진행을 형성하는 섹션으로 분할된다. 나선은 기하급수적 비율로 증가하고 이것이 로가리듬이란 이름으로 불리게 된다.

• 나선이 휘감는 동안 그 크기는 변하지만 그 형태는 변하지 않는다.

• 실이 나선상에 있고 극점(중심) 끝에 풀려있어 줄이 항상 팽팽하게 잘 유지된다면 이 줄의 끝점은 줄이 풀림에 따라 로가리듬 나선의 자취를 따라간다.

• 나선 같은 그물은 공간을 강력한 유연성과 최소의 자원으로 경제적이며, 규칙적으로 채울 수 있다.

거미는 어떻게 거미줄을 칠까?

거미는 최초에 거미줄을 칠 때 삼각형 모양으로 시작한다. 이것이 생사를 최소로 사용하고 최대의 강력함과 유연성을 보장해준다. 거미가 만드는 두 번째 나선은 그 덫의 주요 핵심이다. 거미는 끈적끈적한 실크를 사용하여 외곽 끝부터 중심을 향하여 회전하며 나선 그물을 친다. 거미가 얽은 두 나선은 로가리듬(logarithmic)[72]이다.

72) 거미는 분비선에서 생산되는 많은 실크들 중의 하나를 이용해 거미줄을 친다. 어떤 분비선은 끈적끈적한 실크를 만들고 다른 분비선은 끈적거리지 않는 실크를 만든다. 프레임, 반경과 첫 번째 일시적인 나선은 끈적거리지 않는 실크로 만들어 거미 자신이 거미줄에 붙어버리지 않게 한다. 거미는 거미줄의 모든 부분들을 기억하고 있으며, 또한 먹이가 거미줄에 걸려서 먹이가 거미줄을 벗어나려고 요동칠 때 반경을 따라 전해지는 진동을 감지하여 먹이의 크기를 즉시 평가하고 그 위치를 결정한다. 거미의 눈은 먹잇감을 찾는 역할을 하지 못한다. 거미는 끈적거리지 않는 반경을 따라 재빠르게 다가가서 그 먹잇감을 끈적거리는 거미줄로 둘둘 말아 놓는다.

아침 이슬이 거미줄에 달라붙어 있는 작은 물방울(특히 끈적거리는 거미줄에 붙어 있는 이슬)을 각색할 때, 거미줄의 실들은 물방울의 무게에 따라 아래로 처져있어 각각의 줄들은 현수선 곡선으로 변형된다.

현수선 곡선(catenary curve)은 자유롭게 매달리도록 한 유연한 줄이나 쇠사슬로 만들어진 곡선이다. 일반적인 방정식 함수는 $y=\frac{a}{2}(e^{x/a}+e^{-x/a})$이고 a는 y절편이다.

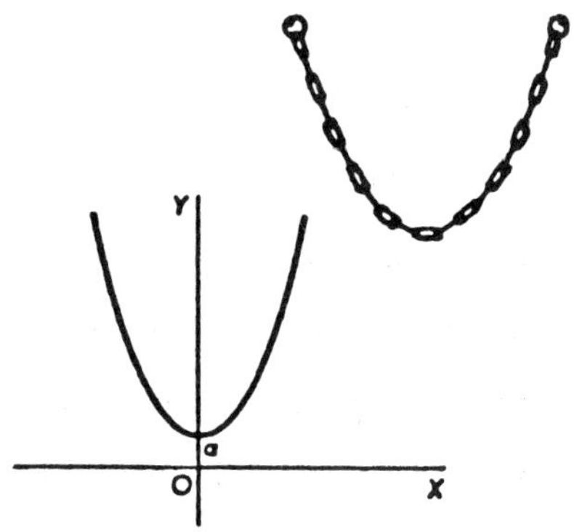

무리수이며 초월수인 e, 즉 $e=\lim_{n\to\infty}(1+\frac{1}{n})^n$ 또는 $1+\left(\frac{1}{1}\right)+\left(\frac{1}{1\cdot 2}\right)+\left(\frac{1}{1\cdot 2\cdot 3}\right)+\cdots=2.7182518\cdots$로 현수선 곡선의 방정식에 나타난다. 또한 e는 거미줄에 걸려있는 먹잇감이다. 그리므로 반경, 실, 평행한 선분, 삼각형, 합동인 대응각, 로가리듬 나선, 현수선 곡선과 e 등 수학적 개념들은 거미줄의 덫 속에 함께 짜여있다.

복잡 미묘한 점 연결하기

(a sophisticated connect-a-dot)

여기 복잡하고 미묘한 점 연결하기가 있다. 목적은 여러분의 다양한 수 체계에 대한 지식을 테스트하는 측면에서 숨겨진 모양을 들추어내며 서로 다른 수체계로 표기된 소수를 연결하는 것이다. 여러분의 솜씨를 다시 복습하고자 할 경우, 표현된 수 체계는 마야 수 체계, 로마 수 체계, 중국 수 체계, 중국인의 숫자 대, 바빌로니아 수 체계, 이집트의 설형문자, 이집트의 성용문자 2진법, 그리스 문자, 15세기 해부라이어, 힌두-아랍 수 체계, 그리고 2진수 체계이다.

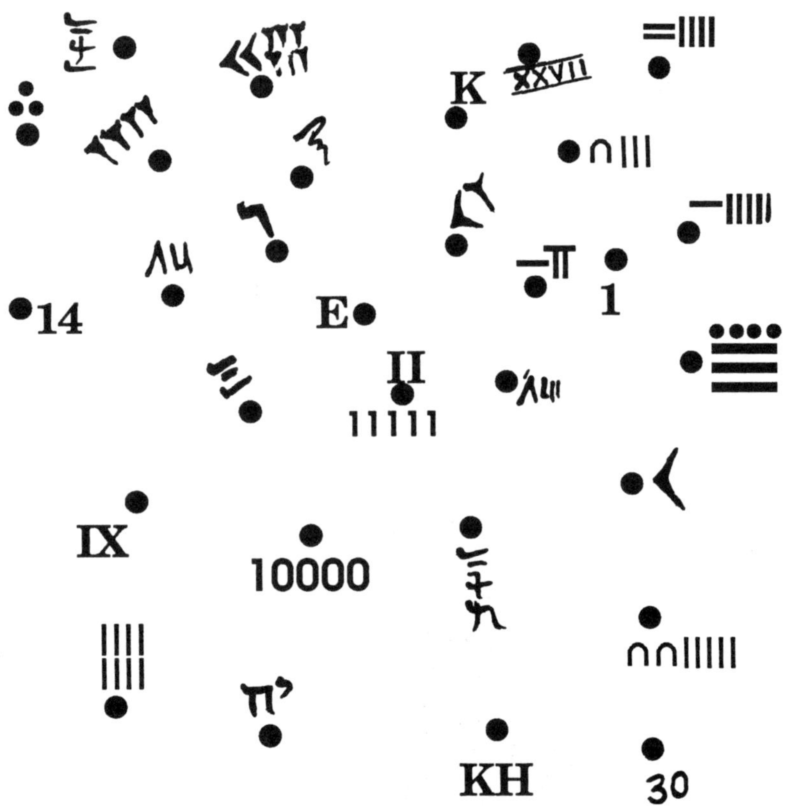

⟶ 해답은 부록을 참조하기 바랍니다.

13쪽 –

책벌레 퍼즐

벌레가 1권의 앞표지, 6권의 뒤표지 그리고 2, 3, 4, 5권 모두 갉아 먹었다는 것을 읽고 문제를 이해했다면 여러분들은 정답이 10.5라는 것을 알 수 있다.

대나무 더미

하나의 해답은 이다.
정답 은 렌 베여(Len Beyea)가 제출하였다.

뮤지컬 주화 퍼즐

5번 이동 – 해답은 6에서 3, 1에서 6, 5에서 1, 2에서 5, 3에서 2이다.

29쪽 – 솔리테르 체커 퍼즐

최소의 이동수는 15이다. 더 잘 할 수 있는가?

68쪽 – 여덟 개의 체커 퍼즐

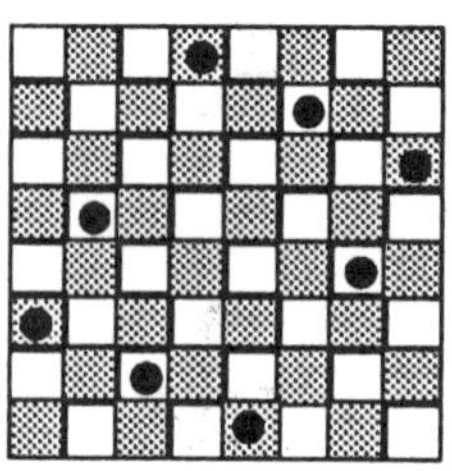

72쪽 – 루이스 캐럴의 창문 퍼즐

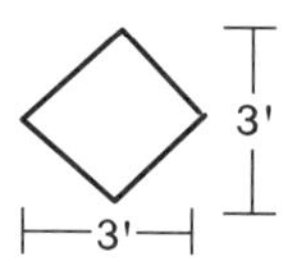

106쪽 – 샘 로이드의 어려운 저울

b=병 무게, g=컵의 무게, p=물주전자의 무게, s=접시 무게
각 무게는 방정식으로 나타낼 수 있다.
(1) $b+g=p$ (2) $b=g+s$ (3) $2p=3s$. 우리는 b=몇 g인지 알고 싶다. 방정식 (3)을 $\frac{2}{3}p=s$로 변형하여라. s를 $\frac{2}{3}p$로 대치하면, $b=g+\frac{2}{3}p$를 얻는다. 이 식을 (4)라 하자. 이 식을 단순화하고 g항으로 b에 대해 풀면, $b=5g$이다. 그러므로 5컵이 1병에 해당한다.

114쪽 – 직사각형 만들기 : 20

118쪽 – 모든 삼각형은 이등변인가?

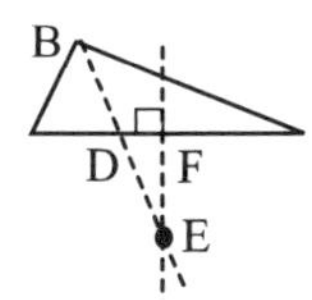

$\triangle ABC$는 이등변 삼각형이 아니다. 3단계에 대한 그림은 틀린 가정을 만든다. 모든 삼각형에 대하여 반직선 BD와 교점과 선분 EF는 삼각형의 내부에 있다고 가정한다. 다음과 같은 예제는 그와 같지 않음을 보여준다.

139쪽 – 측도 문제

1부터 40단위까지 거리에 대하여 길이 1, 3, 9, 27인
직선자(straightedges)를 사용할 수 있다.

142쪽 – 로미오와 줄리엣 퍼즐

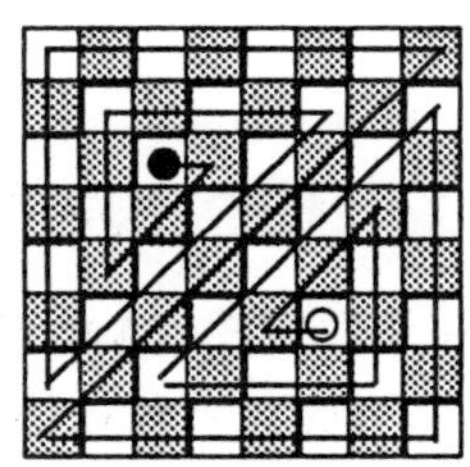

로미오가 모든 정사각형을 오직 한 번씩만 방문하고 줄리엣에게 다가가기 위한 최소의 횟수는 출발할 때 시행한 것을 포함하여 15회이다.

160쪽 – 삼각형 퍼즐 만들기

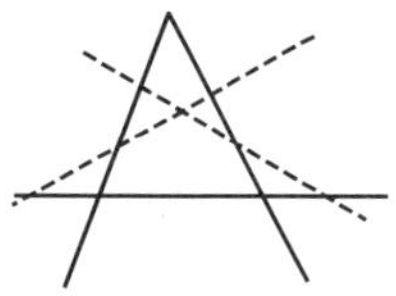

181쪽 – 정사각형 겹치기 문제

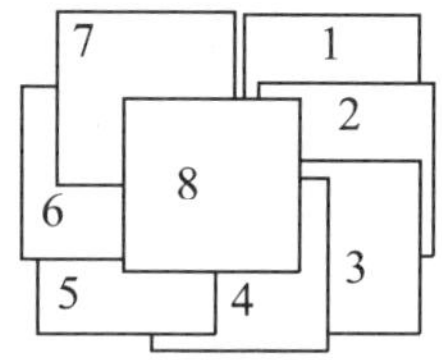

197쪽 – 모형과 컬러 퍼즐

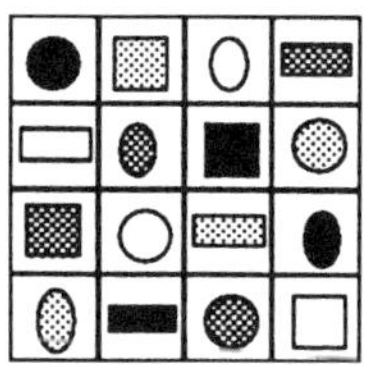

200쪽 – 선착장 문제

아니오, 불가능하다. 그 네트워크는 4개의 홀수 꼭지점을 갖고 있다.

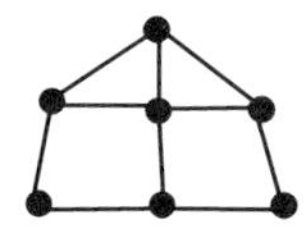

202쪽 – 물 주전자 문제

처음 8리터 물주전자에 채우고 이 물주전자를 사용하여 5리터 물주전자를 채운다. 5리터 물주전자로 다시 3리터 물주전자를 채운다. 3리터 물주전자로 다시 5리터에 사이다를 쏟아 붓는다. 5리터 주전자를 3리터 주전자에 사이다를 채운다. 자, 이제 8리터 주전자에는 6리터, 3리터 주전자에는 2리터가 남게 되고 5리터는 물주전자는 비게 된다. 8리터 주전자를 사용하여 5리터를 다시 채운다. 5리터의 주전자에서 1리터를 다시 3리터 주전자에 채운다. 그러면 5리터 주전자에는 4리터가 남는다. 1리터가 남아 있는 8리터 주전자에 3리터 주전자의 사이다 전부 붓는다. 자, 이제 8리터 주전자에는 4리터의 사이다가 남게 되고, 8리터와 5리터 주전자들은 4리터씩 채우게 된다.

211쪽 – 지구 에워싸기

지구의 둘레를 25,000마일이라 가정하고, 이를 변환하면 132,000,000피트가 된다. 추가적인 야드를 더하면, 로프의 길이는 피트로 다시 132,000,003피트가 된다. 원의 둘레를 구하는 공식에 따라 $c=$직경 $\cdot\ \pi$이다. 지구의 반경은 대략 21,008,452.49피트이다. 지구를 둘러싸는 로프의 반경은 약 21,008,452.97이다. 그 차이는 48피트이고 환산하면 5.76인치이다.

218쪽 – 정신을 수련하는 퍼즐

절개 퍼즐

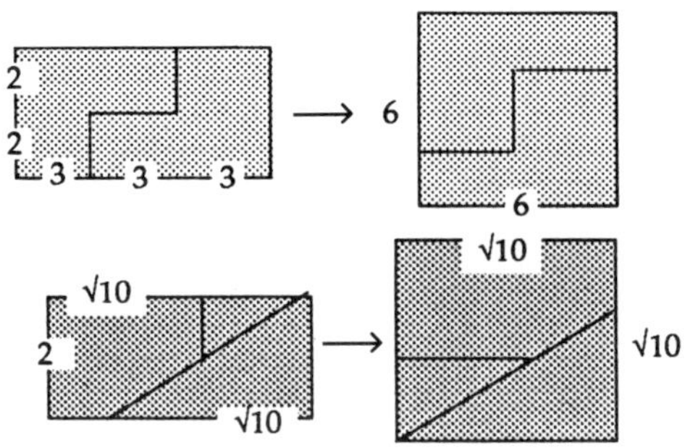

성냥개비 퍼즐

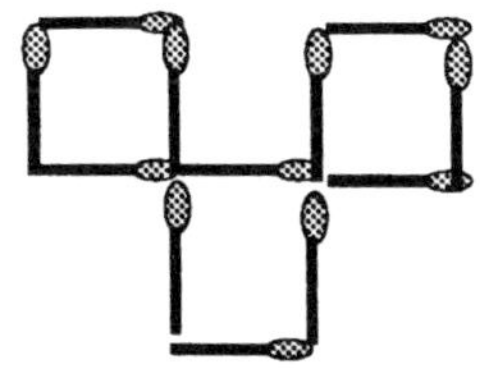

정육면체 퍼즐

각 ABC의 크기는 60도이다. 대각선 AC가 그림에 더해질 때, 정육면체 각 면의 대각선이 합동이기 때문에 삼각형 ABC는 이등변이다.

222쪽 – 샘 로이드의 보이지 않는 수 퍼즐

```
          853
749 ) 638897
      5992
       3969
       3745
        2247
        2247
```

231쪽 – 7, 11, 13 수의 기이함

abcabc를 자릿값으로 쓸 때, 우리는

$100{,}000a + 10{,}000b + 1{,}000c + 100a + 10b + c = 100{,}100a + 10{,}010b + 1{,}001c$를 얻게 된다.

$7 \times 11 \times 13 = 1001$이기 때문에 이 수들은 100,100, 10010과 1,001의 소인수이다. 그러므로 이 수들은 abcabc를 항상 나눈다. 그러므로 이들은 77, 91, 143, 1001이다.

236쪽 – 다른 단위와 옛 말이 의미하는 측도

1인치를 부여하고 1마일을 가게 될 것이다. –그는 지독한 요구를 했다. –놓침은 실패함에 못지않다. –완벽한 36인치. –1인치가 킹사이즈. –5피트 2인치 푸른 눈. –1부셸(약 36리터, 약 2말)과 1펙(영국에서는 9.092 리터; 미국에서는 8.81 리터)을 좋아한다. –조그만 예방이 치료보다 낫다. 미식축구의 첫 번째 다운은 10야드를 전진해야 한다.

246쪽 – 밧줄에 메어 있는 염소 퍼즐

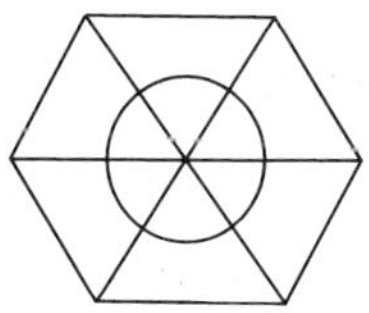

6개의 합동인 이등변 삼각형으로 구성된 육각형의 면적은 12π에이커이다. 염소가 풀을 뜯어 먹을 수 있는 부분의 면적은 π에이커(이등변 삼각형으로 둘러싸인 울타리 면적의 절반이다)이다. 그러므로 원의 면적은 6π에이커 또는 261360 평방피트이다. 이 원의 반경은 염소가 매인 줄의 길이이다.

그래서 $261360\pi = \pi r^2$. $261360 = r^2$. $r = 511$피트이다.

276쪽 – 위상학적 퍼즐

가위의 왼쪽 손가락 넣는 구멍에 묶여 있는 줄을 느슨하게 풀어 늘인 다음 오른쪽 손가락 넣는 구멍을 통과시켜 당긴 후 단추를 줄 사이에 넣고 풀고 줄을 잡아당기면 쉽게 풀린다.

281쪽 – 어느 것이 위조된 동전인가?

무게를 재는 최소의 수는 3회이다. 우선 동전 전체를 9개씩 묶어 3개 그룹으로 나눈다. 9개씩 묶어 3개로 나눈 그룹에서 두 그룹을 저울 양쪽에 올려놓고 무게를 비교한다. 이때 올려 놓은 동전의 무게가 같거나 한쪽이 가벼운 경우, 위조 주화를 포함하는 그룹을 찾는다(만약 두 개의 그룹이 같으면 남아있는 그룹이 위조 주화를 포함하고 있고, 한쪽으로 기울면 가벼운 쪽 그룹에 위조 주화를 포함하게 된다.). 위조 주화를 포함하는 그룹의 9개의 동전을 다시 3개씩 3개 그룹으로 나누고, 저울에 올려놓아 무게를 비교한다. 마찬가지로 위조 주화를 포함하는 그룹을 찾아낸다. 마지막으로 동전 3개 중 두 개를 선택하여 무게를 비교하여 같은지, 가벼운지를 확인하여 위조 주화를 찾아낸다.

286쪽 – 항아리 모양의 퍼즐

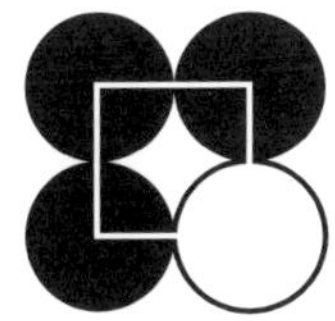

항아리 모양의 면적은 1평방피트이다. 정사각형의 각 변은 1피트이기 때문에 면적은 1제곱 피트이다. 정사각형 안에는 $\frac{1}{4}$원이 있고 완전한 원을 구성한다. 항아리 모양은 사분원에 의해 덮을 수 없는 원과 정사각형의 일부분으로 만들어져 있다. 그러므로 그 면적 = 정사각형의 면적−사분원의 면적+원의 면적 = 정사각형의 면적 = 1제곱 피트이다.

297쪽 – 마음을 무겁게 하는 퍼즐

논리 테스트

5번 명제는 마르타는 예술가임을 말해준다.
1, 4, 그리고 2번 명제를 사용하여 우리는 마르타가 선생, 건축가, 작가, 또는 의사가 아님을 결정할 수 있다. 그것은 그녀가 변호사임을 말한다.

명제 6은 빌이 작가가 아님을 말해준다. 그래서 그의 직업은 선생, 건축가, 또는 의사일 수 있다. 명제 3으로부터 우리는 의사와 선생은 다른 사람이라는 것을 알 수 있다. 이것은 빌의 직업이 건축가임을 말해준다. 빌은 의사가 될 수 없다. 그렇지 않으면 테리가 선생이자 작가가 될 것인데 이는 명제 1에 위배된다. 우리는 빌이 작가가 아니라는 것을 명제 6으로부터 알 수 있다. 그러므로 빌의 다른 직업은 선생이고 테리의 두 직업은 의사이며 작가이다.

마르타 – 예술가이며 변호사
빌 – 건축가이며 선생
테리 – 의사이며 작가

방파제와 건널목 문제

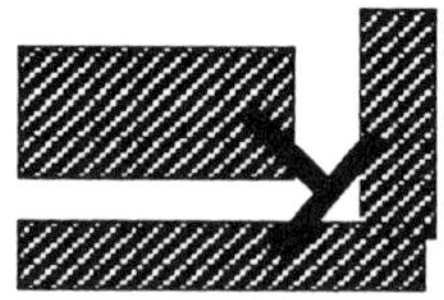

307쪽 – 복잡 미묘한 점 연결하기

5점별이 만들어진다.

1	=	1	힌두-아랍
2	=	II	로마
3	=	三	중국 한자
4	=	YYYY	바빌로니아
5	=	E	그리스어
6	=	ו	해부라이어
7	=	[illegible]	이집트 성용문자
8	=	IIII IIII	이집트 상형문자
9	=	IX	로마
10	=	<	바빌로니아
11	=	<Y	바빌로니아
12	=	[illegible]	이집트 성용문자
13	=	∩III	이집트 상형문자
14	=	14	힌두-아랍
15	=	–IIIII	중국의 막대 숫자
16	=	10000	이진수
17	=	–Π	중국의 막대 숫자
18	=	יח	해부라이어
19	=	···· ═══	마야
20	=	K	그리스어
21	=	二十一	중국 한자
22	=	∴	마야
23	=	[illegible]	이집트 성용문자
24	=	=IIII	중국 막대 문자
25	=	∩∩IIIII	이집트 상용문자
26	=	<<YYYYYY	바빌로니아
27	=	XXVII	로마
28	=	KH	그리스어
29	=	二十九	중국 한자
30	=	30	힌두 아랍
31	=	11111	2진수

참고문헌

수학의 또 다른 즐거움과 수학의 즐거움에 대한 참고문헌을 완벽하게 나열하기 무척 힘들다. 나의 서재에 있는 모든 책과 기사들 목록으로도 부족하고 많은 내용들이 지난 25년 간에 걸쳐 집필되었다. 그래서 참고할 수 있었던 참고문헌을 다음과 같이 함축하여 적어 놓았다.

Alic, Margaret. HYPATIA HERITAGE, Beacon Press, Boston, 1986.

Asimov, Isaac. ASIMOV ON NUMBERS,295, Pocket Books, New York,1978.

Bakst, Aaron. MATHEMATICS ITS MAGIC & MASTERY, D. Van Nostrand Co., New York, 1952.

Ball W.W.Rouse and Coxeter, H.S.M. MATHEMATICAL RECREATIONS & ESSAYS, 13th ed., Dover Publications, Inc., New York, 1973.

Ball, W.W.Rouse. A SHORT ACCOUNT OF THE HISTORY OF MATHEMATICS, Dover Publications, Inc., New York, 1960.

Banchoff, Thomas F. BEYOND THE THIRD DIMENSION, Scientific American Library, New York, 1990.

Barnsley, Michael. FRACTALS EVERYWHERE, Academic Press, Inc., Boston, 1988.

Beckman, Petr. A HISTORY OF π, St. Martin's Press, New York, 1971.

Beiler, Albert H. RECREATIONS IN THE THEORY OF NUMBERS, Dover Publications, Inc., New York, 1964.

Bell, E.T. MATHEMATICS QUEEN & SERVANT OF SCIENCE, McGraw-Hill Book Co., Inc., New York, 1951.

Bell, E.T. MEN OF MATHEMATICS, Simon & Schuster, New York, 1965.

Bell, R.C. BOARD AND TABLE GAMES FROM MANY CIVILIZATIONS Dover Publications, Inc., New York, 1979.

Bell, R.C. OLD BOARD GAMES, Shire Publications Ltd., Bucks, U.K., 1980.

Benjamin Bold. FAMOUS PROBLEMS OF GEOMETRY & HOW TO SOLVE THEM, Dover, Publications, Inc, New York, 1969.

Bergamini, David. MATHEMATICS, Time Inc., New York, 1963.

Boyer, Carl B. A HISTORY OF MATHEMATICS, Princeton University Press, Princeton, 1985.

Brooke, Maxey. COIN GAMES & PUZZLES, Dover Publications, Inc., New York, 1963.

Bunch, Bryan H. MATHEMATICAL FALLACIES & PARADOXES, Van Nostrand Reinhold Co., New York, 1982.

Campbell, Douglas and Higgins, John C. MATHEMATICS–PEOPLE, PROBLEMS, RESULTS, 3 volumes Wadsworth International, Belmont 1984

Chadwick, John. READING THE PAST—LINEAR B AND RELATED SCRIPTS, University of California Press, Berkeley, 1987.

Clark, Frank. CONTEMPORARY MATH, Franklin Watts, Inc., New York, 1964.

Cook, Theodore Andrea. THE CURVES OF LIFE, Dover Publications, Inc., New York, 1979.

Davis, Philip J. and Hersh, Reuben. THE MATHEMATICAL EXPERIENCE, Houghton Mifflin Co., Boston, 1981.

Delft, Pieter van and Botermans, Jack. CREATIVE PUZZLES OF THE WORLD, Harry N. Abrams, Inc., New York, 1978.

Doczi, György. THE POWER OF LIMITS, Shambhala Publications, Boulder, CO, 1981.

Edwards, Edward B. PATTERN AND DESIGN WITH DYNAMIC SYMMETRY Dover Publications, Inc., New York, 1967.

Ellis, Keith. NUMBER POWER, St. Martin's Press New York, 1978.

Emmet, E.R. PUZZLES FOR PLEASURE, Bell Publishing Co., New York, 1972.

Engel, Peter. FOLDING THE UNIVERSE, Vintage Books, New York, 1989.

Ernst, Bruno. THE MAGIC MIRROR OF M.C.ESCHER, Ballantine Books, New York, 1976.

Eves, Howard W. IN MATHEMATICAL CIRCLES, two volumes, Prindle, Weber & Schmidt, Inc., Boston 1969.

Filipiak, ANthony S. MATHEMATICAL PUZZLES Bell Publishing co., New York, 1978.

Fixx, James. GAMES FOR THE SUPER INTELLIGENT, Doubleday & Co., Inc., New York, 1972.

Fixx, James. MORE GAMES FOR THE SUPER-INTELLIGENT, Doubleday & Co., Inc., New York, 1972.

Gamow, George. ONE, TWO, THREE . . . INFINITY, Viking Press, New York, 1947.

Gardner, Martin. PERPLEXING PUZZLES & TANTALIZING TEASERS Dover Publications, Inc., New York, 1977.

Gardner, Martin. THE UNEXPECTED HANGING, Simon & Schuster, Inc., New York, 1969.

Gardner, Martin. CODES, CIPHERS & SECRET WRITING, Dover Publications, Inc., New York, 1972.

Gardner, Martin. MATHEMATICS MAGIC & MYSTERY, Dover Publications, Inc., New York, 1956.

Gardner, Martin. NEW MATHEMATICAL DIVERSIONS FROM SCIENTIFIC AMERICAN, Simon & Schuster, New York, 1966.

Gardner, Martin. MATHEMATICAL CARNIVAL Alfred A. Knopf, New York, 1975.

Gardner, Martin. MATHEMATICAL MAGIC SHOW Alfred A. Knopf, New York, 1977.

Gardner, Martin. MATHEMATICAL CIRCUS, Alfred A. Knopf, New York, 1979.

Gardner, Martin. MARTIN GARDNER'S SIXTH BOOK OF MATHEMATICAL DIVERSIONS FROM SCIENTIFIC AMERICAN, University of Chicago Press, Chicago, 1983.

Gardner, Martin. THE NEW AMBIDEXTROUS UNIVERSE, W.H. Freeman, New York, 1990

Gardner, Martin. PENROSE TILES TO TRAPDOOR CIPHERS, W.H.Freeman & Co., New York, 1988.

Gardner, Martin. KNOTTED DOUGHNUTS & OTHER MATHEMATICAL ENTERTAINMENTS, W.H.Freeman & Co., New York, 1986.

Gardner, Martin. TIME TRAVEL, W.H.Freeman & Co., New York, 1987.

Gardner, Martin. WHEELS, LIFE AND OTHER MATHEMATICAL AMUSEMENTS, W.H.Freeman & Co., New York, 1983.

Gardner, Martin. THE INCREDIBLE DR. MATRIX, Charles Scribner's Sons, New York, 1976.

Gardner, Martin. THE 2ND SCIENTIFIC AMERICAN BOOK OF MATHEMATICAL PUZZLES & DIVERSIONS, Simon & Schuster, New York, 1961.

Gardner, Martin. THE SCIENTIFIC AMERICAN BOOK OF MATHEMATICAL PUZZLES & DIVERSIONS, Simon & Schuster, New York, 1959.

Ghyka, Matila. THE GEOMETRY OF ART & LIFE, Dover Publications, Inc., New York, 1977.

Gleick, James. CHAOS, Penquin Books, New York, 1987.

Glenn, William H. and Johnson, Donovan A. INVITATION TO MATHEMATICS, Doubleday & Co., Inc., Garden City, 1961.

Glenn, William H. and Johnson, Donovan A. EXPLORING MATHEMATICS ON YOUR OWN, Doubleday & Co., Inc., Garden City, 1949.

Golos, Ellery B. FOUNDATIONS OF EUCLIDEAN AND NON-EUCLIDEAN GEOMETRY, Holt, Rinehart and Winston Inc., New York, 1968.

Graham, L.A. INGENIOUS MATHEMATICAL PROBLEMS & METHODS, Dover Publications, Inc., New York, 1959.

Greenburg, Marvin Jay. EUCLIDEAN AND NON-EUCLIDEAN GEOMETRIES, W.H. Freeman & Co., New York, 1973.

Grünbaum, Branko and Shephard, G.C. TILINGS AND PATTERNS, W.H. Freeman & Co., New York, 1987.

Gunfeld, Frederic V. GAMES OF THE WORLD, Holt, Rinehart & Winston, New York, 1975.

Hambridge, Jay. THE ELEMENTS OF DYNAMIC SYMMETRY, Dover Publications, Inc., New York, 1953.

Hawkins, Gerald S. MINDSTEPS TO THE COSMOS, Harper & Row, Publishers, New York, 1983.

Heath, Royal Vale. MATH-E-MAGIC, Dover Publications, Inc., New York, 1953.

Herrick Richard, editor. THE LEWIS CARROLL BOOK, Tudor Publishing, Co., New York, 1944.

Hoffman, Paul. ARCHIMEDES REVENGE, W.W. Norton & Co., New York, 1988.

Hoggatt, Verner E., Jr. FIBONACCI & LUCAS NUMBERS, Houghton Mifflin Co. Boston, 1969.

Hollingdale, Stuart. MAKERS OF MATHEMATICS, Penquin Books, London, 1989.

Hunter, J.A.H. and Madachy, Joseph S. MATHEMATICAL DIVERSIONS, Dover Publications, Inc., NEW YORK, 1975.

Huntley, H.E. THE DIVINE PROPORTION, Dover Publications, Inc., New York, 1970.

Hyman, Anthony. CHARLES BABBAGE, Princeton University Press, Princeton, 1982.

Ifrah, George. FROM ONE TO ZERO, Viking Penquin Inc., New York, 1985.

Ivins, William M. ART & GEOMETRY Dover Publications, Inc., New York, 1946.

Jones, Madeline. THE MYSTERIOUS FLEXAGONS, Crown Publishers, Inc., New York, 1966.

Kaplan, Philip. POSERS, Harper & Row, New York, 1963.

Kaplan, Philip. MORE POSERS, Harper & Row, New York, 1964.

Kasner, Edward & Newman, James. MATHEMATICS AND THE IMAGINATION, Simon & Schuster, New York, 1940.

Kim, Scott. INVERSIONS, W.H. Freeman and Co., New York, 1981.

Kline, Morris. MATHEMATICS AND THE PHYSICAL WORLD, Thomas Y. Crowell Co., New York, 1959.

Kline, Morris. MATHEMATICS-THE LOSS OF CERTAINTY, Oxford University Press, New York, 1980.

Kline, Morris. MATHEMATICAL THOUGHT FROM ANCIENT TO MODERN TIMES, 3 volumes Oxford University Press, New York, 1972.

Kraitchik, Maurice. MATHEMATICAL RECREATIONS, Dover Publications, Inc., New York, 1953.

Lamb, Sydney. MATHEMATICAL GAMES PUZZLES & FALLACIES, Raco Publishing Co., Inc., New York, 1977.

Lang, Robert . THE COMPLETE BOOK OF ORIGAMI, Dover Publications, Inc., New York, 1988.

Leapfrogs. CURVES, Leapfrogs, Cambridge, 1982.

Linn, Charles F., editor. THE AGES OF MATHEMATICS, 4 volumes, Doubleday & Co., New York, 1977.

Locker, J.L., editor. M.C.ESCHER, Harry N. Abrams, Inc., New York, 1982.

Loyd, Sam. THE EIGHTH BOOK OF TAN, Dover Publications, Inc., New York, 1968.

Loyd, Sam. CYCLOPEDIA OF PUZZLES, The Morningside Press, New York, 1914.

Luckiesh, M. VISUAL ILLUSIONS, Dover Publications, Inc., New York, 1965.

Madachy, Joseph S. MADACHY'S MATHEMATICAL RECREATIONS, Dover Publications, Inc., New York, 1979.

McLoughlin Bros. THE MAGIC MIRROR, Dover Publications, Inc., New York, 1979.

Menninger, K.W. MATHEMATICS IN YOUR WORLD, Viking Press, New York, 1962.

Montroll, John. ORIGAMI FOR THE ENTHUSIAST, Dover Publications, Inc., New York, 1979.

Moran, Jim. THE WONDEROUS WORLD OF MAGIC SQUARES, Vintage Books, New York, 1982.

Neugebauer, O. THE EXACT SCIENCES IN ANTIQUITY, Dover Publications, Inc., New York, 1969.

Newman, James. THE WORLD OF MATHEMATICS, 4 volumes, Simon & Schuster, New York, 1956.

Ogilvy, C. Stanley and Anderson, John T. EXCURSIONS IN NUMBER THEORY, Dover Publications, Inc., New York, 1966.

Ogilvy, Stanley C. and Anderson, John T. EXCURSIONS IN NUMBER THEORY, Oxford University Press, New York 1966.

Osen, Lynn, M. WOMEN IN MATHEMATICS, The MIT Press, Cambridge, 1984.

Peat, F. David. SUPERSTRINGS AND THE SEARCH FOR THE THEORY OF EVERYTHING, Contemporary Books, Chicago, 1988.

Pedoe, Dan. GEOMETRY AND THE VISUAL ARTS, Dover Publications, Inc., New York, 1976.

Perl, Teri. MATH EQUALS Addison-Wesley Publishing Co., Menlo Park, 1978.

Peterson, Ivars. THE MATHEMATICAL TOURIST, W.H. Freeman & Co., New York, 1988.

Pickover, Clifford, A. COMPUTERS, PATTERN, CHAOS & BEAUTY, St. Martin's Press, New York, 1990.

Ransom, William R. FAMOUS GEOMETRIES, J. Weston Walch, Portland, 1959.

Ransom, William R. CAN & CAN'T IN GEOMETRY, J. Weston Walch, Portland, 1960.

Rodgers, James T. STORY OF MATHEMATICS FOR YOUNG PEOPLE, Pantheon Books, New York, 1966.

Rosenberg, Nancy. HOW TO ENJOY MATHEMATICS WITH YOUR CHILD, Stein & Day, New York, 1970.

Rucker, Rudolf V. B. GEOMETRY, RELATIVITY & THE FOURTH DIMENSION, Dover Publications Inc., New York 1977.

Sackson, Sid. A GAMUT OF GAMES, Pantheon Books, New York, 1982.

Schattschneider, Doris and Walker, Wallace. M.C. ESCHER KALEIDOCYCLES, Tarquin Publications, Norfolk, U.K., 1978.

Science Universe Series, MEASURING & COMPUTING, Arco Publishing, Inc., New York, 1984.

Sharp, Richard and Piggott, John, editors. THE BOOK OF GAMES Galahad Books New York City, 1977.

Smith, David Eugene, HISTORY OF MATHEMATICS, 2 volumes, Dover Publications, Inc., New York, 1953.

Steen, Lynn A., editor. FOR ALL PRACTICAL PURPOSES, INTRO. TO CONTEMPORARY MATHEMATICS, W.H. Freeman & Co., New York, 1988.

Steen, Lynn Authur, ed. MATHEMATICS TODAY, Vintage Books, New York, 1980.

Stevens, Peter S., PATTERNS IN NATURE, Liitle, Brown and Co., Boston, 1974.

Stokes, William T. NOTABLE NUMBERS, Stokes Publishing, Los Altos, 1986.

Storme, Peter and Stryfe, Paul. HOW TO TORTURE YOUR FRIENDS, Simon & Schuster, New York, 1941.

Struik, Dirk J. A CONCISE HISTORY OF MATHEMATICS, Dover Publications, Inc., New York, 1967.

Waerden, B.L.van der. SCIENCE AWAKENING, Science Editions, New York, 1963.

Weyl, Hermann. SYMMETRY, Princeton University Press, Princeton, 1952.

찾아보기

ㄱ

ㄴ

ㄷ

ㄹ

ㅁ

ㅂ

ㅅ

ㅇ

ㅈ

ㅊ

ㅋ

ㅌ

ㅍ

ㅎ

기 타

옮긴이 약력

강정홍

육군사관학교 수학과 (이학사)

미 일리노이대 (이학 석·박사)

현재 : 육군사관학교 수학과 교수

수학의 또 다른 즐거움

2008년 12월 20일 초판 인쇄
2009년 1월 5일 초판 발행

저 자 / Theoni Pappas
역 자 / 강정홍
발행자 / 오판근
발행처 / 교우사

주 소 / 서울 동대문구 제기2동 148-19
전 화 / 925-2861(대), 편집부 / 925-2825
팩 스 / 925-2860
E-mail / kw2861 @ empal.com
http: // www. kyowoo. co. kr
등록 / 1994. 3. 24 제6-0256호

ISBN 978-89-8172-769-7 (03410)

값 **20,000**원